陕西省一流课程系列教材

U0159631

数学建模方法

宋　月　韩邦合　主编

西安电子科技大学出版社

内 容 简 介

本书主要介绍数学建模中常用的方法，并将西安电子科技大学学生近年来在全国大学生数学建模竞赛中的获奖作品作为案例来阐明这些方法在数学建模中的具体应用。

本书共分为 8 章，第 1 章简单介绍数学模型的概念、建立数学模型的步骤，以及数学建模竞赛；第 2 章介绍数学建模中常用的 TOPSIS 评价法、层次分析法、模糊综合评价法等评价方法；第 3 章讨论微分方程建模方法以及数学建模中常用到的微分方程模型；第 4 章详细介绍数学建模中的数据分析方法；第 5 章介绍常用的多元统计建模方法；第 6 章探讨数学建模中的随机过程模型及其建模方法；第 7 章介绍数学规划模型，重点介绍线性规划、整数规划、非线性规划和动态规划等模型；第 8 章介绍图论知识及其相关的建模方法。

本书可作为综合性大学、工科大学或师范大学本科生数学建模课程的教材，也可作为大学生学习数学建模相关方法的参考书。

图书在版编目(CIP)数据

数学建模方法/宋月，韩邦合主编. —西安：西安电子科技大学出版社，2023.4
ISBN 978 - 7 - 5606 - 6387 - 6

Ⅰ. ①数…　　Ⅱ. ①宋… ②韩…　　Ⅲ. ①数学模型—高等学校—教材　　Ⅳ. ①O141.4

中国版本图书馆 CIP 数据核字(2022)第 061077 号

策　　辑　刘小莉
责任编辑　刘小莉
出版发行　西安电子科技大学出版社(西安市太白南路2号)
电　　话　(029)88202421　88201467　　　邮　　编　710071
网　　址　www.xduph.com　　　　　　　电子邮箱　xdupfxb001@163.com
经　　销　新华书店
印刷单位　咸阳华盛印务有限责任公司
版　　次　2023 年 4 月第 1 版　2023 年 4 月第 1 次印刷
开　　本　787 毫米×1092 毫米　1/16　印张　16.5
字　　数　389 千字
印　　数　1～2000 册
定　　价　41.00 元
ISBN 978 - 7 - 5606 - 6387 - 6 / O

XDUP 6689001 - 1

＊＊＊如有印装问题可调换＊＊＊

前　　言

简单地讲，数学建模就是将实际问题变为用数学语言描述的数学问题的过程，即用数学表达式（如函数、代数方程、微分方程、差分方程等）来描述（表述、模拟）所研究的客观对象或系统在某一方面的规律。具体来说，数学建模就是面对现实世界的一个特定对象，针对一个特定目的，根据特有的内在规律，做出一些必要的假设，再运用适当的数学工具，得到一个数学结构，并根据所求的结果解释、检验以及指导实际问题的过程。这个过程模拟了科学研究的全过程，因而对于培养学生的创新意识、数学应用能力和科研能力具有重要的作用。

编者结合十多年数学建模的课程教学、数学建模竞赛培训指导以及科研工作中积累的经验和体会，并参阅国内外大量相关书籍编写了本书。

本书的特色如下：

（1）从数学建模方法的背景、基本思想、基本结论及实际应用等方面深入浅出地阐明其原理。

（2）针对各章所介绍的数学建模方法，通过具有代表性、规模适当且模块完整的数学建模案例来说明其具体应用，且各章所选的习题与知识点紧密配合。

（3）既重视数学建模方法和技巧的训练，也重视利用 MATLAB 和 LINGO 软件求解能力的培养。

（4）各章内容均具有相对独立性，有利于教师和学生根据不同的需求进行取舍。

此外，书中所引历届赛题，具体可在西安电子科技大学出版社网站 www.xduph.com 查看。

本书在编写过程中得到了西安电子科技大学数学与统计学院各级领导以及数模团队的关心和支持。此外，西安电子科技大学出版社的编辑对本书的出版也付出了辛勤的劳动，在此一并表示衷心的感谢。

由于编者水平有限，书中难免存在不妥之处，敬请广大读者不吝赐教。

编　者
2022 年 12 月

目　　录

第 1 章　数学建模简介

　　数学是研究现实世界中数量关系和空间形式的科学，它的产生和发展的过程一直和各种各样的实际问题紧密相关。自 20 世纪以来，随着电子计算机技术的快速发展，数学不仅在工程技术、自然科学等领域发挥着越来越重要的作用，而且还渗透到经济、管理、金融、生物、医学、环境、地质、人口、交通等领域，目前出现的许多交叉学科都是在数学基础上建立起来的。然而无论应用数学解决的是哪一类实际问题，都需要经过数学建模这一阶段。实际上，数学模型的历史可以追溯到人类开始使用数字的时代，人类从使用数字开始就不断地建立各种数学模型，以解决各种各样的实际问题。自 20 世纪 80 年代起，数学模型就已不再是陌生的名词。在工程领域，电气工程师必须建立所要控制的生产过程的数学模型，才能实现有效的过程控制；气象工作者必须根据气象站、气象卫星汇集的气压、雨量、风速等资料建立数学模型，才能得到准确的天气预报；生理医学专家必须依据药物浓度在人体内随时间、空间变化的数学模型，才能有效地指导临床用药；城市规划者必须基于人口、经济、交通、环境等大系统的数学模型，才能为城市发展规划的决策提供科学依据。即使是针对大学生的综合素质测评、对教师的工作业绩的评定等活动，也可以建立一个数学模型来获得所需要的定量的客观结论。那么，到底什么是数学模型？应该如何建立数学模型呢？本章将对以上两个问题进行简单阐述。

1.1　什么是数学模型？

　　简单地讲，数学建模就是将实际问题变为用数学语言描述的数学问题的过程。其中对应的数学问题就是数学模型。人们通过对数学模型的求解可以获得相应实际问题的解决方案，或对相应实际问题有更深入的了解。

　　数学模型听起来似乎很高深，但实际上并非如此。在中学的数学课中，我们在做应用题时列出的数学式子就是简单的数学模型，做题的过程就是在进行简单的数学建模。事实上，众所共知的欧几里得几何、微积分、万有引力定律、能量守恒及转化定律、狭义相对论、广义相对论等都是很好的数学模型。目前，人们对数学模型还没有确切的定义，但可以这样理解：数学模型就是针对现实世界的一个特定对象，为了一个特定目的，根据特有的内在规律，做出一些必要的简化假设，运用适当的数学工具得到的一个数学结构式。也就是说，数学模型是通过抽象、简化的过程，使用数学语言对实际现象的一个近似的刻画，以便于人们更深刻地认识所研究的对象。

　　数学模型无处不在，它不仅存在于传统的科技领域，也存在于我们的日常生活中，人人都会接触到它，例如生活中的合理投资问题、银行按揭问题、养老保险问题、住房公积金问题、新技术的传播问题、流言蜚语的传播问题、流行性传染病的传播问题、语言学中的用词变化问题、人口的增长问题、人们的减肥问题以及各种资源的管理问题等。

例 1.1.1　设某人买房因资金不足需向银行贷款 p 元，年利率为 $r\%$，计划办理 n 年银行按揭，问：每个月末应向银行存款多少元（即按每月等额计算，应还银行多少元）？

解　设每月还款 A 元，由现值公式可知：

第一期还款 A 元的折现值为 $\dfrac{A}{1+i}$，其中 i 为月利率，即 $i=\dfrac{r}{12}$；

第二期还款 A 元的折现值为 $\dfrac{A}{(1+i)^2}$；

$$\vdots$$

第 n 期还款 A 元的折现值为 $\dfrac{A}{(1+i)^n}$。

所以

$$p=\frac{A}{1+i}+\frac{A}{(1+i)^2}+\cdots+\frac{A}{(1+i)^n}=\frac{A}{i}\left[1-\left(\frac{1}{1+i}\right)^n\right]$$

即

$$A=p\cdot\frac{i}{1-(1+i)^{-n}}$$

上述公式即银行按揭的数学模型，又称资金还原公式（已知 p，求 A）。

1.2　数学建模的步骤

数学建模的一般步骤如下：

模型准备⇒模型假设⇒模型构成⇒模型求解与分析⇒模型检验⇒模型应用

1. 模型准备

数学建模就是要用数学手段解决实际问题，而要完成这一过程，就必须使用数学的语言、方法来近似地刻画这个实际问题。因此如果想对某个实际问题进行数学建模，首先需要了解该问题的实际背景；其次要清楚对象的特征，并掌握有关的数据；最后还要确定建模的问题属于哪一类学科，并确切了解建立数学模型要达到的目的。这一过程称为**模型准备**。

人们所掌握的专业知识往往是有限的，而实际问题又是复杂多样的，如果模型准备充分，则建立的数学模型就会更符合实际背景。

2. 模型假设

一个实际问题会涉及很多因素，把涉及的所有因素都考虑到既不可能也没有必要，这样做还会使问题复杂化，导致建模失败。在把实际问题变为数学问题时，对该问题所进行的必要的、合理的简化和假设过程称为**模型假设**。

在明确建模目的和掌握相关资料的基础上，去除一些次要因素，以主要矛盾为主来对实际问题进行适当简化或理想化，为数学建模带来了方便，使问题更容易得到解决。在整个建模过程中，模型假设简化到何种程度，要根据经验和具体问题决定。模型假设可以在模型的不断修改中逐步完善。

3. 模型构成

有了模型假设后，就可以选择适当的数学工具并根据已知的知识和搜集的信息来描述变量之间的关系或其他数学结构（如数学公式、定理、算法等），这一过程称为**模型构成**。模型构成是数学建模中的关键步骤。

4. 模型求解与分析

建模的目的是解释自然现象、寻找规律，从而解决实际问题；故建立了数学模型之后，还应采用解方程、推理、图解、计算机模拟、定理证明等各种传统的和现代的数学方法对其求解，并对获得的结果进行数学分析。这一过程称为**模型求解与分析**。

5. 模型检验

把模型的数学分析结果与研究的实际问题作比较，以检验模型合理性的过程称为**模型检验**。模型检验对建模的成败很重要，如果检验结果不符合实际，应该修改、补充假设或改换其他数学方法重构模型。通常，一个模型要经过多次修改才能得到满意结果。

6. 模型应用

利用建模中获得的正确模型对研究的实际问题给出预测，或对类似实际问题进行分析、解释和预测，以供决策者参考，这一过程称为**模型应用**。

需要指出的是，上述数学建模过程中的每一个步骤不必在每个建模问题中都出现，因为各个步骤之间有时候并没有明显的界限，因此建模过程不必在形式上按部就班，只要反映出建模的特点即可。

数学建模的过程是一种创造性思维的过程，除了需要具有想象力、洞察力、判断力这些属于形象思维、逻辑思维范畴的能力外，直觉和灵感也不可忽视，这是人们对新事物的敏锐的领悟、理解、推理和判断，要求人们具有丰富的知识，习惯用不同的思维方式对问题进行艰苦探索和反复思考，这种能力要依靠长期的积累才能获得。

1.3　初　等　模　型

所谓初等模型，是指建立模型所用的数学知识和方法主要是初等的、单一的。下面给出一些初等模型的例子。

1. 动物体型问题

问题　某生猪收购站，需要研究如何根据生猪的体长（不包括头、尾）估计其体重。

问题分析　该问题可以认为是寻找四足动物躯干的长度（不含头、尾）和它的体重之间的关系。可以通过类比的方法，比如把四足动物的躯干抽象为圆柱，利用力学的某些结论，建立动物身长与体重的比例关系。

模型假设　（1）将四足动物的躯干（不含头、尾）视为质量为 m 的圆柱体，该圆柱体长为 l，截面面积为 s，直径为 d，如图 1.3.1 所示。

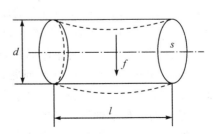

图 1.3.1　四足动物躯干示意图

（2）把圆柱体的躯干看作一根支撑在四肢上的弹性梁，动物在体重 f 作用下的最大下垂度为 δ，即梁的最大弯曲度。根据弹性力学弯曲度理论，有

$$\delta \propto \frac{fl^3}{sd^2} \tag{1.3.1}$$

（3）从生物进化学的角度，可认为动物的相对下垂度 δ/l 已达到一个最合适的数值，也即 δ/l 为常数。

模型建立 因为

$$\begin{cases} s = \dfrac{\pi d^2}{4} \\ f = \dfrac{\pi d^2}{4} l \end{cases} \tag{1.3.2}$$

由式(1.3.1)，可令 $\delta = k_1 \dfrac{fl^3}{sd^2}$，其中 k_1 为比例常数；由式(1.3.2)知

$$sd^2 = \frac{4}{\pi}\left(\frac{\pi}{4}d^2 l\right)^2 \cdot \frac{1}{l^2} = \frac{4}{\pi}f^2 \cdot \frac{1}{l^2} \tag{1.3.3}$$

所以

$$\delta = k_1 \frac{\pi}{4} \frac{l^5}{f}$$

$$f = \frac{\pi}{4}k_1 \frac{l^5}{\delta} = \frac{\pi}{4}k_1 \frac{l}{\delta} \cdot l^4$$

令 $k = \dfrac{\pi}{4}k_1 \dfrac{l}{\delta}$，由假设(3)知 k 为常数，故

$$f = kl^4 \tag{1.3.4}$$

即生猪的体重与体长的 4 次方成正比。在实际工作中，工作人员可根据实际经验及统计数据找出常数 k，从而近似地由生猪的体长估计它的体重。

2. 席位分配问题

问题 某师范院校有 2000 名学生，其中数学系 1000 名，中文系 600 名，外语系 400 名；若学生会中学生代表有 20 个席位，则公平又简单的分法应为 10、6、4。若外语系的 60 名学生分别转入数学、中文两系各 30 人，此时各系的人数为 1030、630、340；按比例席位分配，应为 10.3、6.3 和 3.4，出现了小数，19 个整数席位分配完后，最后一席留给小数部分最大的外语系，即分别为 10、6、4。为方便提案表决，现增加 1 席共 21 席，按比例计算，数学、中文、外语三系分别占有的席位为 10.815、6.615、3.570；按上面的分法，应分别为 11、7、3。这样虽然增加了一个席位，但外语系的席位反而减少一席，可见这种分法是不合理的。请给出一个比较公平的席位分配方案。

问题分析 对于席位分配问题，当出现小数时，无论如何分配都不是完全公平的。一个比较公平的分法是找到一个不公平程度最低的方法，即首先讨论不公平程度的数量化，然后考虑使之最小的分配方案。

模型建立 首先讨论不公平程度的数量化。

设 A、B 两方人数分别为 m_1、m_2，分别占有 n_1 和 n_2 个席位，则两方每个席位所代表

的人数分别为 $\dfrac{m_1}{n_1}$ 和 $\dfrac{m_2}{n_2}$ 。不失一般性，$\dfrac{m_1}{n_1}-\dfrac{m_2}{n_2}\left(\dfrac{m_1}{n_1}>\dfrac{m_2}{n_2}\right)$ 代表了公平程度，故定义

$\left|\dfrac{m_1}{n_1}-\dfrac{m_2}{n_2}\right|$ 为绝对不公平值。那么这样定义的绝对不公平值是否合理呢？若 $m_1=120$，

$m_2=100$，$n_1=n_2=10$，则 $\left|\dfrac{m_1}{n_1}-\dfrac{m_2}{n_2}\right|=2$。又若 $m_1=1020$，$m_2=1000$，$n_1=n_2=10$，同样

有 $\left|\dfrac{m_1}{n_1}-\dfrac{m_2}{n_2}\right|=2$。显然将上面定义的绝对不公平程度作为衡量不公平的标准并不合理，因

此修改此度量如下：

　　　　若 $\dfrac{m_1}{n_1}>\dfrac{m_2}{n_2}$，则称 $\dfrac{\dfrac{m_1}{n_1}-\dfrac{m_2}{n_2}}{m_2/n_2}=\dfrac{m_1 n_2}{m_2 n_1}-1$ 为对 A 方的相对不公平值，记为 $r_A(n_1,n_2)$；

若 $\dfrac{m_1}{n_1}<\dfrac{m_2}{n_2}$，则称 $\dfrac{\dfrac{m_2}{n_2}-\dfrac{m_1}{n_1}}{m_1/n_1}=\dfrac{m_2 n_1}{m_1 n_2}-1$ 为对 B 方的相对不公平值，记为 $r_B(n_1,n_2)$。

　　上例中，$m_1=120$，$m_2=700$，$n_1=n_2=10$ 时，$r_A=0.2$；$m_1=1020$，$m_2=1000$，$n_1=n_2=10$ 时，$r_A=0.02$，可见相对不公平值较合理。

　　下面在相对不公平度量下讨论增加 1 席的分配问题。

　　仍然是 A、B 两方，人数分别为 m_1、m_2，分别占有 n_1 和 n_2 个席位，现在增加一个席位，应该给 A 方还是 B 方呢？不妨设 $\dfrac{m_1}{n_1}>\dfrac{m_2}{n_2}$，此时对 A 方不公平，下面分两种情形讨论：

　　(1) $\dfrac{m_1}{n_1+1}\geqslant\dfrac{m_2}{n_2}$，说明即使 A 方增加 1 席，仍对 A 方不公平，故这一席应给 A 方。

　　(2) $\dfrac{m_1}{n_1+1}<\dfrac{m_2}{n_2}$，说明 A 方增加 1 席后，对 B 方不公平，此时计算对 B 方的相对不公平值，即

$$r_B(n_1+1,n_2)=\dfrac{m_2(n_1+1)}{m_1 n_2}-1$$

　　若这一席给 B 方，则对 A 方的相对不公平值为

$$r_A(n_1,n_2+1)=\dfrac{m_1(n_2+1)}{m_2 n_1}-1$$

本着使得相对不公平值尽量小的原则，若

$$r_B(n_1+1,n_2)<r_A(n_1,n_2+1) \tag{1.3.5}$$

则增加的 1 席给 A 方；若

$$r_A(n_1,n_2+1)<r_B(n_1+1,n_2) \tag{1.3.6}$$

则增加的 1 席给 B 方。

　　由式(1.3.5)可得

$$\dfrac{m_2^2}{n_2(n_2+1)}<\dfrac{m_1^2}{n_1(n_1+1)}$$

　　由式(1.3.6)可得

$$\frac{m_2^2}{n_2(n_2+1)} > \frac{m_1^2}{n_1(n_1+1)}$$

记 $Q_i = \dfrac{m_i^2}{n_i(n_i+1)}$，则增加的 1 席应给 Q 值大的一方。

第一种情形显然符合该原则。

现在将上述方法推广到 k 方分配席位的情况，即 A_i 方人数为 m_i，已占有 n_i 席，$i=1$，$2,\cdots,k$，计算

$$Q_i = \frac{m_i^2}{n_i(n_i+1)}$$

则将增加的 1 席分配给 Q 值最大的一方。

下面考虑原问题：

前 19 席的分配没有争议，数学系得 10 席，中文系得 6 席，外语系得 3 席。

第 20 席的分配：因为

$$Q_1 = \frac{1030^2}{10(10+1)} = 9644.55$$

$$Q_2 = \frac{630^2}{6(6+1)} = 9450$$

$$Q_3 = \frac{340^2}{3(3+1)} = 9633.33$$

故第 20 席分配给数学系。

第 21 席的分配：因为

$$Q_1 = \frac{1030^2}{11(11+1)} = 8037.12, \quad Q_2 = 9450, \quad Q_3 = 9633.33$$

故第 21 席分配给外语系。

综上可知，数学、中文、外语三系各分得 11、6、4 席，这样外语系保住了它险些丧失的 1 席。

3. 椅子放平稳问题

问题　四条腿一样长的椅子一定能在不平的地面上放平稳吗？

问题分析　这个问题看似与数学没有任何关系。现在用数学模型解决这个问题，首要的任务是把四脚同时着地和放稳用数学语言描述出来。

首先，用变量表示椅子的位置。由于椅脚连线为正方形，正方形中心是正方形的中心对称点，正方形绕其中心的旋转正好代表了椅子位置的改变，因此可以用旋转角度表示椅子的位置。设椅脚的连线为正方形 $ABCD$，对角线 AC 与 x 轴重合，坐标原点 O 在椅子中心，当椅子绕 O 点旋转后，对角线 AC 变为 $A'C'$，$A'C'$ 与 x 轴的夹角为 θ，见图 1.3.2。

其次，把椅脚着地用数学符号表示出来。如

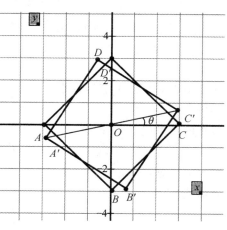

图 1.3.2　椅子位置坐标图

果用某个变量表示椅脚与地面的竖直距离，那么当这个量为零时就是椅脚着地了。椅子处于不同位置时椅脚与地面的距离不同，所以这个距离应该是位置变量的函数，因此椅子能不能放平问题就转化为某个函数求根的问题。显然上述分析必须建立在一定条件的基础上才是可行的。

模型假设　（1）椅子四条腿一样长，椅子脚与地面的接触处可视为一个点，四脚连线呈正方形；

（2）地面高度是连续变化的，沿任何方向都不会出现间断（没有台阶那样的情况），即视地面为数学上的连续曲面；

（3）地面起伏不是很大，椅子在任何位置至少有三只脚同时着地。

模型建立　按问题分析中所建立的坐标系，由于正方形的中心对称性，只需设两个距离函数，记 A、C 两脚与地面距离之和为 $f(\theta)$，B、D 两脚与地面距离之和为 $g(\theta)$，显然 $f(\theta) \geqslant 0$，$g(\theta) \geqslant 0$。因此椅子和地面的距离之和 $h(\theta) = f(\theta) + g(\theta)$。由假设（2），$f(x)$、$g(x)$ 为连续函数，因此 $h(\theta)$ 也是连续函数；由假设（3），得 $f(\theta)g(\theta) = 0$。综上，该问题归结为：已知连续函数 $f(\theta) \geqslant 0$，$g(\theta) \geqslant 0$ 且 $f(\theta)g(\theta) = 0$，证明至少存在一个 θ_0，使得

$$f(\theta_0) = g(\theta_0) = 0$$

下面进行模型求解，即找出 θ_0。

证明　不妨设 $f(0) > 0$，则 $g(0) = 0$。令 $\theta = \dfrac{\pi}{2}$（即旋转 90°，对角线 AC 和 BD 互换）。则有 $f\left(\dfrac{\pi}{2}\right) = 0$，$g\left(\dfrac{\pi}{2}\right) > 0$。定义：$H(\theta) = f(\theta) - g(\theta)$，所以

$$H(0)H\left(\frac{\pi}{2}\right) = -\left[f(0)g\left(\frac{\pi}{2}\right)\right] < 0$$

根据连续函数解的存在性定理，可得：至少存在 $\theta_0 \in \left(0, \dfrac{\pi}{2}\right)$，使得 $H(\theta_0) = f(\theta_0) - g(\theta_0) = 0$。

又因为 $f(\theta_0)g(\theta_0) = 0$，所以 $f(\theta_0) = g(\theta_0) = 0$。即：当 $\theta = \theta_0$ 时，四点均在同一平面上。

进一步思考该问题，上述假设条件是必需的吗？如果放松某些假设条件，譬如四脚连线为正方形的假设，又会出现什么结果呢？

4. 巴拿赫火柴问题

问题　波兰数学家巴拿赫随身携带两盒火柴，分别放在左右两个衣袋里，每盒有 n 根火柴。每次使用时，便随机地从其中一盒中取出一根。试求他将其中一盒火柴用完，而另一盒中剩下的火柴根数的分布规律。

问题分析　巴拿赫火柴问题看起来是古典概型问题，但样本空间的获取太困难。仔细分析可知，当巴拿赫首次发现他一个衣袋中的一盒火柴变空，而他另一边衣袋中火柴盒中恰好剩 k 根火柴时，相当于他一共做了 $2n - k + 1$ 次随机试验，贝努利概型可以解决此问题。

模型假设　随机地取每盒火柴，随机抽取每盒火柴中的每根火柴。

模型建立和求解　为了求得巴拿赫衣袋中的一盒火柴已空，而另一盒还有 k 根火柴的概率，我们记 A 为取左衣袋盒中火柴的事件，$\overline{A}$ 为取右衣袋盒中火柴的事件。将取一次火柴看作一次随机试验，每次试验结果是 A 或 $\overline{A}$ 发生。显然有 $p(A)=p(\overline{A})=\dfrac{1}{2}$。

若巴拿赫首次发现他左衣袋中的一盒火柴变空，这时事件 A 已经发生了 $n+1$ 次，而此时他右边衣袋中火柴盒中恰好剩下 k 根火柴，相当于他在此前已在右衣袋中取走了 $n-k$ 根火柴，即 $\overline{A}$ 发生了 $n-k$ 次。简言之就是巴拿赫一共做了 $2n-k+1$ 次随机试验，其中事件 A 发生了 $n+1$ 次，$\overline{A}$ 发生了 $n-k$ 次。在这 $2n-k+1$ 次试验中，第 $2n-k+1$ 次是 A 发生，在前面的 $2n-k$ 次试验中 A 发生了 n 次。所以他发现左衣袋火柴盒空，而右衣袋恰好有 k 根火柴的概率为

$$p(A)\mathrm{C}_{2n-k}^{n}(p(A))^{n}(P(\overline{A}))^{n-k}=\frac{1}{2}\mathrm{C}_{2n-k}^{n}\left(\frac{1}{2}\right)^{2n-k}$$

由对称性知，当右衣袋空而左衣袋中恰好有 k 根火柴的概率也是 $\dfrac{1}{2}\mathrm{C}_{2n-k}^{n}\left(\dfrac{1}{2}\right)^{2n-k}$。

最后求得巴拿赫发现他一个衣袋里火柴空而另一个衣袋的盒中恰好有 k 根火柴的概率为

$$\mathrm{C}_{2n-k}^{n}\left(\frac{1}{2}\right)^{2n-k}, \quad k=0,1,\cdots,n$$

5. 蒲丰投针问题

问题　平面上画有等距离为 $a(a>0)$ 的一些平行直线，现向此平面任意投掷一根长为 $b(b<a)$ 的针，试求针与某一平行直线相交的概率。

问题分析　这个问题是几何概型问题，必须弄清楚样本空间是什么。首先需要用参数描述出针的位置，图 1.3.3 为针与平行线位置的示意图，若以 x 表示针投到平面上时针的中点 M 到最近的一条平行直线的距离，φ 表示针与该平行直线的夹角，那么针落在平面上的位置可由 (x,φ) 确定。因此，用参数 x、φ 表述针与平行线相交这一事件，问题就迎刃而解了。

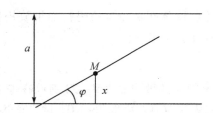

图 1.3.3　针与平行线的位置示意图

模型假设　针是随机投掷的。

模型建立和求解　由问题分析可知，投针试验的所有可能结果与图 1.3.4 中的矩形区域 $S=\{(x,\varphi)\mid 0\leqslant x\leqslant\dfrac{a}{2},0\leqslant\varphi\leqslant\pi\}$ 中所有的点一一对应。

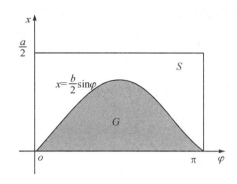

图 1.3.4　投针试验样本空间

所关心的事件 $A = \{$针与某一平行直线相交$\}$ 发生的充分必要条件是 S 中的点满足条件

$$0 \leqslant x \leqslant \frac{b}{2}\sin\varphi, \qquad 0 \leqslant \varphi \leqslant \pi$$

从而

$$P(A) = \frac{G \text{ 的面积}}{S \text{ 的面积}} = \frac{\int_0^\pi \frac{b}{2}\sin\varphi\,\mathrm{d}\varphi}{\frac{a}{2} \times \pi} = \frac{b}{\frac{a}{2} \times \pi} = \frac{2b}{a\pi}$$

法国数学家蒲丰(1707—1788)最早设计了投针试验,并于 1777 年给出了针与平行线相交的概率的计算公式 $p = \dfrac{2b}{\pi a}$(其中 b 是针的长度,a 是平行线间的距离,π 是圆周率)。

6. 广告中的数学

问题　在现实生活中,广告无处不在。广告中蕴藏着诸多学问,以房产销售广告为例,房产开发商为了提高销售量,通常会印制精美的广告并分发给人们。虽然买房人的买房行为是随机的,他可能买房,也可能不买,可能买这家开发商的房子,也可能买另一家开发商的房子,但与各开发商的广告投入有一定的关联。一般地,虽然随着广告费用的增加,潜在的购买量会增加,但市场的购买力是有一定限度的。表 1.3.1 给出了某开发商以往 9 次广告投入及预测的潜在购买力。

表 1.3.1　广告投入与潜在购买力统计　　　　　单位:百万元

广告投入	0.2	0.4	0.5	0.52	0.56	0.65	0.67	0.69	1
购买力	10340	10580	10670	10690	10720	10780	10800	10810	10950

请从数学模型的角度为开发商制定合理的广告策略,并给出单位面积成本为 700 元、售价为 4000 元条件下的广告方案。

问题分析　开发商制定策略的好坏主要由利润来确定,好的策略应该获得高的利润,由于需求量是随机变量,因此在考虑投入、需求的基础上获得最高利润的策略就是所追求的广告策略。

模型假设　(1)假设单位面积成本为 p_1 元,售价为 p_2 元,忽略其他费用,需求量 r 是随机变量,其概率密度为 $p(r)$。

（2）假设广告投入为 p 百万元，潜在购买力是 p 的函数，记作 $s(p)$，实际供应量为 y。

模型建立　开发商制定策略的好坏主要由利润来确定，计算平均销售量 $E(x)$。

$$E(x) = \int_0^y rp(r)\mathrm{d}r + \int_y^{+\infty} yp(r)\mathrm{d}r \tag{1.3.7}$$

式（1.3.7）右边第二项表示当需求量大于等于供应量时，取需求量等于供应量。

因此，利润函数为

$$R(y) = p_2 E(x) - p_1 y - p$$

利用 $\int_0^{+\infty} p(r)\mathrm{d}r = 1$，得到

$$R(y) = (p_2 - p_1)y - p - p_2 \int_0^y (y - r)p(r)\mathrm{d}r \tag{1.3.8}$$

式（1.3.8）中，第一项表示已售房毛利润，第二项为广告成本，第三项为未售出房的损失。

模型求解　为了获得最大利润，只需对式（1.3.8）求导并令其为零，设 $R(y)$ 获得最大值时 y 的最优值为 y^*，则

$$\frac{\mathrm{d}R(y)}{\mathrm{d}y} = (p_2 - p_1) - p_2 \int_0^y p(r)\mathrm{d}r = 0$$

因此，y^* 满足关系式

$$\int_0^{y^*} p(r)\mathrm{d}r = \frac{p_2 - p_1}{p_2} \tag{1.3.9}$$

由式（1.3.9）可知，在广告投入一定的情况下，最优供应量依赖于需求量的概率分布。为使问题更加明确，增加如下假设：

（3）假设需求量 r 服从 $U[0, s(p)]$ 分布，即

$$p(r) = \begin{cases} \dfrac{1}{s(p)} & 0 \leqslant r \leqslant s(p) \\ 0 & \text{其他} \end{cases} \tag{1.3.10}$$

将式（1.3.10）代入式（1.3.9），得到

$$y^* = \frac{p_2 - p_1}{p_2} s(p) \tag{1.3.11}$$

即最优的供应量等于毛利率与由广告费确定的潜在购买力的乘积。将式（1.3.11）代入式（1.3.8），得到最大利润为

$$R(y^*) = \frac{(p_2 - p_1)^2}{2p_2} s(p) - p \tag{1.3.12}$$

对式（1.3.12）关于 p 求导，得驻点 p^* 满足的方程为

$$s'(p^*) = \frac{2p_2}{(p_2 - p_1)^2} \tag{1.3.13}$$

因此，只要给出潜在购买力函数，就可以获得最优的广告投入。

下面根据开发商获得的相关数据，来确定潜在购买力函数。通过对表 1.3.1 数据的分析，得知其符合 logistic 型曲线增长率，经拟合得到

$$s(p) = \frac{10^5}{(9 + \mathrm{e}^{-2p})}$$

记

$$l = \frac{2p_2}{(p_2 - p_1)^2} \times 10^{-5} \qquad (1.3.14)$$

将式(1.3.14)代入式(1.3.13)，当 $1 - 18l > 0$ 时，求得

$$p^* = -\frac{1}{2}\ln(1 - 9l - \sqrt{1 - 18l}) + \frac{1}{2}\ln l \qquad (1.3.15)$$

将 $p_1 = 0.0007$，$p_2 = 0.004$ 代入式(1.3.14)，得到 $p^* = 0.49$(百万元)。

1.4　大学生数学建模竞赛简介

数学建模竞赛源于美国，一些有识之士为了培养应用型数学人才，在经历反复商讨、论证、争论、争取资助的过程之后，终于在 1985 年举办了美国的第一届大学生数学建模竞赛。数学建模竞赛简称 MCM（1987 年以前它的全称是 Mathematical Competition in Modeling，1987 年改为 Mathematical Contest in Modeling，其缩写均为 MCM）。MCM 从 1985 年起每年举行一届，每一届均在当年的二月下旬或三月初的某个星期五到星期一举行。

竞赛由美国工业与应用数学学会和美国运筹学会联合主办，采用团体赛的比赛形式，每个参赛队最多由三人组成，在规定的四天时间内共同完成一份答卷；该答卷应是一篇完整的论文，包括对所选问题的重新阐述，对问题的条件和假设的说明、补充和修改，对为何采用所述模型的分析，模型的设计，对模型的测试和检验的讨论以及模型的优缺点等部分，最后还要有一个一般不超过一页的论文摘要。

每个参赛队有一个指导老师，负责比赛前的培训和接收赛题。每年竞赛的赛题都是来自实际的问题或有强烈实际背景的问题，没有固定的范围，可能涉及各个不同的学科、领域。每个参赛队从赛题中任意选做一道。参赛队员可以相互讨论，可以查阅资料，可以使用计算机和计算机软件，但不允许三人以外的其他人(包括指导老师)帮助做题。

经过专家们的评阅，论文将被分成几个等级：特等奖(Outstanding)、特等奖提名(Finalish)、一等奖(Meritorious)、二等奖(Honorable Mention)、成功参赛奖(Successful Participant)。评卷的标准并不是看答案对不对，而是主要看论文的思想方法好不好，以及论述是否清晰。赛后特等奖的论文将作为优秀论文在专业杂志上发表。2016 年 MCM 增加了 C 题——大数据类赛题。我国最早是在 1989 年由北京的三所大学组队参加 MCM 竞赛；后来，参赛的学校和参赛队越来越多，如今我国参赛学校和参赛队已经超过 MCM 规模的一半。

仿照美国的 MCM 竞赛，我国从 1992 年开始由中国工业与应用数学学会举办全国大学生数学建模竞赛，从 1994 年起由国家教委高教司和中国工业与应用数学学会共同举办。由于这项活动受到广大学生和教师的热烈响应，它在全国迅速发展壮大起来。如今它是规模最大、参加学校和人数最多、举办最成功的一项大学生课外科技活动。2019 年来自全国 33 个省、市、自治区(包括香港、澳门)以及美国和马来西亚的 1490 所院校/校区、39293 个本科组参赛队、3699 个专科组参赛队，近 13 万名大学生报名参加本项竞赛。2020 年全国大学生数学建模竞赛有来自全国及美国、英国、马来西亚的 1470 所院校，本科 41826 队、专科 3854 队，共计 45680 队，13 万多人报名参赛。本科组的参赛规模以每年 10% 的速度在增长。竞赛设置国家一等奖和国家二等奖，省级一等奖、二等奖及三等奖，国家一等奖的获奖

比例一般小于 2%。

　　为庆祝全国大学生数学建模竞赛 20 周年，2011 年全国大学生数学建模竞赛组委会与深圳市科协在深圳联合举办了首届"深圳杯"全国大学生数学建模夏令营。2012—2016 年，全国组委会和深圳市科协决定联合举办第 2～6 届"深圳杯"全国大学生数学建模夏令营活动，每年举办一届。2013 年起更名为"深圳杯"数学建模夏令营，允许研究生和国外学生参加。2016 年起更名为"深圳杯"数学建模挑战赛。2016 年，为激励学生学习和探索大数据知识、提高应用数据挖掘技术解决实际问题的能力，全国大学生数学建模竞赛组委会开始举办"泰迪杯"全国数据挖掘挑战赛。

1. 数学建模的特点

　　数学建模竞赛以三名学生组成一个队，赛前有教师指导培训。数学建模竞赛不同于其他封闭式的比赛，它的最大特点是开放性，参赛的三个队员可以是任何专业的自由组合，在比赛过程中三人可以互相讨论切磋，可携带任何笔记、资料、杂志、图书，可以在国际互联网上浏览，但不得与队外任何人（包括在网上）讨论，比赛必须由三个队员独立完成。

　　赛题来源于日常生活、工程技术和管理科学中的实际问题，经过适当简化提炼而成。赛题没有唯一的答案，也没有标准答案，更没有现成的可供套用的方法。同一个考题，可以用多种方法解答，只要言之有理即可。

　　竞赛提交的答卷是一篇"论文"，它包括：问题的适当阐述，合理的假设，模型的分析、建立、求解、验证，结果的分析，模型优缺点的讨论等。论文的优劣主要看思想方法好不好，有没有创新意识及论文思路是否清晰。论文经过多个专家的综合评判，才能获得比赛成绩。

　　数学建模竞赛可以培养学生应用数学进行分析、推理、证明和计算的能力，用数学语言表达实际问题及用普通人能理解的语言表达数学结果的能力，应用计算机及相应数学软件的能力，独立查找文献和自学的能力；培养学生组织、管理、协调合作以及妥协的能力；培养学生的创造力、想象力、联想力和洞察力；培养学生的交流、表达和写作能力；还可以培养学生不怕吃苦、敢于战胜困难的坚强意志。

2. 建模竞赛流程

　　1）竞赛前的准备

　　西安电子科技大学由数学与统计学院（即原先的理学院数学系）承担每年的数学建模培训、选拔和竞赛工作。每年的春季学期由数学与统计学院在全校范围内开设数学模型公共选修课，每年 5 月 1 日，利用劳动节假期举办校内"数学建模"竞赛。随后 6 月份对获得校级一、二等奖的同学组织笔试和面试，选拔优秀学生，并利用暑假进行建模竞赛培训。培训分两个阶段，在第一阶段教练们专题讲授各种建模方法，在第二阶段进行实际问题建模训练。一般每个教练带 3 或 4 组队员，4 天完成一个问题，然后组织学生讨论，教练点评。培训后确认最终的参赛队员，参加每年 9 月份举行的全国大学生数学建模竞赛。本阶段是竞赛前的准备阶段，通过不断地切磋、思考、磨合与实践，培养学生的数学技能、计算机软件使用技能和写作技巧。这一阶段的准备对学生能否取得好的竞赛成绩至关重要。

　　2）竞赛过程中

　　文献的检索、题意的理解、时间的掌控和论文的写作是整个竞赛过程的重中之重，下面结合笔者十几年的带队经验分别介绍。

（1）文献检索。竞赛开始后，一拿到赛题，文献检索过程就开始了。你需要获取所面临问题的有关信息，通过阅读文献资料，可以了解别人在这个方面做了多少工作，怎么做的工作，取得了哪些进展，还存在什么问题没解决，难点在哪里，热点在哪里，哪里是关键，哪些是有价值的，哪些是无意义的，等等。譬如埃博拉病毒传播和药品分配传送问题中，需要查阅有关埃博拉病毒的一些相关资料，以及利比里亚、塞拉利昂、几内亚的疫情数据。文献中有若干相关埃博拉病毒传播的不同模型，这些模型可能在某种特别的条件下可以直接用于竞赛问题，虽然针对赛题中的一般情况，这些模型未必合适，但是它们为参赛者建立自己的模型提供了参考。通过文献检索，可以尽快确定选题和建立自己的数学模型。

文献查找主要有以下几种模式：

A. 书；

B. 书＋中外文期刊数据库；

C. 书＋中外文期刊数据库＋学位论文；

D. 书＋中外文期刊数据库＋学位论文＋搜索引擎。

对于全国赛，推荐 D 模式。一般情况下更多的是查阅中外文期刊数据库＋学位论文；对于美赛则要改为外文期刊数据库＋搜索引擎的模式。

在文献检索中很重要的一点是检索文献的有效率，因为很多查到的文献是无用的，能有 3～4 个有用的文献就很难得了。一般通过数据库关键词查找到的文献的有效率是很低的，而通过检索已查找到文献的参考文献是很有效的一种手段，可以大大提高检索效率。

用于文献检索的常用中文数据库有 CNKI、VIP、万方、中国数字图书馆、书生之家、超星数字图书馆，外文数据库有 EBSCO、Elserive、ProQuest、Springerlink、EI。

检索文献是决定参赛论文起点高低的关键。三天中做的课题很少是从头做起的，一般都是在文献的基础上做的，所以找到的文献离所做的课题越近，则参赛成绩会越好。

（2）审题。在进行初步的文献检索以后，应该尽快选定赛题。确定选题后，需要反复阅读赛题，找出题中关键词句，深刻理解各个问题的条件、需要解决的问题，弄清楚各个问题之间的逻辑关系，解决这些问题可能碰到的困难，尽早进入所选赛题。具体说来，要做到以下几点：

① 明确问题。下面以 2016 年国赛 B 题"小区开放对道路通行的影响"为例来说明。该赛题设置了需要解决的四个子问题：

（a）请选取适当的评价指标体系，用于评价小区开放对周边道路通行的影响。

（b）请建立关于车辆通行的数学模型，用于研究小区开放对周边道路通行的影响。

（c）小区开放产生的效果可能会与小区结构及周边道路结构、车流量有关，请选取或构建不同类型的小区，应用你们建立的模型定量比较各类型小区开放前后对道路通行的影响。

（d）根据你们的研究结果，从交通通行的角度，向城市规划和交通管理部门提出你们关于小区开放的合理化建议。

很多学生读完这四个子问题以后弄不清问题之间的逻辑关系，觉得问题重复，第一问就全部处理完了指标、模型和求解，余下的问题不知道如何处理。其实，赛题是围绕"确定小区开放对道路通行影响的指标体系—建立小区开放对道路通行影响的数学模型—针对具体小区应用建立的模型量化小区开放对道路通行的影响—通过模型对具体小区的量化分析给出合理的建议"展开的，问题层层深入，有很强的内在逻辑关系。如果审题的过程中不能领会这几个子问题之间的关系，就不能给出高水平的论文。

② 明确关键词的含义。确定指标体系来评价小区开放对周边道路通行的影响，如果对"道路通行的影响"理解得不透彻，比如有些同学引入车流量、延迟、饱和度等度量道路通行能力的指标，而对与小区开放紧密相关的安全性与脆弱性指标却视而不见，显然是对问题的理解有偏差。好的指标的选取应满足：

（a）针对性：能反映小区开放前后周边道路通行的变化。

（b）全局性：选取的指标能反映对道路通行的整体影响。

（c）可计算性：选取的指标不是抽象的、描述性的概念，而是可定量计算的指标。

（d）广泛性：所选取的指标应包含主要的要素，即通行能力度量、安全性度量、脆弱性度量。

（3）论文写作。虽然数学建模竞赛是一个通过建立模型解决所给问题的竞赛，但所建立的模型和得到的结论都是通过论文的形式呈现给评委的，因此数学建模比赛中论文的写作至关重要。有时候虽然模型建立得很好，结论也不错，但论文写得含糊不清，肯定不能获得好的成绩；有时虽然模型较逊色，但论文出色，也可能得到不错的成绩。竞赛评委要在非常有限的时间内评阅多份论文，因此论文应当易于快速浏览与阅读，章节标题应能够表现全文的概貌，关键点突出；全文排版要做到整齐、美观，各种符号、图、表格式规范，使人读起来感觉舒适。

摘要的写作不管是在全国数学建模竞赛，还是在美国数学建模竞赛中的地位都是很显赫的，两个组委会都提出了摘要的重要性，再三明文提醒参赛者要注重摘要的写作。摘要的写作一定要花较多的时间，字斟句酌地反复修改。在摘要中要突出建立数学模型的方法、算法、结论、创新点、特色，不要有废话，做到重点突出，让人一看就知道这篇论文是关于什么的、做了什么工作、用的什么方法、得到了什么效果、有什么创新和特色等。

论文的主体部分也要反复修改，各小节间应逻辑清楚。模型的假设是建立模型的基础，因此模型的假设应以严格、确切的数学语言来表达，使读者不产生任何曲解，所给出的假设还必须是合理的。在问题分析部分，应当清晰地表明参赛者对要解决的问题以及要用到的数学方法的充分理解，因为打动评委的不仅仅是建立的数学模型，也包括参赛者对这个模型的新的理解以及模型所发挥的作用。在模型的建立部分应做到思路清晰，逻辑性强，而不是大量方法的堆砌。在模型的讨论部分可以就不同的情景，探索模型将如何变化；可根据实际情况，改变所做的某些假设，指出由此数学模型产生的变化；可采用不同的数值方法进行计算，比较所获得的各个结果；可探讨由于不同的建模方法而引起的变化；也可对所建立的模型的优、缺点加以比较，实事求是地指出模型的使用范围。整篇文章的语言要求达意、干练，应多用客观的陈述句，切记频繁使用你、我、他等带主观意向的语句。

论文用到的参考文献应整理好，将其在参考文献部分排好次序，按引用先后注明。

另外，竞赛中时间的安排也要重视，全国赛只有三天时间，从审题、资料检索开始，到数学模型的建立、结论的获取、最终论文的形成，三天时间是非常紧张的。因此一拿到题目，就要潜心研究题目、吃透题目，尽量早地选定题目，最迟不能晚于第一天中午时分。在三天的比赛中要安排好休息时间，由于时间有限，所以对休息时间的安排要仔细考虑。三个人可以轮换休息，也就是说一定要保证同一时间一人以上不睡觉，不能三人同时睡觉。

比赛中常常会有一些想法闪现出来，无论这些想法是可行的还是荒诞的，都要记下来，因为这或许就是问题的解决之法，或许就是闪光点。

一般建议第二天晚上开始动笔，一边分析问题，一边写论文，因为题目做完了再写就来不及了。最好第三天早上基本完成模型的求解，第三天中午基本完成论文，随后开始最后最关键的一环——艰苦的论文修改过程。

习　题　1

1. 举出几个实例，说明数学建模的必要性，包括实际问题的背景和建模的目的。

2. 从下面不太明确的叙述中明确所研究的问题，以及应考虑哪些有重要影响的变量。

（1）一家商场要建设一个新的停车场，需规划照明设施；

（2）一个农民要在一块土地上做出农作物的种植规划；

（3）一制造商要确定某种产品的产量及定价；

（4）卫生部门要确定一种新药对某种疾病的疗效；

（5）一滑雪场要进行山坡滑道和上山缆车的规划。

3. 阐明应怎样解决下面的实际问题，包括需要哪些数据资料，要进行哪些观察、试验以及建立什么样的数学模型。

（1）估计一个人体内的血液的总量；

（2）为保险公司制订人寿保险金计划（不同年龄的人应缴纳的金额和公司赔偿的金额）；

（3）估计一批日光灯管的寿命；

（4）确定火箭发射至最高点所需要的时间；

（5）决定十字路口黄灯亮的时间长度；

（6）为汽车租赁公司制订车辆维修、更新和出租计划。

4. 日常生活中用矿泉水水瓶喝水时很少洒水，除非被别人逗笑；但是电影中的英雄用海碗喝水时，我们时常觉得他们其实喝的还没有洒的多。经验告诉我们，用矿泉水瓶喝水不洒水，用大口径容器喝水易洒水，为什么？

5. 进入 20 世纪 50 年代以来，当一部分国家拥有一定数量的核武器之后，其他国家出于自身安全考虑，同时为了打破"核垄断""核讹诈"，也必须发展一定数量的核武器，以保证在遭受第一次核打击之后，仍然能有足够的核武器保留下来，给对方以致命的打击。那么，人们非常关心的是，在这场军备竞赛中是否存在着一个相对稳定的区域，即双方都认为他们各自拥有的核武器数量是可以保证自身安全的？

第 2 章　综合评价建模方法

　　评价是人类社会中一项经常性的、极重要的认识活动，是决策中的基础性工作。具体地讲，评价就是通过对照某些标准来判断测量结果价值的过程，评价的对象往往是个复杂系统，它同时受到多种因素影响，需要用多个指标进行总体评价，才能求得其优劣的等级，这种评价过程所采用的数学方法称为综合评价建模方法。综合评价建模方法是大学生数学建模竞赛中的常见方法，比如小区开放对道路通行的影响（2016 年 COMCM B 题）；葡萄酒的评价（2012 年 COMCM B 题）；上海世博会的影响力（2010 年 COMCM B 题）等。基于不同的原理，产生了不同的综合评价方法，譬如计分法、综合指数法、TOPSIS（Technique for Order Preference by Similarity to Ideal Solution，逼近于理想解的技术）评价法、秩和比法、层次分析法、模糊综合评价法、灰色系统评价法。本章主要介绍数学建模中经常用到的 TOPSIS 评价法、层次分析法、模糊综合评价法。

　　TOPSIS 评价法适用于指标数和对象数较少的场合，常用于部门整体评价、效益评价等。

　　层次分析法是美国运筹学家 T. L. Saaty 等人在 20 世纪 70 年代提出的一种用于解决复杂问题排序和传统主观定权缺陷的方法。该方法将定性和定量相结合，把研究对象作为一个系统，以系统分层分析为手段，将评价对象的总目标通过比较判断进行连续性分解，通过两两比较来确定各层子目标的权重，并以最下层目标的组合权重定权，加权求出综合指数，依据综合指数的大小来评定目标的实际情况。简单地说，层次分析法做两件事，一是将目标层次细分为许多不同的指标或方面；二是确定指标的权重。层次分析法比较适合于具有分层交错评价指标的目标系统，而且目标值又难于定量描述的决策问题。

　　模糊集合理论由美国控制论专家 Zadeh 于 1965 年提出，它可以较好地解决综合评价中的模糊性，最大限度地减少人为因素。模糊综合评价法的具体过程主要包括确定因素及评价指标的无量纲化处理、给定各指标层权重、建立评价等级集、确定隶属关系、建立模糊评级矩阵、进行模糊矩阵运算、得到模糊综合评价结果等。

　　层次分析法和模糊综合评价法都是针对主观因素进行数学处理的一种方法，在权重设计方面，层次分析法优越一些；而在对一种方案进行综合判断筛选方面，模糊综合评价法更适用。

2.1　TOPSIS 评价法

　　TOPSIS 评价法是 Hwang 和 Yoon 于 1981 年提出的针对多项指标、对多个方案进行比较选择的分析方法，是系统工程中有限方案**多目标决策分析**的一种常用方法。该方法的基本思路是定义决策问题的最优方案和最差方案，然后在可行方案中找到一个方案，计算该方案与最优方案和最差方案的距离，获得评价对象与最优方案的接近程度，以此评价各对象的优劣。

TOPSIS 评价法对样本无特殊要求，能较为充分地利用原有的数据信息，对每个评价对象的优劣进行排序。但当两个评价对象的指标值关于最优方案和最劣方案的连线对称时，无法得出正确的结果。TOPSIS 评价法只能对每个评价对象的优劣进行排序，灵敏度不高。

1. TOPSIS 评价法的一般提法

假设决策问题的备选方案集为 $X=(x_1, x_2, \cdots, x_m)$，用 $Y_i=(y_{i1}, y_{i2}, \cdots, y_{in})$ 表示方案 x_i 的 n 个属性值，当目标函数为 $f_j(j=1, 2, \cdots, n)$ 时，$y_{ij}=f_j(x_i)$，$i=1, 2, \cdots, m$。各方案的属性值可以用矩阵 $Y=(y_{ij})_{m \times n}$ 表示，该矩阵称为决策矩阵，也称为判断矩阵、属性矩阵或属性表。属性矩阵提供了分析决策问题所需要的基本信息，是进一步求解、分析和决策的基础。

例 2.1.1 为了客观地评价某城市 5 个街区，监管部门组织了一次评估，选择其中一个作为示范性街区。所评价的街区包括商业街、小型工业园区、城市绿化用地、文化娱乐街、住宅区等，有关部门收集了一些数据，见表 2.1.1。

表 2.1.1　5 个街区的相关数据

街区	住宅商品房面积 /百万平米	人均绿地面积 /（m²/人）	街区税收 /（万元/年）	交通事故死亡率 /（%）
1	0.1	5	5000	4.7
2	0.2	7	4000	2.2
3	0.6	10	1260	3.0
4	0.3	4	3000	3.9
5	0.8	2	284	1.2

显然，该问题有 5 个方案，用 x_1、x_2、x_3、x_4、x_5 分别表示商业街、小型工业园区、城市绿化用地、文化娱乐街、住宅区。每个方案有 4 个属性，我们需要对这 5 个方案作出评价，确定示范性街区。利用表中的数据可以得到各方案的属性值矩阵 $Y=(y_{ij})_{5 \times 4}$。

从例 2.1.1 可以看出，属性值有不同的类型。有些指标的属性值越大越好，有些指标的属性值越小越好，还有一些指标的属性值可能是区间值类型，或者是用优、良、中、差给出的主观等级。不同类型的属性值造成目标之间没有统一的计量单位或者衡量标准，因此难以进行比较，这就需要排除不同量纲对决策或评价的影响。属性表中不同属性的数值大小可能相差很多，为了直观，更为了便于采用各种多属性决策方法进行评价，需要把属性值表中的数值进行归一化处理，即获得初始决策矩阵以后，首先必须对数据进行预处理，消除不同量纲、不同量级的数据对评价的影响。常见的数据预处理方法有以下几种：

1）线性变换

设 $y_j^{\max}$ 是决策矩阵 Y 中第 j 列（方案属性 j）的最大值，$y_j^{\min}$ 是决策矩阵 Y 中第 j 列的最小值。若 j 为效益型属性，则 $z_{ij}=y_{ij}/y_j^{\max}$；若 j 为成本型属性，则 $z_{ij}=1-y_{ij}/y_j^{\min}$。成本型属性也可以用式 $z'_{ij}=y_j^{\min}/y_{ij}$ 进行变换，变换后的矩阵记为 $Z=(z_{ij})$。例 2.1.1 中的街区选择问题经过线性变换后的属性值见表 2.1.2。

表 2.1.2　线性变换后的属性值

	$z_1(y_1)$	$z_2(y_2)$	$z_3(y_3)$	$z_4(y_4)$
1	0.0357	1.0000	0.0000	0.2553
2	0.0714	0.8000	0.5319	0.5455
3	0.2143	0.2520	0.3617	0.4000
4	0.1071	0.6000	0.1702	0.3077
5	1.0000	0.0568	0.7447	1.0000

2）标准 0-1 变换

对属性值进行线性变换后，若属性 j 的最优值为 1，则最差值一般不为 0；若最差值为 0，则最优值就往往不为 1。为了使每个属性变换后的最优值为 1，且最差值为 0，可以进行标准 0-1 变换。若 j 为效益型属性，则

$$z_{ij} = \frac{y_{ij} - y_j^{\min}}{y_j^{\max} - y_j^{\min}}$$

若 j 为成本型属性，则

$$z_{ij} = \frac{y_j^{\max} - y_{ij}}{y_j^{\max} - y_j^{\min}}$$

3）最优值为给定区间时的变换

有些属性既非效益型又非成本型，如人均绿地面积，显然这种属性不能采用前面介绍的两种方法处理。设给定的最优属性区间为 $[y_j^0, y_j^*]$，y_j^-、y_j^+ 分别为无法容忍下限和上限，则

$$z_{ij} = \begin{cases} 1 - \dfrac{(y_j^0 - y_{ij})}{(y_j^0 - y_j^-)} & \text{若 } y_j^- < y_{ij} < y_j^0 \\ 1 & \text{若 } y_j^0 \leqslant y_{ij} \leqslant y_j^* \\ 1 - \dfrac{(y_{ij} - y_j^*)}{(y_j^+ - y_j^*)} & \text{若 } y_j^* < y_{ij} \leqslant y_j^+ \\ 0 & \text{其他} \end{cases}$$

假设示范性街区最优的人均绿地面积为区间 $[5,6]$，则最优街区属性 2 的数据处理结果见表 2.1.3。

表 2.1.3　最优街区属性 2 的数据处理结果

	人均绿地面积 y_2	z_2
1	5	1.0000
2	7	0.8333
3	10	0.3333
4	4	0.6666
5	2	0.0000

4）向量规范化

无论成本型属性还是效益型属性，向量规范化都用式（2.1.1）计算：

$$z_{ij} = \frac{y_{ij}}{\sqrt{\sum_{i=1}^{m} y_{ij}^2}} \tag{2.1.1}$$

这种变换也是线性的，但是它与前面介绍的三种变换不同，仅从变换后的属性值的大小无法分辨属性的优劣；其特点是规范化后，各方案的各属性值的平方和为 1，具体结果见表 2.1.4。

表 2.1.4　向量规范化结果

	$z_1(y_1)$	$z_2(y_2)$	$z_3(y_3)$	$z_4(y_4)$
1	0.0346	0.6956	0.6482	0.6666
2	0.0693	0.5565	0.3034	0.5555
3	0.2078	0.1753	0.4137	0.2222
4	0.1039	0.4174	0.5378	0.4444
5	0.9695	0.0398	0.1655	0.0000

5）原始数据的统计处理

当某目标的方案属性值相差极大，或者由于某种特殊原因只有某个方案属性特别突出时，如果按一般方法对这些数据进行预处理，则该方案属性在评价中将被不适当地夸大，使整个评价结果发生扭曲，为此可以采用统计平均法。

统计平均法的具体做法有多种，其中之一是设定一个百分制平均值 M，将方案集 X 中各方案该属性的均值定位于 M，再用下式进行变换：

$$z_{ij} = \frac{y_{ij} - \bar{y}_j}{y_j^{\max} - \bar{y}_j}(1.00 - M) + M$$

其中 $\bar{y}_j = \frac{1}{m}\sum_{i=1}^{m} y_{ij}$ 是各方案属性 j 的均值，m 为方案个数，M 可在 $0.5 \sim 0.75$ 范围取值。

也可以有多种变形，如

$$z'_{ij} = \frac{0.1(y_{ij} - \bar{y}_j)}{\sigma_j} + 0.75$$

其中 σ_j 为方案集 X 中各方案关于方案属性 j 的属性值的均方差，当高端均方差大于 $2.5\sigma_j$ 时，变换后的均值为 1.00。

6）数量化

在进行定性比较时，各对方案间的属性值应该比较接近，否则定性或定量分析没有多少意义。如果个别情况下属性值之间相差过大，则应该把"过大的"分解、"过小的"聚合。当比较的属性值比较接近时，人们通常在判断时习惯用相等（相当）、较好、好、很好和最好这类语言表达，类似地有较差、差、很差和最差，共 9 个定性等级，详细分级见表 2.1.5。心理学家 G. A. Miller 经过试验，发现在某个属性上对若干个不同物体进行辨别时，普通人能够正确区别的等级为 5～9 级。所以，推荐定性属性量化等级取 5～9 级，尽可能用 9 个等级。

表 2.1.5　定性等级量化表

	1	2	3	4	5	6	7	8	9
9 级标度法	最差	很差	差	较差	一般	较好	好	很好	最好
7 级标度法	最差	很差	差	一般	好	很好	最好		
5 级标度法	最差		差		一般		好		最好

由于定性属性关系错综复杂、不易数量化，所以通过人的比较判断后得到的量化值大多用序数标度。量化后的数值范围位于实数轴的任一个区间均可，出于习惯与方便，推荐取 0～10 范围的整数，其对应关系如表 2.1.5 所示。极端值 0 和 10 通常不用，留给极特殊的情况。

数据预处理完成之后得到相应的矩阵，然后确定各目标的权重，接着给出最优和最差的方案所采用的适当距离，进而计算各方案和最优方案及最差方案的距离，从而获得各方案的排序，最终进行决策。

2. TOPSIS 评价法计算步骤

（1）设某一决策问题的决策矩阵为 $\boldsymbol{Y}$，对 $\boldsymbol{Y}$ 进行数据预处理后得到矩阵 $\boldsymbol{Z}$，其元素为 z_{ij}。

（2）构造规范化的加权决策矩阵 $\boldsymbol{Z'}$，其元素 z'_{ij} 为

$$z'_{ij} = w_j z_{ij} \quad i=1,2,\cdots,m; \ j=1,2,\cdots,n \qquad (2.1.2)$$

其中 w_j 为第 j 个指标的权重。

（3）确定最优方案（理想解）$\boldsymbol{Z}^+$ 和最差方案 $\boldsymbol{Z}^-$（负理想解）。如果决策矩阵 $\boldsymbol{Z'}$ 中元素 z'_{ij} 值越大，表示方案越好，则

$$\boldsymbol{Z}^+ = (Z_1^+, Z_2^+, \cdots, Z_m^+) = \{\max_i z'_{ij} \mid j=1,2,\cdots,n\} \qquad (2.1.3)$$

$$\boldsymbol{Z}^- = (Z_1^-, Z_2^-, \cdots, Z_m^-) = \{\min_i z'_{ij} \mid j=1,2,\cdots,n\} \qquad (2.1.4)$$

（4）计算每个方案到理想方案的距离 S_i，其中理想方案 $S_i^+ = \sqrt{\sum_{j=1}^{n}(z'_{ij} - Z_j^+)^2}$，负理想方案 $S_i^- = \sqrt{\sum_{j=1}^{n}(z'_{ij} - Z_j^-)^2}$，$i=1,2,\cdots,m$。

（5）计算每个方案的相对接近度 C_i，$C_i = \dfrac{S_i^-}{S_i^- + S_i^+}$，$0 \leqslant C_i \leqslant 1$，$i=1,2,\cdots,m$，并按 C_i 的大小排序找出满意方案。

注　第（2）步中确定指标权重的方法通常有两类：一类是主观方法，如专家打分法、层次分析法、经验判断法等；另一类是客观方法，如熵权计算法、分形维数法等。因评标过程中指标的权重对被评价对象的最后得分影响很大，应做到评价尽可能客观，所以一般采用客观计算法来计算指标的权重比较合适。

TOPSIS 评价方法没有严格限制数据的分布类型、样本容量等，既适合小样本资料，也适合多评价对象和多指标的大样本情况。TOPSIS 评价法能充分利用原始数据的信息，评

价结果能正确反映各评价方案的排序结果。

例 2.1.2　TOPSIS 评价法在环境质量综合评价中的应用。

在环境质量评价中,把每个样品的监测值和每级的标准值分别看作 TOPSIS 评价法的决策方案,由 TOPSIS 评价法可以得到每个样品和每级标准值的 C_i 值,对 C_i 值大小排序,便可以得到每个样品的综合质量及不同样品间综合质量的优劣比较结果。表 2.1.6 列出了所选的参评要素和所确定的评判等级及其标准值。

表 2.1.6　某海湾沿岸海水侵染程度分级

参评要素	分　级			
	Ⅰ级(无或很轻侵染)	Ⅱ级(轻度侵染)	Ⅲ级(较严重侵染)	Ⅳ级(严重侵染)
氯离子/(mg/L)	100	400	800	2200
矿化度/(mg/L)	500	1500	2500	3500
溴离子/(mg/L)	0.25	1.25	2.50	9.00
$RHCO_3/rCl$	1.00	0.31	0.14	0.02
纳吸附比	1.40	2.60	4.50	15.50

测得 $111^\#$ 和 $112^\#$ 水样的监测值如表 2.1.7 所示。

表 2.1.7　$111^\#$ 和 $112^\#$ 水样监测值

样品号	要　素				
	氯离子 (mg/L)	矿化度 (mg/L)	溴离子 (mg/L)	$RHCO_3/rCl$	纳吸附比
$111^\#$	134.71	542.15	0	0.882	1.576
$112^\#$	152.44	721.18	0.20	1.267	1.366

取海水侵染Ⅰ～Ⅳ级标准值和 $111^\#$ 及 $112^\#$ 样品的监测值,构成 TOPSIS 法中的决策矩阵 Y,则

$$Y = \begin{bmatrix} 100 & 500 & 0.25 & 1.000 & 1.400 \\ 400 & 1500 & 1.25 & 0.310 & 2.600 \\ 800 & 2500 & 2.50 & 0.140 & 4.500 \\ 2200 & 3500 & 9.00 & 0.020 & 15.500 \\ 134.71 & 542.15 & 0 & 0.882 & 1.567 \\ 152.44 & 721.18 & 0.20 & 1.267 & 1.366 \end{bmatrix} \begin{matrix} \text{Ⅰ} \\ \text{Ⅱ} \\ \text{Ⅲ} \\ \text{Ⅳ} \\ 111^\# \\ 112^\# \end{matrix}$$

由式(2.1.1)算出 Y 的规范化矩阵 Z

$$Z = \begin{bmatrix} 0.042 & 0.107 & 0.027 & 0.535 & 0.085 \\ 0.168 & 0.321 & 0.133 & 0.166 & 0.158 \\ 0.355 & 0.535 & 0.265 & 0.075 & 0.272 \\ 0.922 & 0.749 & 0.954 & 0.011 & 0.937 \\ 0.056 & 0.116 & 0 & 0.472 & 0.095 \\ 0.064 & 0.154 & 0.021 & 0.678 & 0.083 \end{bmatrix}$$

因在制定海水侵染分级标准时,各因子的重要性已隐含在分级标准值中,因此,这里由标准值来确定权重,其计算式如下:

$$w_i = \frac{S_{i(n-1)}/S_{i\mathrm{I}}}{\sum\limits_{i=1}^{n}(S_{i(n-1)}/S_{i\mathrm{I}})} \qquad (2.1.5)$$

式中,w_i 为 i 因子的权重;n 为标准分级数,在本例中 $n=4$;$S_{i(n-1)}$ 为 i 因子的第 $(n-1)$ 级标准值;$S_{i\mathrm{I}}$ 为 i 因子的第 I 级标准值。

式(2.1.5)适用于低优指标型因子,在本例中如氯离子、矿化度、溴离子、纳吸附比等,权重计算时采用 $S_{\mathrm{III}}/S_{\mathrm{I}}$;而对高优指标型因子,如 $RHCO_3/rCl$,计算时采用 $S_{\mathrm{II}}/S_{\mathrm{IV}}$。

通过计算,得权重向量 $\boldsymbol{w}^{\mathrm{T}}=\{0.198, 0.1199, 0.2398, 0.3717, 0.0767\}$。由式(2.1.2)得加权后的规范化矩阵为

$$\boldsymbol{Z}' = \begin{bmatrix} 0.0081 & 0.0128 & 0.0065 & 0.1989 & 0.0065 \\ 0.0322 & 0.0385 & 0.0319 & 0.0617 & 0.0121 \\ 0.0643 & 0.0641 & 0.0635 & 0.0279 & 0.0209 \\ 0.1768 & 0.0898 & 0.2288 & 0.0041 & 0.0719 \\ 0.0107 & 0.0139 & 0 & 0.1754 & 0.0073 \\ 0.0123 & 0.0185 & 0.0050 & 0.2520 & 0.0064 \end{bmatrix}$$

由式(2.1.3)、式(2.1.4)得

$$\boldsymbol{Z}^+ = \{0.1768, 0.0898, 0.2288, 0.2520, 0.0719\}$$
$$\boldsymbol{Z}^- = \{0.0081, 0.0128, 0, 0.0041, 0.0064\}$$

最后,由式

$$S_i^+ = \sqrt{\sum_{j=1}^{n}(z'_{ij} - Z_j^+)^2}$$
$$S_i^- = \sqrt{\sum_{j=1}^{n}(z'_{ij} - Z_j^-)^2} \quad i=1, 2, \cdots, m$$
$$C_i = \frac{S_i^-}{S_i^- + S_i^+}, \quad 0 \leqslant C_i \leqslant 1 \quad i=1, 2, \cdots, m$$

计算 S_i^+、S_i^- 和 C_i 值,具体见表 2.1.8。

表 2.1.8　S_i^+、S_i^- 和 C_i 值

	I	II	III	IV	111#	112#
S_i^+	0.0535	0.1962	0.2455	0.3905	0.0767	0.0087
S_i^-	0.3550	0.2631	0.2093	0	0.3453	0.3847
C_i	0.8690	0.5728	0.4602	0	0.8182	0.9779

将 C_i 排序,得 $C_{112\#} > C_{\mathrm{I}} > C_{111\#} > C_{\mathrm{II}} > C_{\mathrm{III}} > C_{\mathrm{IV}}$,即 112# 样品质量优于 111# 样品质量,112# 样品质量优于 I 级标准最低界限值,为 I 级;111# 样品质量介于 I 级和 II 级最低界限值之间,属于 II 级。因此,111# 样品为轻度侵染,112# 样品为无或很轻侵染。由监测值也可以知道:111# 样品有 4 个因子达到 II 级,1 个因子达到 I 级;112# 样品有 2 个因子达到 II 级(接近 I 级),3 个因子达到 I 级。因此,本方法评价结果符合客观实际。

例 2.1.3　小区开放影响评价(2016 CUMCM B 题)。

2016 年 2 月国务院发布的《关于进一步加强城市规划建设管理工作的若干意见》中关于推广街区制,原则上不再建设封闭住宅小区,已建成的住宅小区和单位大院要逐步开放的建议引起了广泛的关注和讨论。讨论的焦点之一是开放的小区能否达到优化路网结构、提高道路的通行能力、改善城市交通状况的目的。请尝试建立数学模型,选取合适的评价指标体系,评价小区开放对周边道路通行的影响。

问题分析　可以从道路的通畅性和安全性两个角度建立评价指标体系,评价小区的开放对周边道路通行的影响。道路的通畅性可以由道路的拥挤度、混乱度和出行时间延误来衡量;安全性可以通过事故易发速率段频率和干道事故率来反映。为了区分各个指标的重要度,采用分形维数法计算各指标的权值。由于小区开放对周边道路的影响是一个多指标问题,可以用 TOPSIS 评价法对不同时刻、不同道路的通行能力进行定量评价。通过计算各方案与决策问题的理想解和负理想解的距离及贴合度,对各个方案进行排序以确定优劣。

为了简化问题,需要一些必要的假设。

模型假设

(1) 暂不考虑信号灯的设立;

(2) 干道交通不考虑行人及非机动车,只考虑机动车的行驶;

(3) 小区周边道路为双向主干道,小区内部道路为单向次干道。

模型建立

1) 评价指标体系的建立

分析小区开放对周边道路通行的影响时,可从道路的通畅性和安全性两个方面入手,分别设立相应的通行效率、通行安全这两个一级指标,以及拥挤度、混乱度、出行时间延误、事故易发速率段频率和干道事故率等五个二级指标。建立的综合评价指标体系如表 2.1.9 所示。

表 2.1.9　综合评价指标体系

评价方面	一级指标	二级指标
通畅性	通行效率	拥挤度 混乱度 出行时间延误
安全性	通行安全	事故易发速率段频率 干道事故率

2) 二级指标的定义

(1) 拥挤度。

对于拥挤度 Γ,定义其为道路通行密度,即用单位面积车辆数来衡量道路与车辆间的拥挤程度。显然,小区周边的道路和小区内的道路不同,假设小区周边的道路为主干道,小区内部的道路为次干道。根据小区周边道路与小区之间的距离关系,分为相邻主干道和次主干道。主干道与主干道、主干道与次主干道的交汇口称为主交叉口。小区开放后,次干道可以起到一定的引流作用,使主干道在一定路段内行车车辆减少,但是由于交叉路口的出现，会使小区周围道路中局部车辆数增多。为了量化该现象对道路通行的影响，采用拥挤度指标。

（2）混乱度。

车辆通过小区周边某一干道时，如果保持匀速行驶，说明该道路通行状态比较稳定有序；如果车辆通行速度处于时刻变化中，则说明道路可能不是很通畅，这种波动性在一定程度上反映了道路的混乱程度。车辆车速状态的变化可以用车辆加速度 $a(t)$ 随时间的变化来描述。假设在单位时间内（以小时为单位）通过小区周边某一干道的车辆总数为 n，第 i 辆车在干道上行驶的加速度为 $a_i(t)$，则混乱度 Ω 的表达式为

$$\Omega = \sqrt{\sum_{i=1}^{n} a_i^2(t)}$$

（3）出行时间延误。

小区开放前，车辆出行时间延误分为两部分，一是正常行驶下的时间延误，二是排队时间延误。由于车辆速度受该道路内车流量、车流密度、车流速度的影响，造成该车无法正常以理想速度 v_1 行驶（v_1 为车辆在道路中的最大行车速度，只与道路本身有关，与其他因素无关）。小区开放后，对车辆产生分流作用，使行驶在干道上的车辆数发生变化。车辆在被迫行驶状态下造成的时间延误 $\bar{t}$ 等于车辆从进入干道时刻开始至离开干道时刻结束时段的实际行驶时间 c_i 与理想速度下车辆的理想行驶时间 b 的差。其表达式为

$$\bar{t} = \frac{1}{n} \sum_{i=1}^{n} (c_i - b) \quad i = 1, 2, \cdots, n$$

$$b = \frac{L}{v_1}$$

其中，n 是车辆总数，L 是道路总长度。

（4）事故易发速率段频率。

小区周边某干道上某一时刻速率段分为低速率段（0～20 km/h）、中速率段（20～40 km/h）、高速率段（40～60 km/h）。车辆频率指处于该车速段的车辆占总数的百分比。将高速率段称为事故易发速率段，对已有数据进行统计分析，可得不同时段高速率段的频率，该指标在一定程度上反映了该路段某时段的行车安全性。因而事故易发速率段频率 P 的表达式为

$$P = \frac{t_{高速段}}{t_{总}}$$

（5）干道事故率。

由实际数据，当 $\Gamma = 0$ 时，干道事故率 $K = 0$；当平均速度 $\bar{v} = 0$ 时，$K = 0$。假定 $\Gamma = 0.05$，$\bar{v} = 60$ km/h 时，$K = 0$。由此拟合出干道事故率与拥挤度及平均速度的关系为

$$K = e^{-12\frac{1}{\Gamma \bar{v}}}$$

运用交通仿真软件 VISSIM 对简单小区进行交通仿真，仿真模拟的小区示意图和所得的数据见文献[44]。根据仿真结果以及二级指标的定义，可以看出有的指标之间存在明显的相关性，因此进一步使用相关系数来定量检验指标间的相关性。

3）二级指标的相关性分析

（1）通行效率指标的相关性分析。

通行效率指标的相关性见表 2.1.10。

表 2.1.10　通行效率指标的相关性

	拥 挤 度	混 乱 度	出行时间延误
拥挤度	1	0.6331	0.8523
混乱度	0.6331	1	0.7174
出行时间延误	0.8523	0.7174	1

从表 2.1.10 可以看出，拥挤度和出行时间延误存在非常强的相关性，而拥挤度和混乱度的相关性较弱。

（2）通行安全性指标的相关性分析。

通行安全指标的相关性见表 2.1.11。

表 2.1.11　通行安全指标的相关性

	事故易发速率段频率	干道事故率
事故易发速率段频率	1	0.8324
干道事故率	0.8324	1

从表 2.1.11 可知，干道事故率和事故易发速率段频率存在很强的相关性。

考虑到数据的离散性，采用分形维数法来确定多指标参数的权重。根据分形维数法的一般过程，首先将原始数据进行规范化处理，计算分形维数 D_j。

设 k_{ij} 为第 i 个研究对象第 j 个指标的位次，$P_{k_{ij}}$ 为对应的数值，如 $P_{1_{ij}}$ 为第 i 个研究对象第 j 个指标的第一位次的数值，然后利用 k_{ij} 和 $P_{k_{ij}}$ 组成数组，通过

$$\ln P_{k_{ij}} = \ln P_{1_{ij}} - q_j \ln k_{ij} \quad i = 1, 2, \cdots, m; j = 1, 2, \cdots, n$$

进行回归分析，就可计算出 q_j，接着计算出分形维数 $D_j = 1/q_j$，最后求出第 j 个指标的权重：

$$\omega_j = \frac{D_j}{\sum_{j=1}^{n} D_j} \quad j = 1, 2, \cdots, n$$

计算得到的权重结果如表 2.1.12 所示。

表 2.1.12　指标权重计算结果

一级指标	权重	二级指标	权重
通行效率	0.6081	拥挤度	0.3604
		混乱度	0.3293
		出行时间延误	0.3103
通行安全	0.3919	事故易发速率段频率	0.5357
		干道事故率	0.4643

从表 2.1.12 可以看出，从通畅性角度来看，拥挤度＞混乱度＞出行时间延误。从安全性角度来看，事故易发速率段频率＞干道事故率。

4）基于马氏距离的 TOPSIS 评价法的评价模型

由表 2.1.10 和表 2.1.11 可知，各指标之间存在一定程度的相关性，而传统的

TOPSIS 评价法所采用的欧氏距离不能有效处理指标之间的共同信息。指标之间的相关性越强，重复计算的部分也就越大。为了解决此问题，借鉴印度统计学家马哈拉诺比斯(P. C. Mahalanobis)的思想，建立基于马氏距离的 TOPSIS 评价模型。该方法通过样本协方差矩阵反映不同决策指标的相关性，能够有效剔除重复的决策信息，决策数据的任意非奇异线性变换不会影响该方法下的决策结果，进一步完善了 TOPSIS 决策体系。

按照 TOPSIS 评价法的一般步骤，首先建立规范化矩阵：

$$Z = (z_{ij})_{m \times n} = \begin{bmatrix} 0.077732 & 0.008403 & 0.159603 & 0.102869 & 0.331985 \\ 0.148684 & 0.094521 & 0.308565 & 0.154303 & 0.382505 \\ 0.323642 & 0.241194 & 0.404327 & 0.360041 & 0.324768 \\ 0.312866 & 0.576529 & 0.457527 & 0.46291 & 0.259814 \\ 0.209223 & 0.008072 & 0.113495 & 0.051434 & 0.41859 \\ 0.425832 & 0.086578 & 0.340485 & 0.154303 & 0.339202 \\ 0.580206 & 0.305518 & 0.425607 & 0.46291 & 0.476326 \\ 0.455496 & 0.706776 & 0.44334 & 0.617213 & 0.230946 \end{bmatrix}$$

然后确定理想解 S^+ 和负理想解 S^-：

$$S^+ = \{0.077732, 0.008072, 0.113495, 0.051434, 0.230946\}$$
$$S^- = \{0.580206, 0.576529, 0.44334, 0.6172313, 0.476326\}$$

最后确定各方案和正理想解及负理想解的马氏距离：

$$d_i^+ = \{0.1606, 0.5629, 0.2825, 0.4695, 0.3851, 0.3245, 0.4587, 0.6968\}$$
$$d_i^- = \{0.5927, 0.3444, 0.5650, 0.2792, 0.3989, 0.2895, 0.5895, 0.7455\}$$

由此计算出 5 个二级指标的贴合度，见表 2.1.13。

表 2.1.13　二级指标贴合度计算结果

贴合度	时段 1	时段 2	时段 3	时段 4
开放前	0.1039	0.2441	0.4737	0.6718
开放后	0.1815	0.3565	0.6547	0.7888

从计算结果知，开放小区有利于周边道路通行状况的改善。

从例 2.1.3 数模赛题的建模可以看出，进行评价的先决条件是选择恰当的评价指标体系，一般挑选那些有代表性、易确定、可计算、有一定区别能力，又互相独立的指标组成评价指标体系。如果实际中选择的指标有一定的相依性，那么需要改进传统的评价方法，如果仅仅是方法的照抄照搬，肯定不能取得比较满意的评价结果。

2.2　层次分析法

层次分析法模拟人们解决复杂问题的思维过程，使人们的思维过程层次化；它将定性的、半定性的、半定量问题转化为定量问题；它最突出的特点是层次比较和综合优化，以组合权重计算综合指数，减少了传统主观定权的偏差。层次分析法使用过程中可能存在一些问题，比如运用九级制进行两两比较，可能作出矛盾和混乱的判断；在一致性有效范围内构造不同的判断矩阵，可能得出不同的评价结果。

层次分析法解决问题的基本步骤如下：

（1）分析系统中各因素之间的关系，建立系统的层次结构；

（2）对于同一层的各元素关于上一层中某一准则的重要性进行两两比较，构造两两比较的判断矩阵；

（3）由成对比较矩阵计算被比较元素对于该准则的相对权重，并进行矩阵一致性检验；

（4）计算各层对系统目标的组合权重，进行组合一致性检验，并排序。

1.　建立层次结构模型

复杂问题往往涉及的因素多，且各因素之间相互联系、相互作用，决策比较困难。利用层次分析法解决问题的第一步就是将问题的有关因素层次化，并构造出一个树状结构的层次结构模型。一般问题的层次结构图可以分为三层，如图 2.2.1 所示。

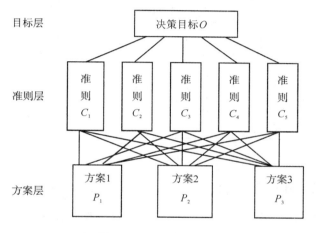

图 2.2.1　层次结构图

（1）目标层：也称为最高层，这层只有一个元素，就是需解决问题的目标或理想结果。

（2）准则层：又称为中间层，这一层包括为实现目标所涉及的各个因素，每一个因素为一个准则。当准则多于九个时，可考虑合并一些因素或再细分为若干子层。中间层可有一个或几个层次。

（3）方案层：又称为最底层，这一层是为实现目标而供选择的各种措施和方案。

一般来说，同一层的诸因素从属于上一层的因素或对上一层因素有影响，同时又支配下一层的因素或受下一层因素的作用；各层之间的各因素有的相关联，有的没有联系；各层之间的个数也不一定相同。

2.　构造成对比较矩阵

该步通过比较同一层各因素对上一层相关因素的影响来构造比较矩阵，换句话说，不是把所有因素放在一起比较，而是将同一层的因素进行两两比对；实际的做法就是在某些标准下，确定各层各因素之间的相对权重，以尽可能减少性质不同的诸因素相互比较的困难，提高准确度。

构造成对比较矩阵的方法是，假设要比较某一层 n 个因素 C_1，C_2，$\cdots$，C_n 对上一层因素（比如目标层）O 的影响程度，也就是要确定它在 O 中所占的比重。每次任取两个因素 C_i 和 C_j，比较它们对目标因素 O 的影响，并用数量化的相对权重 a_{ij} 来描述，全部比较的结果

用成对比较矩阵 A（或称为判断矩阵）表示，即

$$A = (a_{ij})_{n \times n} \quad a_{ij} > 0, \, a_{ji} = \frac{1}{a_{ij}} \quad\quad (2.2.1)$$

由于成对比较矩阵 A 上述的特点，故称 A 为正互反矩阵，显然 $a_{ii}=1$。

从层次结构模型的第二层开始，对从属于上一层的每个因素，用成对比较法和 $1\sim 9$ 比较尺度构造成对比较矩阵，直到最下层。这里 a_{ij} 是相对比较尺度，是由 Saaty 根据心理学原则提出的，其含义见表 2.2.1。

表 2.2.1 比较标度值

a_{ij}	含 义
1	C_i 对 C_j 的影响与 C_j 对 C_i 的影响相同
3	C_i 对 C_j 的影响稍强
5	C_i 对 C_j 的影响强
7	C_i 对 C_j 的影响明显地强
9	C_i 对 C_j 的影响绝对地强
2，4，6，8	C_i 对 C_j 的影响之比在上述两相邻等级之间
$1, \frac{1}{2}, \cdots, \frac{1}{9}$	C_j 对 C_i 的影响之比为上面 a_{ij} 的互反数

3. 一致性检验

实际上，由于成对比较矩阵比较的次数较大，n 个元素的比较次数为 $C_n^2 = \frac{n(n-1)}{2!}$ 次，因此往往在确定诸因素 $C_1, C_2, \cdots, C_n$ 对上层因素 O 的权重时，容易出现不一致的情况。那么判断的一致性在成对比较矩阵 A 上呈现何种特点？通过哪些方法可以保证成对比较的一致性？如果允许比较矩阵存在一定程度的不一致性，这种不一致的容许误差范围是多大？为此，先分析成对比较矩阵的完全一致性。

假设把一块大石头分成 n 个小块 $C_1, C_2, \cdots, C_n$，它们的重量分别为 $w_1, w_2, \cdots, w_n$，将它们两两比较，记 C_i、C_j 的相对重量为 $a_{ij} = \frac{w_i}{w_j}$，其比值构成的矩阵为

$$A = \begin{pmatrix} \frac{w_1}{w_1} & \frac{w_1}{w_2} & \cdots & \frac{w_1}{w_n} \\ \frac{w_2}{w_1} & \frac{w_2}{w_2} & \cdots & \frac{w_2}{w_n} \\ & & \cdots & \\ \frac{w_n}{w_1} & \frac{w_n}{w_2} & \cdots & \frac{w_n}{w_n} \end{pmatrix} = (a_{ij})$$

该矩阵对 $\forall i, j, k = 1, 2, \cdots, n$，有 $a_{ij} = \frac{w_i}{w_j} = \frac{w_i}{w_k}\frac{w_k}{w_j} = a_{ik} \cdot a_{kj} = \frac{a_{ik}}{a_{jk}}$，此时则判断矩阵 A 为一致性矩阵，简称一致阵。

记 $W = (w_1, w_2, \cdots, w_n)'$，是权重向量，且 $A = W \cdot \left(\frac{1}{w_1}, \frac{1}{w_2}, \cdots, \frac{1}{w_n}\right)$，则

$$AW = W \cdot \left(\frac{1}{w_1}, \frac{1}{w_2}, \cdots, \frac{1}{w_n} \right) W = nW$$

这表明 W 为矩阵 A 的特征向量，且 n 是特征根。实际上，一致性矩阵具有以下性质：

性质 2.2.1 A 的秩为 1，故 n 是 A 的唯一的非零的最大特征根。

性质 2.2.2 A 的任一列向量都是对应特征根 n 的特征向量，即有 $(A - nI)W = 0$。

事实上，判断及检验矩阵的一致性是层次分析法的重要内容，与判断矩阵有关的定理有两个。

定理 2.2.1 n 阶正互反矩阵 A 的最大特征根是正数，特征向量是正向量，且其最大特征根小于等于 n。

定理 2.2.2 n 阶正互反矩阵 A 是一致阵的充要条件是其最大特征根等于 n。

当人们对复杂事件的各因素进行两两比较时，所得到的主观判断矩阵一般不保证就是一致正互反矩阵，因而存在误差。这种误差必然导致特征值和特征向量之间的误差。因此，为了避免误差太大，就要给出衡量主观判断矩阵一致性的准则。

1）一致性检验指标 CI

主观判断矩阵为一致阵时，存在唯一的非 0 特征根：

$$\lambda = \lambda_{\max} = n$$

当主观判断矩阵不是一致阵时，一般有 $\lambda_{\max} \geqslant n$，此时应有

$$\lambda_{\max} + \sum_{k \neq \lambda_{\max}} \lambda_k = \sum a_{ii} = n$$

即

$$\lambda_{\max} - n = - \sum_{k \neq \lambda_{\max}} \lambda_k$$

所以，可以取其平均值作为检验主观判断矩阵一致性的准则，故一致性指标 CI 为

$$CI = \frac{\lambda_{\max} - n}{n - 1} = \frac{- \sum\limits_{k \neq \max} \lambda_k}{n - 1}$$

当 $\lambda_{\max} = n$ 时，有 $CI = 0$，判断矩阵为完全一致阵。

CI 值越大，主观判断矩阵的完全一致性越差，即用特征向量作为权向量引起的误差越大；一般 $CI \leqslant 0.1$ 时，认为主观判断矩阵的一致性可以接受，否则应重新进行两两比较，构造主观判断矩阵。

2）随机一致性检验指标 RI

在实际操作时发现，主观判断矩阵的维数 n 越大，判断的一致性越差，故应放宽对高维矩阵的一致性要求。于是引入修正值 RI 来校正一致性检验指标，其具体见表2.2.2。

表 2.2.2　随机一致性检验指标的修正值

n	1	2	3	4	5	6	7	8	9	10	11	12	13
RI	0	0	0.58	0.90	1.12	1.24	1.32	1.41	1.45	1.49	1.51	1.54	1.56

3）一致性比率指标 CR

由随机一致性检验指标 RI 可知：当 n 为 1 或 2 时，RI＝0，这是因为 1、2 阶正互反阵总是一致阵；对于 $n \geqslant 3$ 的成对比较阵 A，将它的一致性检验指标 CI 与同阶（指 n 相同）的

随机一致性检验指标 RI 之比称为一致性比率。

一致性比率指标为

$$CR = \frac{CI}{RI}$$

当 $CR = \frac{CI}{RI} < 0.1$ 时，认为主观判断矩阵的不一致程度在容许范围之内，可用其特征向量作为权重向量；否则，对主观判断矩阵重新进行成对比较，构造新的主观判断矩阵。

4．相对权重向量的确定

在判断矩阵通过一致性检验的基础上，需要确定被比较元素的排序权重。一般采用特征根法确定排序权重向量，也就是对一致阵 A 来说，把一致阵 A 的特征向量 W 求出之后，再把 W 归一化后得到的向量诸元素看成是对目标 O 的权重。这种确定相对权重向量的办法称为特征根法。

计算判断矩阵最大特征根和对应矩阵向量时，无须追求较高的精确度，这是因为判断矩阵本身有一定的误差范围，况且从应用的角度来考虑，也希望使用较为简单的近似算法。实际中常用的有求特征向量的近似求法："和法"和"根法"。

1）"和法"求相对权重向量

此方法实际上是将 A 的列向量归一化后取算术平均值，作为 A 的特征向量，近似作为权重向量。因为当 A 为一致阵时，它的每一列向量都是特征向量，所以在 A 的不一致性不严重时，取 A 的列向量（归一化后）的平均值作为近似特征向量是合理的。

类似地，也可以将按行求和所得向量进行归一化处理，得到相应的权重向量。其具体步骤为：

（1）将 A 的元素按列作归一化处理，得矩阵

$$Q = (q_{ij})_{n \times n}$$

其中，

$$q_{ij} = \frac{a_{ij}}{\sum_{k=1}^{n} a_{kj}}$$

（2）将 Q 的元素按行相加，得向量

$$\boldsymbol{\alpha} = (\alpha_1, \alpha_2, \cdots, \alpha_n)'$$

其中，

$$\alpha_i = \sum_{j=1}^{n} q_{ij}$$

（3）对向量 $\boldsymbol{\alpha}$ 作归一化处理，得权重向量

$$\boldsymbol{W} = (w_1, w_2, \cdots, w_n)'$$

其中，

$$w_i = \frac{\alpha_i}{\sum_{k=1}^{n} \alpha_k}$$

对应的最大特征根 $\lambda_{\max}$ 的近似值为

$$\lambda_{\max} = \frac{1}{n} \sum_{i=1}^{n} \frac{(\boldsymbol{AW})_i}{w_i}$$

2)"根法"求相对权重向量

这种方法的原理与"和法"相同,差别在于"根法"是将"和法"中求列向量的算术平均值改为求几何平均值:

$$w_i = \frac{(\prod\limits_{j=1}^{n} a_{ij})^{\frac{1}{n}}}{\sum\limits_{k=1}^{n} (\prod\limits_{j=1}^{n} a_{kj})^{\frac{1}{n}}} \quad i = 1, 2, \cdots, n$$

对应的最大特征根 $\lambda_{\max}$ 的近似值为

$$\lambda_{\max} = \frac{1}{n} \sum_{i=1}^{n} \frac{(\boldsymbol{AW})_i}{w_i}$$

5. 组合权重向量的计算——层次总排序的权重向量的计算

通过上述步骤,可以得到同一层元素对其上一层中某元素的权重向量,最终需要计算同一层(特别是最低层中各方案)所有元素对最高层目标相对重要性的排序权值,即所谓的总排序权重,以便进行方案选择。

设第 $k-1$ 层上 n_{k-1} 个元素对总目标(最高层)的排序权重向量为

$$\boldsymbol{W}^{(k-1)} = (w_1^{(k-1)}, w_2^{(k-1)}, \cdots, w_{n_{k-1}}^{(k-1)})'$$

第 k 层上 n_k 个元素对上一层(第 $k-1$ 层)上第 j 个元素的权重向量为

$$\boldsymbol{P}_j^{(k)} = (p_{1j}^{(k)}, p_{2j}^{(k)}, \cdots, p_{n_{kj}}^{(k)})' \quad j = 1, 2, \cdots, n_{k-1}$$

则矩阵 $\boldsymbol{P}^{(k)} = (\boldsymbol{P}_1^{(k)}, \boldsymbol{P}_2^{(k)}, \cdots, \boldsymbol{P}_{n_{k-1}}^{(k)})$ 是 $n_k \times n_{k-1}$ 阶矩阵,表示第 k 层上的元素对 $k-1$ 层各元素的排序权重向量。那么第 k 层上的元素对目标层(最高层)的总排序权重向量为

$$\boldsymbol{W}^{(k)} = \boldsymbol{P}^{(k)} \cdot \boldsymbol{W}^{(k-1)} = (\boldsymbol{P}_1^{(k)}, \boldsymbol{P}_2^{(k)}, \cdots, \boldsymbol{P}_{n_{k-1}}^{(k)}) \cdot \boldsymbol{W}^{(k-1)} = (w_1^k, w_2^k, \cdots, w_{n_k}^k)'$$

其中,

$$w_i^{(k)} = \sum_{j=1}^{n_{k-1}} p_{ij}^{(k)} w_j^{(k-1)} \quad i = 1, 2, \cdots, n_k$$

对任意的 $k > 2$,有公式:

$$\boldsymbol{W}^{(k)} = \boldsymbol{P}^{(k)} \cdot \boldsymbol{P}^{(k-1)} \cdot \cdots \cdot \boldsymbol{P}^{(3)} \boldsymbol{W}^{(2)} \quad k > 2$$

其中,$\boldsymbol{W}^{(2)}$ 是第 2 层各元素对目标层的总排序权重向量。

通过以上几个步骤,可得出各因素对系统总目标的总排序权重,并可对问题作出相应的决策。实际建模过程中,层次分析法主要用于确定权重,由此对复杂问题进行评价决策。全国大学生和美国大学生数学建模比赛中的许多赛题可以用到层次分析法。

例 2.2.1　例 2.1.3 续。

例 2.1.3 中用 TOPSIS 评价法给出了小区开放对周边道路通行影响的评价。在本节可以看到,同一个问题可以用不同的评价方法处理,只要评价指标体系的选取是合理的,不同的评价方法可以得到同样的结果。

问题分析　为了缓解封闭小区周边的交通拥堵情况,首先需要对交通拥堵的原因进行分析,然后选取路口等待时间、路段饱和度、安全度和路网密度四个指标,利用层次分析法评估小区开放对周边道路通行的影响。

模型建立

1）路口交通拥堵原因分析

由于道路的交通能力和车辆的通行需求之间是相互矛盾的，当交通需求小于通行能力时，路口不会发生交通拥堵的情况；当交通需求大于通行能力时，路口将发生交通拥挤的情况。对于路口交通拥堵的原因，由资料可知，可以从流量叠加和平均延误时间两方面来分析。

流量叠加是指在某条公路上，车辆的出行目的地和流向虽然不相同，但该路段周围没有其他的道路供车辆通往目的地，车辆必须从该条道路迂回到目的地的方向而迫不得已地涌入该路段。

当小区封闭时，由于小区的面积或者边长较大，会引起车辆的绕行距离加长、道路交通量集中，形成流量叠加。

当小区开放时，小区内部道路并入了城市路网系统，车辆可以从小区内部通过，车辆的绕行距离减少、道路交通量相对分散。

平均延误时间是指路口信号灯的延误时间。当车辆到达交叉路口时，受到交通信号灯的影响，直行车道通行能力会折减，进而产生了延误时间。延误时间是在交通需求量超过了道路的最大容纳量之后产生的。在车辆到达路口时，若此时的交通需求小于通行能力，则延误时间较小；当交通需求大于通行能力时，延误时间就会变大。

2）评价指标选取

从上述对交通拥堵的分析可知，交通拥堵是与流量叠加和平均延误时间有关的。而平均延误时间是由路口等待时间、路口饱和度决定的。又考虑到小区开放后，小区路段并入到城市路网系统中，路网密度会有所增加，可能会导致安全性的降低，因此可以选取路口等待时间、区域路段饱和度、道路安全度、路网密度作为小区开放后影响的评价指标。

（1）路口等待时间 t：车辆到达路口时由于受到路口处其他车辆或者交通信号灯的影响而产生的等待时间。显然，路口处的车辆越拥堵，路口等待时间越长；反之，路口等待时间越短。因此该量可以作为衡量周边道路影响的一个评价指标。

（2）区域路段饱和度 C：该交通区域内各路段高峰期的交通量与各路段通行能力的比值，用以衡量道路上的车辆是否达到饱和。因而区域路段饱和度可以作为评价的另一个指标。区域路段饱和度可用区域内各路段饱和度加权平均得到，即

$$C = \sum_{i=1}^{n} \frac{v_i}{c_i} \times \frac{c_i}{\sum_{i=1}^{n} c_i}$$

式中，v_i 表示在交通影响范围内（小区内部及其周边的道路）高峰期路段的交通量，c_i 表示在交通影响范围内各路段的通行能力，n 表示在交通影响范围内的道路总数。

（3）道路安全度 P：小区开放后对周边道路通行能力影响较大的一个因素，它与道路上的事故发生量密切相关，而道路上事故的发生量又与交叉路口数量有直接联系。为此，可以先分析一个交叉路口事故发生的概率，再得到多路口时道路上不发生事故的概率 P。因此道路安全度可以作为对周边道路影响的又一个评价指标。

（4）路网密度 δ：等于区域内所有道路的总长度与区域面积的比值。小区开放后，路网密度将有所提高，从而可以提升道路的通行能力。故选取路网密度作为小区开放对周边道路影响的评价指标。

　　下面利用层次分析法获取小区开放对周边道路通行影响的四个评价指标，即路口等待时间、区域路段饱和度、道路安全度、路网密度的权重。

　　3）评价结果

　　首先根据准则层对目标层的影响因素，得到目标层对准则层的判决矩阵 X：

$$X = \begin{bmatrix} 1 & 3 & 7 & 9 \\ \dfrac{1}{3} & 1 & 2 & 3 \\ \dfrac{1}{7} & \dfrac{1}{2} & 1 & 2 \\ \dfrac{1}{9} & \dfrac{1}{3} & \dfrac{1}{2} & 1 \end{bmatrix}$$

然后利用 MATLAB 软件解得矩阵 X 的最大特征根为 $\lambda = 4.0189$。

　　从而获得矩阵 X 的最大特征根 4.0189 对应的特征向量为

$$Y = (-0.9367, \quad -0.2993, \quad -0.1557, \quad -0.933)$$

归一化处理后得到权重向量为

$$Y = (0.6038, \quad 0.2016, \quad 0.1049, \quad 0.0628)$$

　　对其进行一致性检验，在 $n = 4$ 时，$\mathrm{CI} = \dfrac{\lambda - n}{n - 1} = 0.0063$。查表 2.2.2 可知，$\mathrm{RI} = 0.9$，由

公式 $\mathrm{CR} = \dfrac{\mathrm{CI}}{\mathrm{RI}} = \dfrac{0.0063}{0.9} = 0.007$，CR 小于 1，即通过一致性检验。由此可得

$$y = 0.6038 x_1 + 0.2016 x_2 + 0.1049 x_3 + 0.0628 x_4$$

其中，

$$x_1 = \frac{t_{原} - t_{现}}{t_{原}}, \quad x_2 = \frac{C_{原} - C_{现}}{C_{原}}, \quad x_3 = \frac{P_{原} - P_{现}}{P_{原}}, \quad x_4 = \frac{\delta_{原} - \delta_{现}}{\delta_{原}}$$

　　通过选取具有代表性的小区，可以估算小区的面积、周边道路长度以及小区内部的道路长度，并通过查看这些小区周边的道路监控录像，估测得出周边道路一定时间内的车流量和事故数量，从而得到各小区开放前后平均等待时间、车流量以及安全度的结果，得出在开放前后位于市区的小区各参数变化较大，而位于郊区的小区的各参数变化不大的结论。因此，城市的小区有开放的必要，而郊区的小区并没有开放的必要。

2.3　模糊综合评价法

　　很多时候，人们需要对某个事物给出评价，如显示器的舒适性程度，人员的政治立场坚定与否，某建设方案对社会影响的大小等。评价的事物或个人往往涉及多种因素或多种指标，多因素评价较为困难，因为要同时考虑的因素很多，而各因素重要程度又不同，使问题变得很复杂；而且一般评价者从诸因素出发，参照有关信息，根据其判断对复杂问题分别做出的评价大多用语言给出，例如"大、中、小""高、中、低""优、良、可、劣""好、较好、一般、较差、差"等等，这种评价过程大量运用了人的主观判断，评价语言具有模糊性，不同评价者对优、较好等等的理解也有所不同。那么，如何把评价者的主观判断进行量化？这是十分值得研究的问题。如果用经典数学方法来解决模糊综合评价问题，就会很困难；

若采用模糊数学解决模糊综合评价问题，则是一种简便而有效的评价与决策方法。通过模糊数学提供的方法进行运算，得出定量的综合评价结果，可为正确决策提供依据。

1. 模糊综合评价的一般方法

设评判对象为 P，其因素集（指标）$U = \{u_1, u_2, \cdots, u_n\}$，评判等级集为 $V = \{v_1, v_2, \cdots, v_m\}$。对 U 中每一因素根据评判等级集中的等级指标进行模糊评判，得到评判矩阵：

$$\mathbf{R} = \begin{bmatrix} r_{11} & r_{12} & \cdots & r_{1m} \\ r_{21} & r_{22} & \cdots & r_{2m} \\ & & \cdots & \\ r_{n1} & r_{n2} & \cdots & r_{nm} \end{bmatrix} \tag{2.3.1}$$

其中，r_{ij} 表示 u_i 关于 v_j 的隶属程度。$(U, V, \mathbf{R})$ 则构成了一个模糊综合评判模型。确定各因素权重（也称重要性指标）后，记其为 $\mathbf{A} = \{a_1, a_2, \cdots, a_n\}$，满足 $\sum\limits_{i=1}^{n} a_i = 1$，合成得

$$\overline{\mathbf{B}} = \mathbf{A} \cdot \mathbf{R} = (\overline{b_1}, \overline{b_2}, \cdots, \overline{b_m}) \tag{2.3.2}$$

归一化后，得 $\mathbf{B} = (b_1, b_2, \cdots, b_m)$，则可确定对象 P 的评判等级。

在模糊综合评价法中，确定各因素的权重在综合评判中的重要作用，通常既可以由决策人凭经验给出，也可以采用专家评估法、加权统计法和层次分析法确定权重，但这些方法往往带有一定的主观性。

2. 多层次模糊综合评价方法

如果实际生活中的问题涉及的因素多，且各因素的重要性较为均衡，则可将诸因素分为若干层次进行综合评判，即首先分别对单层次的各因素进行评判，然后再对所有的各层次因素进行综合评价。这里仅就两个层次的情况进行说明，具体方法如下。

(1) 将因素集 $U = \{u_1, u_2, \cdots, u_n\}$ 分成若干个组 $U_1, U_2, \cdots, U_k (1 \leqslant k \leqslant n)$，使得 $U = \bigcup\limits_{i=1}^{k} U_i$，且 $U_i \bigcap U_j = \varnothing (i \neq j)$，称 $U = \{U_1, U_2, \cdots, U_k\}$ 为一级因素集。不妨设 $U_i = \{u_1^{(i)}, u_2^{(i)}, \cdots, u_{n_i}^{(i)}\}$ $(i = 1, 2, \cdots, k; \sum\limits_{i=1}^{k} n_i = n)$，称为二级因素集。

(2) 设评判集 $V = \{v_1, v_2, \cdots, v_m\}$ 对二级因素集 $U_i = \{u_1^{(i)}, u_2^{(i)}, \cdots, u_{n_i}^{(i)}\}$ 的 n_i 个因素进行单因素评判，得到评判矩阵为

$$\mathbf{R}_i = \begin{bmatrix} r_{11}^{(i)} & r_{12}^{(i)} & \cdots & r_{1m}^{(i)} \\ r_{21}^{(i)} & r_{22}^{(i)} & \cdots & r_{2m}^{(i)} \\ & & \cdots & \\ r_{n1}^{(i)} & r_{n2}^{(i)} & \cdots & r_{nm}^{(i)} \end{bmatrix}$$

假定 $U_i = \{u_1^{(i)}, u_2^{(i)}, \cdots, u_{n_i}^{(i)}\}$ 的权重为 $\mathbf{A}_i = \{a_1^{(i)}, a_2^{(i)}, \cdots, a_{n_i}^{(i)}\}$，则可以求出综合评判为

$$\overline{\mathbf{B}}_i = \mathbf{A}_i \cdot \mathbf{R}_i = (\overline{b_1^{(i)}}, \overline{b_2^{(i)}}, \cdots, \overline{b_m^{(i)}}), \ i = 1, 2, \cdots, k$$

归一化后得到

$$\mathbf{B}_i = (b_1^{(i)}, b_2^{(i)}, \cdots, b_m^{(i)})$$

(3) 对一级因素集进行综合评判,不妨设其权重为 $A = (a_1, a_2, \cdots, a_k)$,总评判矩阵 $R = (R_1, R_2, \cdots, R_k)'$,经运算得到

$$\overline{B} = A \cdot R = (\overline{b_1}, \overline{b_2}, \cdots, \overline{b_m})$$

归一化后获得总评判:

$$B = (b_1, b_2, \cdots, b_m)$$

例 2.3.1 利用现代物流学原理,在物流规划过程中,选取合适的评价因素,利用模糊综合评价法评价 8 个候选地,最终确定出物流中心的位置。

问题分析 要确定出物流中心的位置,首先需要选定评价因素,接着确定各候选地对选出的评价因素的评判矩阵,确定权重即可得到各候选地的评判分数,然后根据模糊综合评价的排序,由决策者确定出物流中心的位置。

首先确定评价因素:物流中心选址要考虑很多因素,由现代物流学原理,根据因素的特点,可以确定 5 个一级指标,分别为 U_1(自然环境)、U_2(交通运输)、U_3(经营环境)、U_4(候选地)、U_5(公共设施)。

模型建立

1) 确定评价因素

进一步分析后确定自然环境 U_1 有 4 个二级指标,即 $u_1^{(1)}$(气象条件)、$u_2^{(1)}$(地质条件)、$u_3^{(1)}$(水文条件)、$u_4^{(1)}$(地形条件);候选地 U_4 有 4 个二级指标,即 $u_1^{(4)}$(候选地面积)、$u_2^{(4)}$(候选地形状)、$u_3^{(4)}$(候选地周边干线)、$u_4^{(4)}$(候选地地价);公共设施 U_5 有 4 个二级指标,即 $u_1^{(5)}$(三供)、$u_2^{(5)}$(废物处理)、$u_3^{(5)}$(通信)、$u_4^{(5)}$(道路设施)。$u_1^{(5)}$(三供)可以细分为供电、供水和供气,因而 $u_1^{(5)}$ 有 3 个三级指标,即 $u_{11}^{(5)}$(供水)、$u_{12}^{(5)}$(供电)、$u_{13}^{(5)}$(供气)。$u_2^{(5)}$(废物处理)有两个三级指标,即 $u_{21}^{(5)}$(废水处理)、$u_{22}^{(5)}$(固体废物处理)。

2) 评价结果

接着对 8 个候选地分别进行一级、二级、三级等因素的单因素评判,给出评判矩阵。假定 8 个候选地分别用 A、B、C、D、E、F、G、H 表示,评判结果由表 2.3.1 给出。

表 2.3.1 某区域的模糊综合评判

因 素	A	B	C	D	E	F	G	H
气象条件	0.91	0.85	0.87	0.98	0.79	0.60	0.60	0.95
地质条件	0.93	0.81	0.93	0.87	0.61	0.61	0.95	0.87
水文条件	0.88	0.82	0.94	0.88	0.64	0.61	0.95	0.91
地形条件	0.90	0.83	0.94	0.89	0.63	0.71	0.95	0.91
交通运输	0.95	0.90	0.90	0.94	0.60	0.91	0.95	0.94
经营环境	0.90	0.90	0.87	0.95	0.87	0.65	0.74	0.61
候选地面积	0.60	0.95	0.60	0.95	0.95	0.95	0.95	0.95
候选地形状	0.60	0.69	0.92	0.92	0.87	0.74	0.89	0.95

因　　素	A	B	C	D	E	F	G	H
候选地周边干线	0.95	0.69	0.93	0.85	0.60	0.60	0.94	0.78
候选地地价	0.75	0.60	0.80	0.93	0.84	0.84	0.60	0.80
供水	0.60	0.71	0.77	0.60	0.82	0.95	0.65	0.76
供电	0.60	0.71	0.70	0.60	0.80	0.95	0.65	0.76
供气	0.91	0.90	0.93	0.91	0.95	0.93	0.81	0.89
废水处理	0.92	0.90	0.93	0.91	0.95	0.93	0.81	0.89
固体废物处理	0.87	0.87	0.64	0.71	0.95	0.61	0.74	0.65
通信	0.81	0.94	0.89	0.60	0.65	0.95	0.95	0.89
道路设施	0.90	0.60	0.92	0.60	0.60	0.84	0.65	0.81

（1）分层作综合评判：

$u_1^{(5)} = \{u_{11}^{(5)}, u_{12}^{(5)}, u_{13}^{(5)}\}$，权重 $A_1^{(5)} = \{1/3, 1/3, 1/3\}$，由表 2.3.1，对 $u_{11}^{(5)}$，$u_{12}^{(5)}$，$u_{13}^{(5)}$ 的模糊评判构成的单因素评判矩阵为

$$R_1^{(5)} = \begin{bmatrix} 0.60 & 0.71 & 0.77 & 0.60 & 0.82 & 0.95 & 0.65 & 0.76 \\ 0.60 & 0.71 & 0.70 & 0.60 & 0.80 & 0.95 & 0.65 & 0.76 \\ 0.91 & 0.90 & 0.93 & 0.91 & 0.95 & 0.93 & 0.81 & 0.89 \end{bmatrix}$$

计算得

$$B_1^{(5)} = A_1^{(5)} \cdot R_1^{(5)} = (0.703, 0.773, 0.8, 0.703, 0.857, 0.943, 0.703, 0.803)$$

类似地：

$$B_2^{(5)} = A_2^{(5)} \cdot R_2^{(5)} = (0.895, 0.885, 0.785, 0.81, 0.95, 0.77, 0.775, 0.77)$$

从而可得

$$B_5 = A_5 \cdot R_5$$
$$= (0.4\ \ 0.3\ \ 0.2\ \ 0.1) \cdot \begin{bmatrix} 0.703 & 0.773 & 0.8 & 0.703 & 0.857 & 0.943 & 0.703 & 0.803 \\ 0.895 & 0.885 & 0.785 & 0.81 & 0.95 & 0.77 & 0.775 & 0.77 \\ 0.81 & 0.94 & 0.89 & 0.60 & 0.65 & 0.95 & 0.95 & 0.89 \\ 0.90 & 0.60 & 0.92 & 0.60 & 0.60 & 0.84 & 0.65 & 0.81 \end{bmatrix}$$
$$= (0.802, 0.823, 0.826, 0.704, 0.818, 0.882, 0.769, 0.811)$$

同理可得

$$B_4 = A_4 \cdot R_4$$
$$= (0.1\ \ 0.1\ \ 0.4\ \ 0.4) \cdot \begin{bmatrix} 0.60 & 0.95 & 0.60 & 0.95 & 0.95 & 0.95 & 0.95 & 0.95 \\ 0.60 & 0.69 & 0.92 & 0.92 & 0.87 & 0.74 & 0.89 & 0.95 \\ 0.95 & 0.69 & 0.93 & 0.85 & 0.60 & 0.60 & 0.94 & 0.78 \\ 0.75 & 0.60 & 0.80 & 0.93 & 0.84 & 0.84 & 0.60 & 0.80 \end{bmatrix}$$
$$= (0.8, 0.68, 0.844, 0.899, 0.758, 0.745, 0.8, 0.822)$$

$$\boldsymbol{B}_1 = \boldsymbol{A}_1 \cdot \boldsymbol{R}_1$$

$$= (0.25 \quad 0.25 \quad 0.25 \quad 0.25) \cdot \begin{bmatrix} 0.91 & 0.85 & 0.87 & 0.98 & 0.79 & 0.60 & 0.60 & 0.95 \\ 0.93 & 0.81 & 0.93 & 0.87 & 0.61 & 0.61 & 0.95 & 0.87 \\ 0.88 & 0.82 & 0.94 & 0.88 & 0.64 & 0.61 & 0.95 & 0.91 \\ 0.90 & 0.83 & 0.94 & 0.89 & 0.63 & 0.71 & 0.95 & 0.91 \end{bmatrix}$$

$$= (0.905, 0.828, 0.92, 0.905, 0.668, 0.633, 0.863, 0.91)$$

（2）高层次的综合评判：

$\boldsymbol{U} = \{U_1, U_2, U_3, U_4, U_5\}$，权重 $\boldsymbol{A} = \{0.1, 0.2, 0.3, 0.2, 0.2\}$，则综合评判为

$$\boldsymbol{B} = \boldsymbol{A} \cdot \boldsymbol{R} = \boldsymbol{A} \begin{bmatrix} \boldsymbol{B}_1 \\ \boldsymbol{B}_2 \\ \boldsymbol{B}_3 \\ \boldsymbol{B}_4 \\ \boldsymbol{B}_5 \end{bmatrix}$$

$$= (0.1 \quad 0.2 \quad 0.3 \quad 0.2 \quad 0.2) \cdot \begin{bmatrix} 0.905 & 0.828 & 0.92 & 0.905 & 0.668 & 0.633 & 0.863 & 0.91 \\ 0.95 & 0.90 & 0.9 & 0.94 & 0.60 & 0.91 & 0.95 & 0.94 \\ 0.90 & 0.90 & 0.87 & 0.95 & 0.87 & 0.65 & 0.74 & 0.61 \\ 0.8 & 0.68 & 0.844 & 0.899 & 0.758 & 0.745 & 0.8 & 0.822 \\ 0.802 & 0.823 & 0.826 & 0.704 & 0.818 & 0.882 & 0.769 & 0.811 \end{bmatrix}$$

$$= (0.871, 0.833, 0.867, 0.884, 0.763, 0.766, 0.812, 0.789)$$

由此可知，8 个候选地的综合评判结果的排序为 D、A、C、B、G、H、F、E，从而可选出较高估计值的地点作为物流中心。

注　虽然上述计算结果没有归一化，但这并不影响最终的排序。

2.4　应用案例——评估世博会影响力（2010 CUMCM B 题）

2010 年上海世博会是首次在中国举办的世界博览会。从 1851 年伦敦的"万国工业博览会"开始，世博会正日益成为各国人民交流历史文化、展示科技成果、体现合作精神、展望未来发展的重要舞台。请选择感兴趣的某个侧面，建立数学模型，利用互联网数据，定量评估上海世博会的影响力。

问题分析　上海世博会作为参观人数最多、投资最大的一届世界博览会，在诸多方面均具有很大的影响力，尤其在文化方面，来自世界不同国家和地区的人们以及各式各样的文艺展品极大地丰富了本届世博会。鉴于此，有必要定量地对上海世博会在文化方面的影响力作出评估。首先必须确定合适的评价标准。根据《中国现代化报告 2008》的观点，国际影响力是一个国家通过国际互动对国际环境施加的实际影响的大小，因而对于世博会的文化影响力来说，它是在文化方面对外界施加影响的大小。在《中国现代化报告 2009》中，国家文化影响力被定义为一个国家对世界文化市场和文化生活的客观影响的总和。在这一定义上，上海世博会的文化影响与之既有异也有同，相同方面是它们均为在文化方面的影响；相异的方面是：

（1）上海世博会是世界文化的综合盛会，国家文化特色不是重点，重点是其文化多样性。

（2）国家的文化影响力往往是长时间积累的结果，而世博会相较于国家，其历史较短，影响方式和方面都有差异。

由以上分析可知，用于国家文化影响力的评价标准不能直接应用于上海世博会。然而，按照《中国现代化报告 2009》对于国家文化影响力的定义方式进行逆向思考，不难发现，文化影响力最直接的反映就是影响的受体所接收到的文化信息的质量和数量，即内在文化质量与信息传递质量。内在文化质量体现在硬文化环境质量以及文化载体（书籍等）上，信息传递质量则体现在传递媒体，如网络、电视等的媒体信息量和民众关注度上。因此可得出其层次评价标准，如图 2.4.1 所示。

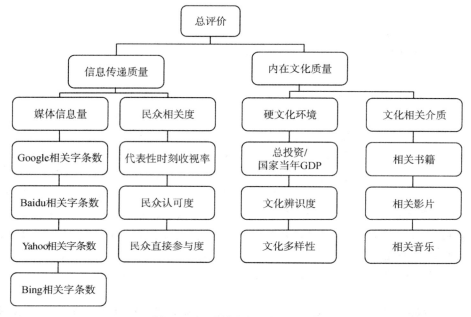

图 2.4.1　世博会评价标准结构

模型准备　如图 2.4.1 所示的信息传递质量由媒体信息量和民众相关度两个指标确定。

（1）媒体信息量：网络媒体关注度的高低与否对一个活动的影响力来说是至关重要的，其信息传播之快、之广是传统媒体无法比拟的，因此利用在世界范围内市场份额最大的 4 个搜索引擎（Google、Baidu、Yahoo、Bing）对 2010 南非世界杯、2006 德国世界杯、2010 上海世博会、2005 爱知世博会、2008 北京奥运会和 2004 雅典奥运会等 6 项活动，分别进行中英文关键字搜索，统计并处理数据，最终得到 6 项活动的规格化分数。

（2）民众相关度：对一项活动而言，其影响力大小受民众相关度的影响很大，如果上海世博会曲高和寡，参与人数寥寥，人们漠不关心，即使其文化价值再大，也难以有其应有的影响力，因此在这一项中引入代表性时刻收视率、民众认可度、民众直接参与度三个分项作为本项评价依据。

内在文化质量包括硬文化环境和文化相关介质两个指标。

（3）硬文化环境：一项活动在文化方面的硬实力对其文化影响力很大，具体到上海世博会，其硬实力体现在其场馆建设、资金投入、参展国数目、文化丰富度等方面，所以在此引入三个分项用于评价世博会的文化环境，即总投资/国家当年 GDP、文化辨识度、文化多样性。其中第一分项总投资/国家当年 GDP 可以很好地反映一个国家对于此项活动的重视程度；第二分项文化辨识度是指特定国家所举办活动的独有文化特征的明显程度；第三分项代表此项活动中文化多样的程度。

（4）文化相关介质：对于世博会这种世界级别的活动，其文化影响力还体现在与其相关的周边产品，如图书、音乐和电影数目的多寡上。

为了给出量化的指标，表 2.4.1 给出了从网上获取的相应的原始数据。

表 2.4.1　从网上获取的原始数据

数　值	2010 南非世界杯	2006 德国世界杯	2010 上海世博会	2005 爱知世博会	2008 北京奥运会	2004 雅典奥运会
Google/万条	5150	4840	8520	690	3260	1610
Baidu/万条	5400	3230	10000	66	4280	662
Yahoo/万条	2880	3360	763	13.7	893	632
Bing/万条	12.2	15.8	12.5	18.6	6.1	5.94
代表时刻收视率/（%）	0.04	0.0532	0.138	0.08	0.4054	0.265
民众认可度/（%）	48.55	53.2	77.64	85.4	85.9	81.1
民众直接参与度/（%）	300/4590	336/8170	7000/132246	2240/1277 6	700/13000	530/1100
总投资/国家当年 GDP(亿美元)	35/2774	88/27901	42.25/47580	22.75/46234	40/33700	70/1730.45
相关书籍/本	367	391	43	7	313	309
相关影片/部	5	1	1	0	11	15
相关音乐/专辑	12	5	2	0	31	16
文化辨识度/分	92	88	70	81	90	92
文化多样性/分	78	75	94	85	83	87

由于上述各评价指标的原始数据单位不同、数据数量级差异很大，因此需要对数据进行标准化处理，对于 i 活动在 j 项目中的得分，其标准化后的分数为 $s_{ij} = \dfrac{a_{ij}}{\max\limits_{i,j} a_{ij}}$，由表 2.4.2 给出。

表 2.4.2　标准化后的原始数据

二级标准	三级标准	2010 南非世界杯	2006 德国世界杯	2010 上海世博会	2005 爱知世博会	2008 北京奥运会	2004 雅典奥运会
媒体信息量	Google	0.605	0.568	1.0	0.081	0.383	0.189
	Baidu	0.54	0.323	1.0	0.0066	0.428	0.662
	Yahoo	0.857	1.0	0.227	0.004	0.266	0.188
	Bing	0.656	0.849	0.672	1.0	0.328	0.319

二级标准	三级标准	2010 南非世界杯	2006 德国世界杯	2010 上海世博会	2005 爱知世博会	2008 北京奥运会	2004 雅典奥运会
民众相关度	代表性时刻收视率	0.099	0.1307	0.341	0.20	1.0	0.654
	民众认可度	0.565	0.624	0.906	0.994	1.0	0.994
	民众直接参与度	0.133	0.085	0.112	0.365	0.011	1.0
硬文化环境	总投资/国家当年 GDP	0.312	0.077	0.022	0.012	0.03	1.0
	文化辨识度	1.0	0.957	0.761	0.88	0.978	1.0
	文化多样性	0.821	0.798	1.0	0.904	0.883	0.926
文化相关介质	相关书籍	0.939	1.0	0.11	0.018	0.801	0.790
	相关影片	0.333	0.067	0.067	0	0.733	1.0
	相关音乐	0.387	0.161	0.0645	0	1.0	0.516

至此，引入了 4 个一级指标，但是这 4 个指标无法定量地给出衡量文化影响力的实际标准，而且它们之间的相关关系和所反映结果的准确度均模糊不清。此外，在一级指标之下还有 13 个相应的二级指标，它们对于文化影响力的定义、评价能力和它们之间的相互关系也是模糊不清的。因而采用多层次模糊综合评价法来衡量上海世博会文化影响力这一问题较为恰当。

模型的建立与求解　为减少算法的复杂程度，将图 2.4.1 中的三层指标结构简化为两层，建立具有准则层（一级指标）和子准则层（二级指标）两层的模糊综合评价模型，具体见表 2.4.3。

表 2.4.3　指标层次表

目标层	准则层（一级指标）	子准则层（二级指标）
文化影响力 U	媒体信息量 U_1	Google $u_1^{(1)}$
		Baidu $u_2^{(1)}$
		Yahoo $u_3^{(1)}$
		Bing $u_4^{(1)}$
	民众相关度 U_2	代表性时刻收视率 $u_1^{(2)}$
		民众认可度 $u_2^{(2)}$
		民众直接参与度 $u_3^{(2)}$
	硬文化环境 U_3	总投资/国家当年 GDP $u_1^{(3)}$
		文化辨识度 $u_2^{(3)}$
		文化多样性 $u_3^{(3)}$
	文化相关介质 U_4	相关书籍 $u_1^{(4)}$
		相关影片 $u_2^{(4)}$
		相关音乐 $u_3^{(4)}$

根据实际情况，确定文化影响力的评判集 $V=\{v_1，v_2，v_3，v_4，v_5\}$，其中 v_1 为 A 级，表示文化影响力非常大；v_2 为 B 级，表示文化影响力很大；v_3 为 C 级，表示文化影响力一般大；v_4 为 D 级，表示文化影响力比较小；v_5 为 E 级，表示文化影响力非常小。

在通常情况下，常采取隶属度最大原则对因素进行等级划分，但是这种划分方式通常很模糊，忽略了因素相对其他等级的隶属度关系。因此，为了对全面综合指标 U_j 进行等级评价，可将等级分值化，即令 C=3，D=2，A=5，B=4，E=1，从而 u_j 的等级为

$$M=5*I_A(u_j)+4*I_B(u_j)+3*I_C(u_j)+2*I_D(u_j)+1*I_E(u_j)$$

接下来需要对二级指标 $U_i=\{u_1^{(i)}，u_2^{(i)}，\cdots，u_{n_i}^{(i)}\}$ 的 n_i 个因素进行单因素评判，即需要确定二级指标 $u_j^{(i)}$ 相对评判集 $V=\{v_1，v_2，v_3，v_4，v_5\}$ 的隶属度。一般确定隶属度的方法很多，比如采用民意调查报告的方式、专家投票的方式，或者定量给出某个隶属度函数等等。这里采用均值是 0、方差是 σ^2 的正态隶属度函数确定各指标相对评判等级的隶属度，即二级评价指标相对于 5 个文化影响力等级 A、B、C、D、E 的隶属度函数分别为 $f_1(x)$、$f_2(x)$、$f_3(x)$、$f_4(x)$、$f_5(x)$，选择每个评价指标相对上述的评价等级作为方差。

利用上述隶属度函数求出的二级评价指标的模糊关系矩阵，即单元素评价矩阵为

$$\mathbf{R}_i=\begin{bmatrix} f_1(u_1^{(i)}) & f_2(u_1^{(i)}) & f_3(u_1^{(i)}) & f_4(u_1^{(i)}) & f_5(u_1^{(i)}) \\ & & \cdots & & \\ f_1(u_n^{(i)}) & f_2(u_n^{(i)}) & f_3(u_n^{(i)}) & f_4(u_n^{(i)}) & f_5(u_n^{(i)}) \end{bmatrix}$$

计算得：

媒体信息量为

$$\mathbf{R}_1=\begin{bmatrix} 0.05 & 0.47 & 0.33 & 0.12 & 0.03 \\ 0.04 & 0.47 & 0.34 & 0.11 & 0.04 \\ 0.04 & 0.27 & 0.89 & 0.45 & 0.06 \\ 0.06 & 0.47 & 0.24 & 0.13 & 0.05 \end{bmatrix}$$

民众相关度为

$$\mathbf{R}_2=\begin{bmatrix} 0.07 & 0.22 & 0.12 & 0.48 & 0.11 \\ 0.05 & 0.49 & 0.33 & 0.12 & 0.03 \\ 0.04 & 0.21 & 0.15 & 0.56 & 0.04 \end{bmatrix}$$

硬文化环境为

$$\mathbf{R}_3=\begin{bmatrix} 0.06 & 0.17 & 0.27 & 0.43 & 0.07 \\ 0.13 & 0.42 & 0.29 & 0.13 & 0.03 \\ 0.03 & 0.17 & 0.10 & 0.51 & 0.19 \end{bmatrix}$$

文化相关介质为

$$\mathbf{R}_4=\begin{bmatrix} 0.04 & 0.39 & 0.36 & 0.17 & 0.04 \\ 0.08 & 0.36 & 0.28 & 0.22 & 0.06 \\ 0.03 & 0.47 & 0.34 & 0.12 & 0.04 \end{bmatrix}$$

由表 2.4.3，利用 2.2 节所讲的层次分析法可以分别获得一级评价指标和二级评价指标的权向量，结合隶属模糊关系矩阵 $\boldsymbol{R}_i$，可得一级模糊评价矩阵 $\boldsymbol{B}_i$：

$$\boldsymbol{B}_i = \boldsymbol{A}_i \cdot \boldsymbol{R}_i$$

$$= (a_{i1}, a_{i2}, \cdots, a_{in}) \begin{bmatrix} f_1(u_1^{(i)}) & f_2(u_1^{(i)}) & f_3(u_1^{(i)}) & f_4(u_1^{(i)}) & f_5(u_1^{(i)}) \\ & & \cdots & & \\ f_1(u_n^{(i)}) & f_2(u_n^{(i)}) & f_3(u_n^{(i)}) & f_4(u_n^{(i)}) & f_5(u_n^{(i)}) \end{bmatrix}$$

故

$$\boldsymbol{B}_1 = \begin{bmatrix} 0.0537 \\ 0.4026 \\ 0.4683 \\ 0.2270 \\ 0.0429 \end{bmatrix}, \boldsymbol{B}_2 = \begin{bmatrix} 0.0519 \\ 0.2934 \\ 0.1924 \\ 0.4060 \\ 0.0539 \end{bmatrix}, \boldsymbol{B}_3 = \begin{bmatrix} 0.0683 \\ 0.3551 \\ 0.2067 \\ 0.3746 \\ 0.1288 \end{bmatrix}, \boldsymbol{B}_4 = \begin{bmatrix} 0.0666 \\ 0.3790 \\ 0.4838 \\ 0.1986 \\ 0.0512 \end{bmatrix}$$

将 $\boldsymbol{B}_i$ 归一化后，得到准则层的模糊综合评价矩阵为

$$\boldsymbol{B} = \begin{bmatrix} \boldsymbol{B}_1' \\ \boldsymbol{B}_2' \\ \boldsymbol{B}_3' \\ \boldsymbol{B}_4' \end{bmatrix}$$

将准则层权重矩阵 $\boldsymbol{W}$ 与准则层的模糊综合评价矩阵 $\boldsymbol{B}$ 相乘，得到

$$\boldsymbol{W} \cdot \boldsymbol{B} = (0.2989, 0.3820, 0.2601, 0.3536, 0.0601)$$

归一化后得 $(0.1472, 0.3561, 0.2484, 0.1961, 0.0682)$。

定量分析上海世博会的综合得分：

$$\text{Score} = 0.1472 \times 5 + 0.3561 \times 4 + 0.2484 \times 3 + 0.1961 \times 2 + 0.0672 \times 1 = 3.37$$

其他 5 个活动的文化影响力综合评价结果见表 2.4.4。

表 2.4.4　影响力分析表

	A 影响力非常大(5 分)	B 影响力很大(4 分)	C 影响力一般大(3 分)	D 影响力不大(2 分)	E 影响力很弱(1 分)	等级(最大隶属度)	综合评价分数(分)
南非世界杯	0.0682	0.4317	0.2532	0.1712	0.0806	B	3.3268
德国世界杯	0.0737	0.3929	0.3572	0.2981	0.1462	B	2.9111
爱知世博会	0.0528	0.1369	0.2835	0.4472	0.0796	D	2.4249
北京奥运会	0.2816	0.3129	0.2037	0.1261	0.0757	B	3.5986
雅典奥运会	0.3479	0.2805	0.1737	0.0968	0.0405	A	3.6845

综上可以看出，上海世博会的文化影响力等级是 B 级，综合评价分数为 3.37 分，影响力很大。

习　题　2

1. 根据表 2.1 中的数据，采用 TOPISIS 评价法对某市人民医院 2005—2007 年的医疗质量进行综合评价。

表 2.1　某市人民医院 2005—2007 年的医疗数据

年度	床位周转率	床位住院日率/(%)	平均诊断符合率/(%)	出入院诊断符合率/(%)	手术前后确诊率/(%)	三日好转率/(%)	治愈率/(%)
2005	20.97	113.81	18.73	99.42	99.80	97.28	96.08
2006	21.41	116.12	18.39	99.32	99.14	97.00	95.65
2007	19.13	102.85	17.44	99.49	99.11	96.20	96.50

死亡率/(%)	危重病人抢救成功率/(%)	院内感染率/(%)
2.57	94.53	4.60
2.72	95.32	5.99
2.02	96.22	4.79

2. 建立层次结构模型，解决下列问题：

(1) 学校欲评选优秀学生或优秀班级，试给出若干准则，构造层次结构图。（提示：可分为相对评价和绝对评价两种情况讨论。）

(2) 欲购置一台个人电脑，如果考虑功能、价格等因素，试作出决策。

(3) 为大学毕业生建立一个选择志愿的层次结构模型。

(4) 你的家乡准备集资兴建一座小型养鸡场，请你给出建议，如应该养猪、养鸡、养鸭，还是养兔？

3. 许多单位各自都有一套合理的住房分配方案。某院校现行的住房分配方案采用“分档次加积分”的方法，其原则是“按职级分档次，同档次的按任职时间先后顺序排队分配住房，任职时间相同时考虑其他条件（如工龄、爱人情况、职称、年龄大小等）适当加分，最后从高分到低分依次排队”。这种分配方案存在着不合理性，如同档次的排队主要由任职先后确定，任职早在前、任职晚在后，即便是高职称、高学历，或夫妻双方都在同一单位甚至有的为单位作出过突出贡献，但任职时间晚，也只能排在后面。这种方案的主要问题是“论资排辈”，显然不能体现重视人才、鼓励先进等政策。根据民意测验，80％以上的人认为相关条件应该为职级、任职时间、工作时间、职称、爱人情况、学历、出生年月和奖励加分等。

请按职级分档次，在同档次中综合考虑各项相关条件，给出一种适用于任意 N 人的分配方案，用你的方案根据表 2.2 中 40 人的情况给出排队次序，并分析说明你的方案较原方案的合理性。

表 2.2　40 人基本情况及按原方案排序

人员	职级	任职时间	工作时间	职称	学历	爱人情况	出生年月	奖励加分
1	8	1991.6	1971.9	高级	本科	院外	1959.4	0
2	8	1992.12	1978.2	高级	硕士	院内	1957.3	4
3	8	1992.12	1976.12	高级	硕士	院外	1955.3	1
4	8	1992.12	1976.12	高级	大专	院外	1957.11	0
5	8	1993.1	1974.2	高级	硕士	院外	1956.10	2
6	8	1993.6	1973.5	高级	大专	院外	1955.10	0
7	8	1993.12	1972.3	高级	大专	院内职工	1954.11	0
8	8	1993.12	1977.10	高级	硕士	院内干部	1960.8	3
9	8	1993.12	1972.12	高级	大专	院外	1954.5	0
10	8	1993.12	1974.8	高级	本科	院内职工	1956.3	4
11	8	1993.12	1974.4	高级	本科	院外	1956.12	0
12	8	1993.12	1975.12	高级	硕士	院外	1958.3	2
13	8	1993.12	1975.8	高级	大专	院外	1959.1	0
14	8	1993.12	1975.9	高级	本科	院内职工	1956.7	0
15	9	1994.1	1978.10	中级	本科	院内干部	1961.11	5
16	9	1994.6	1976.11	中级	硕士	院内干部	1958.2	0
17	9	1994.6	1975.9	中级	本科	院内干部	1959.5	1
18	9	1994.6	1975.10	中级	本科	院内职工	1955.11	6
19	9	1994.6	1972.12	中级	中专	院内职工	1956.1	0
20	9	1994.6	1974.9	中级	大专	院外	1957.1	0
21	9	1994.6	1975.2	中级	硕士	院内职工	1958.11	2
22	8	1994.6	1975.9	高级	硕士	院外	1957.4	3
23	9	1994.6	1976.5	中级	本科	院内职工	1957.7	0
24	9	1994.6	1977.1	中级	本科	院外	1969.3	0
25	8	1994.6	1978.10	高级	本科	院内干部	1959.5	2
26	9	1994.6	1977.5	中级	大专	院内职工	1958.1	0
27	9	1994.6	1078.10	中级	硕士	院内干部	1963.4	1
28	9	1994.6	1978.2	中级	本科	院外	1969.5	0
29	9	1994.6	1978.10	中级	博士后	院内干部	1962.4	5
30	9	1994.12	1979.9	中级	本科	院外	1962.9	1
31	8	1994.12	1975.6	高级	大专	院内干部	1958.7	0
32	8	1994.12	1977.10	高级	硕士	院内干部	1960.8	2
33	8	1994.12	1978.7	高级	博士后	院外	1961.12	5
34	9	1994.12	1975.8	中级	博士	院外	1957.7	2
35	9	1994.12	1078.10	中级	博士	院内干部	1961.4	3
36	9	1994.12	1978.10	中级	博士	院内干部	1962.12	6
37	9	1994.12	1978.10	中级	本科	院内职工	1962.12	0
38	9	1994.12	1979.10	中级	本科	院内干部	1963.12	0
39	9	1995.1	1979.10	中级	本科	院内干部	1961.7	0
40	9	1995.6	1980.1	中级	硕士	院内干部	1961.3	4

4. 某校规定，在对一位教师的评价中，若"好"与"较好"占 50% 以上，就可晋升为教授。教授分教学型教授和科研型教授，不同类型在评价指标上给出了不同的权重，分别为 $A_1(0.2, 0.5, 0.1, 0.2)$，$A_2(0.2, 0.1, 0.5, 0.2)$。校学科评议组由 7 人组成，对某教师的评价见表 2.3。请判别该教师能否晋升，及可晋升为哪一型教授。

表 2.3　对该教师的评价

	好	较好	一般	较差	差
政治表现	4	2	1	0	0
教学水平	6	1	0	0	0
科研能力	0	0	5	1	1
外语水平	2	2	1	1	1

5. 表 2.4 是大气污染物评价标准。今测得某日某地污染物（见表 2.4）日均浓度为 $(0.07, 0.20, 0.123, 5.00, 0.08, 0.14)$，各污染物权重为 $(0.1, 0.20, 0.3, 0.3, 0.05, 0.05)$，试判别其污染等级。

表 2.4　大气污染物评价标准　　　　　　　　（单位：kg/m^2）

污染物	I 级	II 级	III 级	IV 级
SO_2	0.05	0.15	0.25	0.50
TSP	0.12	0.30	0.50	1.00
NO_2	0.10	0.10	0.15	0.30
CO	4.00	4.00	6.00	10.00
PM1	0.05	0.15	0.25	0.50
O_3	0.12	0.16	0.20	0.40

第3章　微分方程建模方法

在许多实际问题的研究中，直接导出变量之间的函数关系较为困难，但导出包含未知函数的导数或微分的关系却相对容易，因此可建立微分方程模型来描述实际对象的某些特性随时间或空间演变的过程，从而分析它的变化规律，预测它的未来性态。微分方程建模方法也是大学生数学建模竞赛中常用的建模方法之一，近几年，几乎每年都有用到微分方程建模的赛题，譬如全国大学生数学建模竞赛的 2020 年 A 题炉温曲线，2019 年 A 题高压油管的压力控制，2018 年 A 题高温作业高温服装设计，2016 年 A 题系泊系统的设计等。本章简单介绍一些常用的微分方程建模方法和数学建模中常用到的几个微分方程模型。

3.1　建立微分方程的方法

微分方程建模对于许多实际问题的解决是一种极有效的数学手段，现实世界的变化往往可以表现为速度、加速度以及所处位置随时间的变化，其规律一般可以用微分方程或方程组表示。微分方程建模的领域比较广，一些物理学模型、航空航天模型、生态模型、环境模型、医学模型、经济学模型、传染病模型和战争模型等都与微分方程有关。其中，连续模型可采用常微分和偏微分方程建模，离散模型可采用差分方程建模。本节给出几种常见的建立微分方程模型的方法。

1. 从一些已知的基本定律和基本公式出发建立微分方程

例 3.1.1　将室内一支读数为 60℃ 的温度计放到室外。10 min 后，温度计的读数为 70℃；又过了 10 min，读数为 76℃。先不计算，试推测室外的温度，然后再利用牛顿的冷却定律给出正确的答案。

根据牛顿的冷却定律（或称加热定律），将温度为 T 的物体放进常温为 m 的介质中时，T 的变化速率正比于 T 与周围介质的温度差。在这个数学模型中，假定介质足够大，从而，当放入一个较热或较冷的物体时，m 基本上不受影响。实验证明，这是一个相当好的近似。

解　由牛顿的冷却定理知：$\dfrac{\mathrm{d}T}{\mathrm{d}t}$ 与 $(T-m)$ 是成正比例的，即 $\dfrac{\mathrm{d}T}{\mathrm{d}t}=k(T-m)$。

由题设条件可得以下定解条件：$T(0)=60$，$T(10)=70$，$T(20)=76$。

解微分方程得 $T=A\mathrm{e}^{kt}+m$，由定解条件可以确定三个常数 A、k、m，得 $m=85℃$。

2. 利用题目本身给出的隐含的等量关系建立微分方程

例 3.1.2　假如现有一艘位于坐标原点的甲战舰向位于 x 轴上的点 $A(1,0)$ 处的乙战舰发射导弹，导弹始终对准乙战舰。如果乙战舰以最大速度 $v_0(v_0$ 是常数）沿平行于 y 轴的直线行驶，导弹的速度是 $5v_0$，求导弹运行的曲线；又乙战舰行驶多远时，导弹将它击中？

解　设导弹的轨迹曲线为 $y=y(x)$，并设经过时间 t，导弹位于点 $P(x,y)$，乙战舰位

于点 $Q(1,v_0t)$。由于导弹始终对准乙战舰，故此时直线 PQ 就是导弹的运动轨迹曲线 OP 在点 P 处的切线，即有

$$y' = \frac{v_0 t - y}{1 - x}$$

也即

$$v_0 t = (1 - x)y' + y$$

又根据题意，弧 OP 的长度为 $|AQ|$ 的 5 倍，即

$$\int_0^x \sqrt{1 + y'^2}\,\mathrm{d}x = 5v_0 t$$

由此得

$$(1 - x)y' + y = \frac{1}{5}\int_0^x \sqrt{1 + y'^2}\,\mathrm{d}x$$

整理得

$$(1 - x)y'' = \frac{1}{5}\sqrt{1 + y'^2}$$

代入初值条件 $y(0)=0$，$y'(0)=0$，解得

$$y = -\frac{5}{8}(1 - x)^{\frac{4}{5}} + \frac{5}{12}(1 - x)^{\frac{6}{5}} + \frac{5}{24}$$

导弹的运动轨迹如图 3.1.1 所示。

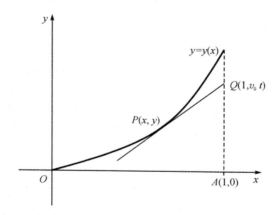

图 3.1.1　导弹的运动轨迹

由图 3.1.1 可知，当 $x=1$，$y=5/24$ 时，即当乙战舰航行到点 $(1,5/24)$ 处时被导弹击中，被击中的时间为 $t = y/v_0 = 5/24v_0$。

3. 利用导数的定义建立微分方程

镭、铀等放射性元素的质量因不断放射出各种射线而逐渐减少的现象称为放射性物质的衰变。据实验得知，衰变速度与现存物质的质量成正比，求放射性元素在时刻 t 的质量。

用 x 表示该放射性物质在时刻 t 的质量，则 $\dfrac{\mathrm{d}x}{\mathrm{d}t}$ 表示 x 在时刻 t 的衰变速度，于是"衰变速度与现存的质量成正比"可表示为

$$\frac{\mathrm{d}x}{\mathrm{d}t} = -kx \qquad\qquad (3.1.1)$$

这是一个以 x 为未知函数的一阶常微分方程，它就是放射性元素**衰变的数学模型**，其中 $k>0$ 是比例常数，称为衰变常数，它因元素的不同而异。方程右端的负号表示当时间 t 增加时，质量 x 减少。

解方程(3.1.1)得通解 $x=C\mathrm{e}^{-kt}$。$t=t_0$ 时，$x=x_0$，将其代入通解 $x=C\mathrm{e}^{-kt}$ 中，可得 $C=x_0\mathrm{e}^{-kt_0}$，则可得到方程(3.1.1)的特解：

$$x=x_0\mathrm{e}^{-k(t-t_0)}$$

它反映了某种放射性元素衰变的规律。

另外，在经济学中导数概念有着广泛的应用，将各种函数的导函数称为该函数的边际函数，从而产生了经济学中的边际分析理论。

4. 利用微元法建立微分方程

这种方法主要是通过寻求微元之间的关系式，直接对函数运用有关定律建立模型。一般而言，如果某一实际问题中所求的变量 I 符合条件①I 是一个与自变量 x 的变化区间 $[a,b]$ 有关的量，②I 对于区间 $[a,b]$ 具有可加性，③部分量 $\Delta I_i \approx f(\xi_i)\Delta x_i$，那么此时就可以考虑利用微元法来建立常微分方程模型。这种方法经常被应用于：空间解析几何中求曲线的弧长、平面图形的面积、旋转曲面的面积、旋转体的体积；代数中求近似值以及流体混合问题；物理中求变力作功、压力、静力矩与重心等问题。

5. 利用模拟近似法建立微分方程

对于规律或现象不很清楚且比较复杂的实际问题，常用模拟近似法来建立常微分方程模型。这类模型一般要作一些合理假设，将要研究的问题突显出来。这个建模过程往往是近似的，因此用此法建立常微分方程模型后，要分析其解的有关性质，在此基础上同实际情况对比，看所建立的模型是否符合实际，必要时还要对假设或模型进行修改。下面以2016 年全国大学生数学建模竞赛 A 题系泊系统的设计为例说明利用微元法和模拟近似法建立微分方程的过程。

例 3.1.3　应用案例：系泊系统的设计(2016 CUMCM B 题)。

近浅海观测网的传输节点由浮标系统、系泊系统和水声通信系统组成(如图 3.1.2 所示)。某型传输节点的浮标系统可简化为底面直径为 2 m、高为 2 m 的圆柱体，浮标的质量为 1000 kg。系泊系统由钢管、钢桶、重物球、电焊锚链和特制的抗拖移锚组成。锚的质量为 600 kg，锚链选用无档普通链环，近浅海观测网的常用长度是 105 mm、单位长度质量是 7 kg/m 的 Ⅱ 型锚链。钢管共 4 节，每节长度为 1 m，直径为 50 mm，每节钢管的质量为 10 kg。要求锚链末端与锚的链接处的切线方向与海床的夹角不超过 16°，否则锚链会被拖行，致使节点移位丢失。水声通信系统安装在一个长为 1 m、外径为 30 cm 的密封圆柱形钢桶内，设备和钢桶的总质量为 100 kg。钢桶上接第 4 节钢管，下接电焊锚链。钢桶竖直时，水声通信设备的工作效果最佳。若钢桶倾斜，则影响设备的工作效果。钢桶的倾斜角度(钢桶与竖直线的夹角)超过 5°时，设备的工作效果较差。为了控制钢桶的倾斜角度，钢桶与电焊锚链链接处可悬挂重物球。

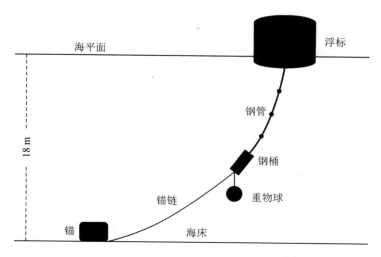

图 3.1.2　传输节点示意图(仅为结构模块示意图,未考虑尺寸比例)

系泊系统的设计问题就是确定锚链的型号、长度和重物球的质量,使得浮标的吃水深度和游动区域及钢桶的倾斜角度尽可能小。

赛题设置了不同条件下系泊系统的参数设计问题,不管是哪一种情况,参数设计问题都可以用以下三种方法来解决。

方法 1:将锚链、钢桶、钢管都简化为柔软的绳索,利用悬挂重物的 3 段悬链线来解决。

方法 2:将下部的锚链简化为悬链线,上面的钢桶和钢管分别作为刚体来处理。由力和力矩的平衡条件建立模型。

方法 3:将锚链、钢桶和钢管都看作刚体,由力和力矩的平衡条件给出递推模型,求解后得到结果。

方法 1 和方法 2 都需要将锚链简化为悬链线。下面介绍悬链线的推导过程。

悬链线最简单的情形就是绳子两端固定后自然下垂的情况。现从这种情况出发,建立坐标系,寻求各变量之间的关系,建立相应的微分方程,推导悬链线解析表达式。为了方便,以最低点为坐标原点建立直角坐标系(见图 3.1.3),其中 H 是最低点的水平拉力大小,$P(x,y)$ 是悬链线上的一点,θ 是该点切线与 x 轴的夹角,ω 是悬链线的密度。

设悬链线的方程是 $y=y(x)$,则 OP 段在力 T 和 H 的作用下处于平衡状态,因而得到力的平衡方程 $T\cos\theta=H$ 和 $T\sin\theta=W$,故

$$\tan\theta=\frac{W}{H}$$

另一方面,$\tan\theta=\dfrac{\mathrm{d}y}{\mathrm{d}x}$,悬链线的重量 $W=\omega\int_0^x\sqrt{1+y'(x)^2}\,\mathrm{d}x$。求导后得到

$$\frac{\mathrm{d}^2y}{\mathrm{d}x^2}=\frac{\omega}{H}\sqrt{1+y'(x)^2},\quad y(0)=0,\quad y'(0)=0 \tag{3.1.2}$$

求解此微分方程的初值问题,得到悬链线方程为

$$y=a\left(\cosh\left(\frac{x}{a}\right)-1\right)$$

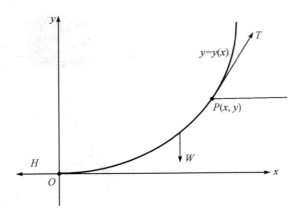

图 3.1.3　以悬链线的最低点为坐标原点建立坐标系

其中，$a = \dfrac{H}{\omega}$，当 H 和 ω 已知时，$y = a\left(\cosh\left(\dfrac{x}{a}\right) - 1\right)$ 就是一个确定的函数。

也可以用微元法来推导悬链线的方程，通过对悬链线上点 $P(x, y)$ 和 $P(x+\mathrm{d}x, y+\mathrm{d}y)$ 之间弧的受力情况建立微分方程（见图 3.1.4），从而求得悬链线方程。

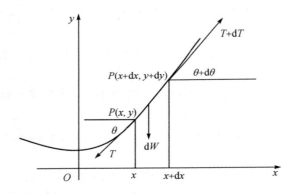

图 3.1.4　微元法求悬链线方程示意图

考虑点 $P(x, y)$ 和 $P(x+\mathrm{d}x, y+\mathrm{d}y)$ 之间的弧，根据水平和竖直两个方向上力的平衡条件，可得

$$(T + \mathrm{d}T)\cos(\theta + \mathrm{d}\theta) = T\cos\theta$$
$$(T + \mathrm{d}T)\sin(\theta + \mathrm{d}\theta) = T\sin\theta + \mathrm{d}W$$

把 $\cos(\theta + \mathrm{d}\theta)$、$\sin(\theta + \mathrm{d}\theta)$ 在 θ 泰勒展开，即

$$\cos(\theta + \mathrm{d}\theta) = \cos\theta - \sin\theta\,\mathrm{d}\theta + \cdots$$
$$\sin(\theta + \mathrm{d}\theta) = \sin\theta + \cos\theta\,\mathrm{d}\theta + \cdots$$

忽略微元的高阶项后，得到

$$\cos\theta\,\mathrm{d}T - T\sin\theta\,\mathrm{d}\theta = \mathrm{d}(T\cos\theta) = 0$$
$$\sin\theta\,\mathrm{d}T + T\cos\theta\,\mathrm{d}\theta = \omega(x)\sqrt{1 + y'(x)^2}\,\mathrm{d}x$$

再利用 $\mathrm{d}W = \omega(x)\,\mathrm{d}x = \rho(x)\sqrt{1 + y'(x)^2}\,\mathrm{d}x$，$T\cos\theta = H$，$y' = \tan\theta$ 及 $\dfrac{\mathrm{d}^2 y}{\mathrm{d}x^2} = \sec^2\theta\,\dfrac{\mathrm{d}\theta}{\mathrm{d}x}$，得到

$$T\cos\theta(1+\tan^2\theta)\mathrm{d}\theta = \omega(x)\sqrt{1+y'(x)}\,\mathrm{d}x$$

$$\frac{\mathrm{d}^2 y}{\mathrm{d}x^2} = \frac{\omega(x)}{H}\sqrt{1+\left(\frac{\mathrm{d}y}{\mathrm{d}x}\right)^2}$$

因而悬链线满足的微分方程和定解条件如下：

$$\frac{\mathrm{d}^2 y}{\mathrm{d}x^2} = \frac{\omega(x)}{H}\sqrt{1+\left(\frac{\mathrm{d}y}{\mathrm{d}x}\right)^2},\ y(x_0)=y_0,\ y'(x_0)=\tan\theta_0 \tag{3.1.3}$$

其中，$\omega(x)$ 是悬链线的密度函数，(x_0,y_0) 是悬链线上的一点，θ_0 是 (x_0,y_0) 点处的切线与 x 轴的夹角。当 $\omega(x)$ 是 x 的函数时，可以通过数值的方法求解；当 $\omega(x)$ 为常数 ω 时，可以得到该初值问题的解为

$$y = a\cosh\left(\frac{x-x_0}{a}+\ln\left(\frac{1+\sin\theta_0}{\cos\theta_0}\right)\right)+y_0-\frac{a}{\cos\theta_0},\ a=\frac{H}{\omega} \tag{3.1.4}$$

显然，从式(3.1.3)得到的式(3.1.4)可以用来描述密度不均匀的悬链线的形状，它不要求最低点与 x 轴相切。

对悬挂重物的悬链线，可以从悬挂点将悬链线分为两部分，分别应用式(3.1.4)获得其方程。

6. 其他一些经典的微分方程模型

在一些领域里，譬如人口预测、疾病传染、药品疗效等，人们已经建立了经典的微分方程模型，熟悉这些模型对建模是十分有益的；对与之类似的问题，可以修改或直接套用经典的模型以解决所面临的问题，3.2 节将详细介绍经典的微分方程模型。

3.2　经典的微分方程模型

3.2.1　人口模型

人口增长问题是当今世界上最受关注的问题之一。由于资源的有限性，当今世界各国都在有计划地控制人口的增长，然而影响人口增长的因素很多，如人口的自然出生率、人口的自然死亡率、人口的迁移、自然灾害、战争等，为了预测人口数，必须建立相应的人口预测模型。针对不同的条件，常用的人口预测模型有马尔萨斯模型、Logistic 模型。

1. 马尔萨斯模型

英国人口统计学家马尔萨斯(1766—1834 年)在担任牧师期间，查看了教堂 100 多年人口出生统计资料，发现人口增长率是一个常数，他于 1789 年在《人口原理》一书中提出了闻名于世的马尔萨斯人口模型。

该模型的基本假设是：在人口自然增长过程中，净相对增长（出生率与死亡率之差）是常数，即单位时间内人口的增长量与人口成正比。设比例系数为 r，在此假设下，推导并求解人口随时间变化的数学模型。

若设时刻 t 的人口为 $N(t)$，因人口总数很大，可近似地把 $N(t)$ 当作连续、可微函数处理（此乃离散变量连续化处理），根据马尔萨斯的假设，在 t 到 $t+\Delta t$ 时间段内，人口的增长量为

$$N(t+\Delta t)-N(t)=rN(t)\Delta t$$

假设 $t=t_0$ 时刻的人口为 N_0，于是

$$\begin{cases} \dfrac{\mathrm{d}N}{\mathrm{d}t}=rN \\ N(t_0)=N_0 \end{cases}$$

这就是马尔萨斯人口模型，用分离变量法易求出其解为

$$N(t)=N_0 e^{r(t-t_0)}$$

此式表明人口以指数规律随时间无限增长。

模型检验：据估计，1961 年地球上的人口总数为 3.06×10^9，而在以后 7 年中，人口总数以每年 2% 的速度增长，这样 $t_0=1961$，$N_0=3.06\times10^9$，$r=0.02$，于是

$$N(t)=3.06\times10^9 e^{0.02(t-1961)}$$

这个公式比较准确地反映了在 1700—1961 年间世界人口总数，具体的计算结果见表 3.2.1。

表 3.2.1　美国人口的实际值和计算值　　　　　　　　单位：百万

年	1790	1800	1810	1820	1830	1840	1850	1860	1870	1880	1890
实际人口	3.9	5.3	7.2	9.6	12.9	17.1	23.2	31.4	38.6	50.2	62.9
计算人口	6.0	7.4	9.1	11.1	13.6	16.60	20.30	24.90	30.5	37.3	45.7
年	1900	1910	1920	1930	1940	1950	1960	1970	1980	1990	2000
实际人口	76.0	92.0	106.5	123.2	131.7	150.7	179.3	204.0	226.5	251.4	281.4
计算人口	55.9	68.4	83.7	102.5	125.5	153.6	188.0	230.1	281.7	344.8	422.1

在模型的使用过程中必须注意下面几点：

（1）当 $r>0$ 时，人口将随着时间的增加无限增长，这显然与实际情况是违背的，因为一个环境的资源不可能容纳无限增长的人口，从生态环境的角度分析也可以看出其中的不合理性。当模型的基本假设"人口增长率是常数"大致成立的时候，模型能较好地和实际情况吻合，因此用它作短期人口预测还是可行的。

（2）对于模型中常数增长率 r 的估计可以使用拟合或者参数估计的方法得到。

（3）在实际情况下，可以使用离散的近似表达式 $N(t)=N_0(1+r)^t$ 作为人口的预测表达式。

（4）从实际的人口检验情况看，指数增长模型对于时间间隔比较短并且背景情况改变不大的情况较为适用，对于长时间的人口数模型则不适用。

2. Logistic 模型（阻止增长模型）

马尔萨斯模型的主要缺陷是没有考虑到随着人口的增加，自然资源环境条件等因素对人口增长的限制作用越来越显著。如果人口较少时人口的自然增长率可以看作常数，那么当人口增加到一定数量以后，这个增长率就要随着人口的增加而减小。因此，应该对马尔萨斯模型中关于净增长率为常数的假设进行修改。

1838 年，荷兰生物数学家韦尔侯斯特（Verhulst）引入常数 N_m，用来表示自然环境条件所能容许的最大人口数，并假设增长率等于 $r\left(1-\dfrac{N(t)}{N_m}\right)$，即净增长率随着 $N(t)$ 的增加而减小，当 $N(t)\to N_m$ 时，净增长率趋于零。按此假定即建立了人口预测模型。

由韦尔侯斯特假定，马尔萨斯模型应改为

$$\begin{cases} \dfrac{\mathrm{d}N}{\mathrm{d}t} = r\left(1 - \dfrac{N}{N_0}\right)N \\[2mm] N(t_0) = N_0 \end{cases}$$

上式就是 Logistic 模型，对该方程分离变量求解，其解为

$$N(t) = \frac{N_{\mathrm{m}}}{1 + \left(\dfrac{N_{\mathrm{m}}}{N_0} - 1\right)\mathrm{e}^{-r(t-t_0)}}$$

下面，对模型作简要分析：

（1）一般说来，一个国家工业化程度越高，其生活空间就越大，食物就越多，从而 N_{m} 就越大。

（2）当 $t \to \infty$ 时，$N(t) \to N_{\mathrm{m}}$，即无论人口的初值如何，人口总数趋向于极限值 N_{m}。

（3）当 $0 < N < N_{\mathrm{m}}$ 时，$\dfrac{\mathrm{d}N}{\mathrm{d}t} = r\left(1 - \dfrac{N}{N_{\mathrm{m}}}\right)N > 0$，这说明 $N(t)$ 是时间 t 的单调递增函数。

（4）由于 $\dfrac{\mathrm{d}^2 N}{\mathrm{d}t^2} = r^2\left(1 - \dfrac{N}{N_{\mathrm{m}}}\right)\left(1 - \dfrac{2N}{N_{\mathrm{m}}}\right)N$，所以当 $N < \dfrac{N_{\mathrm{m}}}{2}$ 时，$\dfrac{\mathrm{d}^2 N}{\mathrm{d}t^2} > 0$，$\dfrac{\mathrm{d}N}{\mathrm{d}t}$ 单调增；当 $N > \dfrac{N_{\mathrm{m}}}{2}$ 时，$\dfrac{\mathrm{d}^2 N}{\mathrm{d}t^2} < 0$，$\dfrac{\mathrm{d}N}{\mathrm{d}t}$ 单调减，即人口增长率 $\dfrac{\mathrm{d}N}{\mathrm{d}t}$ 由增变减，在 $\dfrac{N_{\mathrm{m}}}{2}$ 处最大，也就是说，在人口总数达到极限值一半以前是加速生长期，过了这一点后，生长的速率逐渐变小，并且迟早会达到零，此时是减速生长期。

（5）用该模型检验美国从 1790 年到 1950 年的人口数，发现模型计算的结果与实际人口数在 1930 年以前都非常吻合，自 1930 年以后，误差愈来愈大，一个明显的原因是在 20 世纪 60 年代美国的实际人口数已经突破了 20 世纪初所设的极限。由此可见，该模型的缺点之一是 N_{m} 不易确定；事实上，随着一个国家经济的腾飞，它所拥有的食物就越丰富，N_{m} 的值也就越大。

（6）用 Logistic 模型来预测世界未来人口总数。某生物学家估计，$r = 0.029$，又当人口总数为 3.06×10^9 时，人口每年以 2% 的速率增长，由 Logistic 模型得

$$\frac{1}{N}\frac{\mathrm{d}N}{\mathrm{d}t} = r\left(1 - \frac{N}{N_{\mathrm{m}}}\right)$$

即

$$0.02 = 0.029\left(1 - \frac{3.06 \times 10^9}{N_{\mathrm{m}}}\right)$$

从而得

$$N_{\mathrm{m}} = 9.86 \times 10^9$$

即世界人口总数极限值接近 100 亿人。

值得说明的是：人也是一种生物，因此，上面关于人口模型的讨论，原则上也可以用于自然环境下生存着的其他生物，如森林中的树木、池塘中的鱼等，Logistic 模型在这些方面有着广泛的应用。

用 Logistic 模型来描述种群增长规律的效果究竟如何呢？这应当用事实来验证。1945 年克朗皮克（Crombic）做了一个人工饲养小谷虫的实验，数学家、生物学家高斯（E. F. Gauss）也做了一个原生物草履虫实验，实验结果都和 Logistic 曲线十分吻合。大量实验资

料表明，用 Logistic 模型来描述种群的增长，效果还是相当不错的。

总结上述两个模型，可以得出如下结论：作为短期预测，马尔萨斯模型和 Logistic 模型不相上下，但用马尔萨斯模型要简单得多。作为中长期预测，Logistic 模型显然要比马尔萨斯模型更为合理。

3. Leslie 模型

上面考虑的人口模型没有考虑种群的年龄结构，种群的数量主要由总量的固有增长率决定，但不同年龄的人的出生率和死亡率有着明显的不同。20 世纪 40 年代，Leslie 建立了按年龄分组的种群增长模型。这是一个具有年龄结构的人口离散模型。

由于人口数量的变化取决于诸多因素，如女性生育率、死亡率、性别比、人口基数等。为了建立离散化的人口模型，需要一些必要的假设：

(1) 以年为时间单位记录人口数量，年龄取周岁，设这一地区最大年龄为 m 岁。

(2) 记第 t 年为 i 岁的人口数量(种群数量)为 $x_i(t)$ ($i=1, 2, \cdots, m$; $t=0, 1, 2, \cdots$)。

(3) 记 $d_i(t) = \dfrac{x_i(t) - x_{i+1}(t)}{x_i(t)}$ ($i=1, 2, \cdots, m-1$; $t=0, 1, 2, \cdots$)是第 t 年为 i 岁的人口平均死亡率，也就是这一年中年龄为 i 岁的人口中死亡数与基数的比。

(4) 记 $b_i(t)$ 是第 t 年中年龄为 i 岁的女性的生育率，记 $k_i(t)$ 是第 t 年中年龄为 i 岁的人口中女性的比例，记 $[i_1, i_2]$ 是女性生育区间，由此可得第 t 年出生的人数为

$$f(t) = \sum_{i=i_1}^{i_2} b_i(t) k_i(t) x_i(t)$$

(5) 记 $d_{00}(t)$ 是第 t 年婴儿的死亡率，则 $x_0(t) = (1 - d_{00}(t)) f(t)$。

(6) 记 $h_i(t)$ 是 i 岁女性总生育率，定义为

$$h_i(t) = \frac{b_i(t)}{\displaystyle\sum_{i=i_1}^{i_2} b_i(t)} \triangleq \frac{b_i(t)}{\beta(t)}$$

即　　　　　　　　　　　　$b_i(t) = \beta(t) h_i(t)$

如果假定 t 年后女性生育率保持不变，则

$$\beta(t) = b_i(t) + b_{i_1+1}(t) + \cdots + b_{i_2}(t)$$
$$= b_{i_1}(t) + b_{i_1+1}(t+1) + \cdots + b_{i_2}(t+i_2-i_1)$$

可见 $\beta(t)$ 表示每位妇女一生中平均生育的婴儿数，称为总和生育率，它是反映人口变化的基本因素。

根据上面的假设，可得

$$x_1(t+1) = (1 - d_0(t)) x_0(t) = (1 - d_0(t))(1 - d_{00}(t)) f(t)$$

$$= (1 - d_0(t))(1 - d_{00}(t)) \sum_{i=i_1}^{i_2} b_i(t) k_i(t) x_i(t)$$

$$= (1 - d_0(t))(1 - d_{00}(t)) \beta(t) \sum_{i=i_1}^{i_2} h_i(t) k_i(t) x_i(t)$$

$$= \beta(t) \sum_{i=i_1}^{i_2} c_i(t) x_i(t)$$

其中，

$$c_i(t) = (1 - d_0(t))(1 - d_{00}(t))h_i(t)k_i(t)$$

$$x_2(t+1) = (1 - d_1(t))x_1(t)$$

$$\cdots$$

$$x_m(t+1) = (1 - d_{m-1}(t))x_{m-1}(t)$$

为了全面反映一个时期内人口数量的状况，令

$$\boldsymbol{x}(t) = [x_1(t), \quad x_2(t), \quad \cdots, \quad x_m(t)]'$$

$$\boldsymbol{A}(t) = \begin{bmatrix} 0 & 0 & 0 & \cdots & 0 & 0 \\ 1 - d_1(t) & 0 & 0 & \cdots & 0 & 0 \\ 0 & 1 - d_2(t) & 0 & \cdots & 0 & 0 \\ \vdots & \vdots & \vdots & \vdots & \vdots & \vdots \\ 0 & 0 & 0 & \cdots & 1 - d_m(t) & 0 \end{bmatrix}_{m \times n}$$

$$\boldsymbol{B}(t) = \begin{bmatrix} 0 & 0 & b_{i_1}(t) & \cdots & b_{i_2}(t) & \cdots & 0 \\ 0 & 0 & 0 & \cdots & 0 & \cdots & 0 \\ 0 & 0 & 0 & \cdots & 0 & \cdots & 0 \\ 0 & 0 & 0 & \cdots & 0 & \cdots & 0 \\ 0 & 0 & 0 & \cdots & 0 & \cdots & 0 \end{bmatrix}_{m \times n}$$

则向量 $\boldsymbol{x}(t)$ 满足方程

$$\boldsymbol{x}(t+1) = \boldsymbol{A}(t)\boldsymbol{x}(t) + \beta(t)\boldsymbol{B}(t)\boldsymbol{x}(t)$$

即

$$\boldsymbol{x}(t+1) = (\boldsymbol{A}(t) + \beta(t)\boldsymbol{B}(t))\boldsymbol{x}(t)$$

人们往往称上述离散型的人口模型是一阶人口差分方程模型，其中 $\beta(t)$ 称为控制变量，$\boldsymbol{x}(t)$ 称为状态变量，差分方程关于 $\beta(t)$ 和 $\boldsymbol{x}(t)$ 都是线性的。

在稳定的社会环境下，死亡率、生育模式、女性比例、婴儿存活率可假定不变，故 $\boldsymbol{A}(t) = \boldsymbol{A}$，$\boldsymbol{B}(t) = \boldsymbol{B}$ 是常数矩阵，从而 $\boldsymbol{x}(t+1) = (\boldsymbol{A} + \beta(t)\boldsymbol{B})\boldsymbol{x}(t)$，只要总和生育率 $\beta(t)$ 确定下来，人口的变化规律就可以确定下来。如果引入人口总数、人口平均年龄和平均寿命等指标，求出 $x(t)$ 的变化规律，就能对上述指标进行具体分析，从而对人口的分布状况、总体特征和变化趋势等有科学的认识和把握。

3.2.2 传染病模型

即使卫生设施再改善，医疗水平再提高，在世界的某些地区，传染病流行的情况仍然时常发生，尤其是近年来发生的传染病，如新冠肺炎(COVID-19)、非典型性肺炎(SRAS)、高致病性禽流感 H5N1、甲型 H1N1 流感、埃博拉病毒等，均对生命健康和社会生活造成了很大的影响。如何缓解传染病的流行是当前社会急需要解决的问题。长期以来，数学工作者按照传染病的一般传播机制，采用数学手段研究传染病，建立传染病模型来描述传染病的传播过程，分析得病人数的变化规律，预测流行趋势等。人们把传染病传播模型分为

单一群体模型、复合群体模型和微观个体模型三类。单一群体模型从宏观角度建模，关注整个人群状态的变化；复合群体模型将人群分为多个子群体，子群体之间因人口流动而造成空间异质性的跨地区传播问题；微观个体模型的出发点是个体状态和行为，所有个体形成接触网络。这三类模型各有特点，分别具有各自的使用领域，本小节主要介绍经典的单一群体模型和复合群体模型。

基于以下事实建立最基础的传染病模型：当某种传染病流传时，波及的总人数大体上保持为一个常数，即两次流行病（同种疾病）波及的人数不会相差太大，如何解释这一现象呢？下面试用建模方法来加以说明。

1. 模型1　最基础的传染病模型

设某地区共有 N 人，最初时刻共有 I_0 人得病，t 时刻已感染（infective）的人数为 $I(t)$，假定每一个已感染者在单位时间内将疾病传播给 λ 个人（λ 在医学上被称为该疾病在该地区的传染强度），且设此疾病既不导致死亡，也不会康复（注：疾病流传初期的一段较短时间内的情况大体如此）。考察 t 到 $t+\Delta t$ 这段时间内病人人数的增加量为

$$I(t+\Delta t)-I(t)=\lambda I(t)\Delta t$$

假定 t 时刻已感染的病人人数 $I(t)$ 是连续、可导的，则上式两边同时除以 Δt，可得到

$$\begin{cases}\dfrac{dI(t)}{dt}=\lambda I(t)\\ I(0)=I_0\end{cases}$$

故可得

$$I(t)=I_0 e^{\lambda t} \tag{3.2.1}$$

式（3.2.1）表明，随着 t 的增加，病人人数 $I(t)$ 无限增长，这显然是不符合实际的。模型1是一个最基础的传染病模型，它大体上反映了传染病流行初期的病人增长情况，在医学上有一定的参考价值；但随着时间的推移，它将越来越偏离实际情况，在病人有效接触的人群中，只有健康的人才可能被传染为病人，因此模型1没有区分健康人和病人，比较粗糙。另一方面，人群的总数总是有限的，随着病人人数的增加，健康人数在逐渐减少，因此病人人数不会无限增加。

基于以上分析，现考虑区分健康人和病人，并在一些必要的假设下建立传染病模型2。

2. 模型2(SI模型)　不考虑病人治愈的传染病模型

模型假设：（1）在疾病传播期内所考察地区的总人数 N 不变，既不考虑生死，也不考虑迁移。

（2）人群分为易感染者和已感染者两类，以下简称健康者和病人。并记时刻 t 这两类人在总人数中所占的比例分别为 $s(t)$ 和 $i(t)$。

（3）每个病人每天有效接触的平均人数是常数 λ，λ 称为日接触率。当病人与健康者有效接触时，会使健康者受感染变为病人。

根据上述假设，每个病人每天可使 $\lambda s(t)$ 个健康者变为病人。因为病人人数为 $Ni(t)$，所以每天共有 $\lambda N s(t)i(t)$ 个健康者被感染。于是 $\lambda N s(t)i(t)$ 就是病人人数 $Ni(t)$ 的增加率，即有

$$N\frac{di}{dt}=\lambda N s(t)i(t) \tag{3.2.2}$$

又因为 $s(t)+i(t)=1$，再记初始时刻（$t=0$）病人的比例为 i_0，则

$$\frac{\mathrm{d}i}{\mathrm{d}t}=\lambda i(t)[1-i(t)],\ i(0)=i_0 \tag{3.2.3}$$

方程（3.2.3）是 Logistic 模型，它的解为

$$i(t)=\frac{1}{1+\left(\dfrac{1}{i_0}-1\right)\mathrm{e}^{-\lambda t}} \tag{3.2.4}$$

方程（3.2.4）和方程（3.2.3）的图形见图 3.2.1 和图 3.2.2。

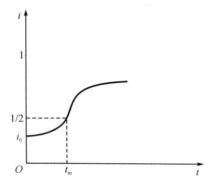

图 3.2.1　方程（3.2.4）的图形　　　　　　　图 3.2.2　方程（3.2.3）的图形

由式（3.2.4）和式（3.2.3）、图 3.2.1 和图 3.2.2 可知：

① 当 $i=\dfrac{1}{2}$ 时，$\dfrac{\mathrm{d}i}{\mathrm{d}t}$ 达到最大值 $\left(\dfrac{\mathrm{d}i}{\mathrm{d}t}\right)_{\mathrm{m}}$，该时刻 $t_{\mathrm{m}}=\lambda^{-1}\ln\left(\dfrac{1}{i_0}-1\right)$。此时病人增加得最快，预示着传染病高峰的到来，此值与传染病的实际高峰期非常接近，可用作医学上的预报公式。解读 $t_{\mathrm{m}}=\lambda^{-1}\ln\left(\dfrac{1}{i_0}-1\right)$ 可以发现，t_{m} 与 λ 成反比，意味着提高传染病地区的医疗卫生水平可以推迟传染病高峰的到来。

② 当 $t\to\infty$ 时，$i\to1$，即所有人终将被传染，全变为病人，这显然不符合实际情况。其原因是模型中没有考虑到病人可以治愈的情况，人群中的健康者只能变成病人，病人不会再变成健康者。

为了解决模型 2 的不足之处，再次修改假设条件，建立新的数学模型。

注　若以大写的 $S(t)$ 和 $I(t)$ 分别表示易感染者和已感染者的人数，此时只需修改式（3.2.2）、式（3.2.3）、式（3.2.4）就可得到相应的传染病模型。

3. 模型 3（SIS 模型）　病人可以治愈但无免疫力的传染病模型

模型 3 的前三个假设与模型 2 的假设相同，现增加一条假设：

（4）每天被治愈的病人数占病人总数的比例为常数 μ，称为日治愈率。病人治愈后成为仍可被感染的健康者，显然 $1/\mu$ 是这种传染病的平均传染期。

由于假设（4）的存在，模型 2 中的式（3.2.2）修改为

$$N\frac{\mathrm{d}i}{\mathrm{d}t}=\lambda Ns(t)i(t)-\mu Ni(t) \tag{3.2.5}$$

由于 $s(t)+i(t)=1$，所以式（3.2.5）化为

$$\frac{\mathrm{d}i}{\mathrm{d}t} = \lambda i(t)[1 - i(t)] - \mu i(t), \quad i(0) = i_0 \qquad (3.2.6)$$

方程(3.2.6)的解为

$$i(t) = \begin{cases} \left[\dfrac{\lambda}{\lambda - \mu} + \left(\dfrac{1}{i_0} - \dfrac{\lambda}{\lambda - \mu}\right)\mathrm{e}^{-(\lambda - \mu)t}\right]^{-1} & \lambda \neq \mu \\[4mm] \left(\lambda t + \dfrac{1}{i_0}\right)^{-1} & \lambda = \mu \end{cases} \qquad (3.2.7)$$

若引入参数 $\sigma = \dfrac{\lambda}{\mu}$，由 λ 和 $\dfrac{1}{\mu}$ 的含义可知 σ 是整个传染期内每个病人有效接触的平均人数，称为接触数。利用接触数 σ，方程(3.2.6)可以改写为

$$\frac{\mathrm{d}i}{\mathrm{d}t} = -\lambda i(t)\left(i(t) - \left(1 - \frac{1}{\sigma}\right)\right) \qquad (3.2.8)$$

为了直观地给出解的一些说明，根据式(3.2.7)画出已感染者比例 i 和时间 t 的关系图，以及 $\dfrac{\mathrm{d}i}{\mathrm{d}t}$ 和 i 的图像，见图 3.2.3 和图 3.2.4。

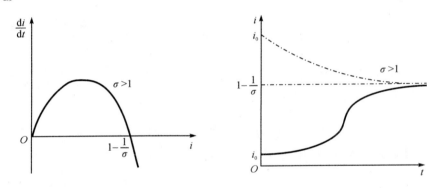

图 3.2.3　$\sigma > 1$ 时 $\dfrac{\mathrm{d}i}{\mathrm{d}t}$ 和 i 以及 i 和 t 的关系

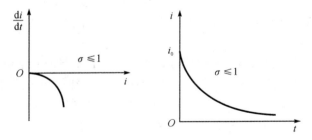

图 3.2.4　$\sigma \leqslant 1$ 时 $\dfrac{\mathrm{d}i}{\mathrm{d}t}$ 和 i 以及 i 和 t 的关系

由图 3.2.3 和图 3.2.4 不难看出，接触数 $\sigma = 1$ 是一个阈值。当 $\sigma > 1$ 时，$i(t)$ 的增减性取决于 i_0 的大小，但其极限值 $i(\infty) = 1 - \dfrac{1}{\sigma}$ 随着 σ 的增加而增加；当 $\sigma \leqslant 1$ 时，病人比例 $i(t)$ 越来越小，最终趋于零，这是由于传染期内健康者变成病人的人数不超过原来病人人数的缘故。

大多数传染病如天花、流感、肝炎、麻疹等治愈后均有很强的免疫力，所以病愈的人既非健康者（易感染者），也非病人（已感染者），他们已经退出传染系统，这种情况有别于前三个模型所讨论的情况，这就是第四类传染病模型 SIR 模型。

4. 模型 4(SIR 模型)　病人治愈后有免疫力的模型

模型假设：（1）在疾病传播期内所考察地区的总人数 N 不变，既不考虑生死，也不考虑迁移。

（2）人群划分为三类，即易感染者、已感染者和已恢复者（recovered），分别记 t 时刻的三类人数为 $S(t)$、$I(t)$ 和 $R(t)$。

（3）病人的日接触率为常数 λ，日治愈率为常数 μ，传染期接触数为 $\sigma=\lambda/\mu$。

根据假设（1），有

$$S(t)+I(t)+R(t)=N \tag{3.2.9}$$

由假设（2）知

$$\frac{\mathrm{d}I}{\mathrm{d}t}=\lambda S(t)I(t)-\mu I(t) \tag{3.2.10}$$

成立，对于病愈免疫的移出者而言，应有

$$\frac{\mathrm{d}R}{\mathrm{d}t}=\mu I(t) \tag{3.2.11}$$

再记初始时刻的健康者和病人的比例分别是 $S_0(S_0>0)$ 和 $I_0(I_0>0)$，且不妨假设移出者的初始值 $R_0=0$，根据式（3.2.9）～式（3.2.11），可得

$$\begin{cases} \dfrac{\mathrm{d}I(t)}{\mathrm{d}t}=\lambda S(t)I(t)-\mu I(t) \\ \dfrac{\mathrm{d}R(t)}{\mathrm{d}t}=\mu I(t) \\ S(t)+I(t)+R(t)=N \\ I(0)=I_0,\ R(0)=0 \end{cases} \tag{3.2.12}$$

式（3.2.12）可按如下方式求解：

$$\frac{\mathrm{d}S}{\mathrm{d}t}=-\lambda SI=-\frac{\lambda}{\mu}S\frac{\mathrm{d}R}{\mathrm{d}t}\quad (最后一式可由式（3.2.11）得出)$$

解得

$$S(t)=S_0\mathrm{e}^{-\frac{\lambda}{\mu}R(t)}$$

记 $\sigma=\dfrac{\lambda}{\mu}$，则 $S(t)=S_0\mathrm{e}^{-\sigma R(t)}$。

又因为

$$\frac{\mathrm{d}I}{\mathrm{d}t}=-\frac{\mathrm{d}S}{\mathrm{d}t}-\mu I=-\frac{\mathrm{d}S}{\mathrm{d}t}+\frac{1}{\sigma S}\frac{\mathrm{d}S}{\mathrm{d}t}$$

积分得

$$I(t)=I_0+S_0-S(t)+\frac{1}{\sigma}\ln\frac{S(t)}{S_0} \tag{3.2.13}$$

从而解得

$$
\begin{cases}
I(t) = I_0 + S_0 - S(t) + \dfrac{1}{\sigma} \ln \dfrac{S(t)}{S_0} \\
S(t) = S_0 \mathrm{e}^{-\sigma R(t)} \\
R(t) = N - I(t) - S(t)
\end{cases}
$$

不难验证，当 $t \rightarrow +\infty$ 时，$R(t)$ 趋向于一个常数。

为揭示产生上述现象的原因，将方程组(3.2.12)中的第一式改写成

$$
\frac{\mathrm{d}I}{\mathrm{d}t} = \lambda I (S - \rho)
$$

其中，$\dfrac{1}{\sigma} = \dfrac{\mu}{\lambda}$ 通常是一个与疾病种类有关的较大的常数。容易看出，如果 $S \leqslant \dfrac{\mu}{\lambda}$，则有 $\dfrac{\mathrm{d}I}{\mathrm{d}t} <$ 0，此疾病在该地区根本流行不起来；若 $S > \dfrac{\mu}{\lambda}$，则开始时 $\dfrac{\mathrm{d}I}{\mathrm{d}t} > 0$，$I(t)$ 单增。但 $I(t)$ 在增加的同时，伴随地有 $S(t)$ 单减。当 $S(t)$ 减少到小于等于 $\dfrac{\mu}{\lambda}$ 时，$\dfrac{\mathrm{d}I}{\mathrm{d}t} \leqslant 0$，$N(t)$ 开始减小，直至此疾病在该地区消失。鉴于 $\dfrac{\mu}{\lambda}$ 在本模型中的作用，它被医生们称为此疾病在该区的阈值，$\dfrac{\mu}{\lambda}$ 的引入解释了为什么此疾病没有波及到该地区所有人的原因。

综上所述，模型 4 指出了传染病的以下特征：

(1) 当人群中有人得了某种传染病时，此疾病并不一定流传，仅当易受感染的人数超过阈值 $\dfrac{\mu}{\lambda}$ 时，疾病才会流传起来。

(2) 疾病并非因缺少易感染者而停止传播，而是因为缺少传播者才停止传播的(否则将导致所有人得病)。

(3) 种群不可能因为某种传染病而灭绝。

如果考虑到传染病有潜伏期，在三类人群中增加一类，感染而未发病者，可在 SIR 模型基础上得到更复杂的 SEIR 模型。如果考虑种群动力学、疫苗接种、隔离以及密度制约、年龄结构等更为复杂的因素，模型的参数和复杂程度也会大大增加，具体分析可参考相关文献。

3.3　微分方程的数值解法

通常求微分方程的解析解是非常困难的，大多数的微分方程需要用数值方法求解，本节介绍常见的微分方程的数值解法。

3.3.1　常微分方程的数值解法

设有初值问题的常微分方程为

$$
\begin{cases}
\dfrac{\mathrm{d}y}{\mathrm{d}x} = f(x, y) \\
y(x_0) = y_0
\end{cases}
\tag{3.3.1}
$$

数值求解的基本思想是针对上述初值问题的解 $y = y(x)$，求在一系列等距节点 $x_0 <$

$x_1 < \cdots < x_n$ 处的近似值 y_0, y_1, $\cdots$, y_n, 其中相邻两个节点间的距离 $h = x_{i+1} - x_i$ 称为步长, 即节点 $x_i = x_0 + kh (i = 0, 1, 2, \cdots, n)$。

1. 欧拉法

欧拉(Euler)法是用折线近似代替曲线, 具体而言, 就是在 $x_{i+1} - x_i = h (i = 0, 1, \cdots, n-1)$ 时, 用离散化的方法求解微分方程(3.3.1), 用差商代替一阶导数, 当步长 h 较小时有

$$y'(x) \approx \frac{y(x+h) - y(x)}{h}$$

因此有迭代公式

$$\begin{cases} y_0 = y(x_0) \\ y_{i+1} = y_i + hf(x_i, y_i) \quad i = 0, 1, \cdots, n-1 \end{cases} \tag{3.3.2}$$

其中, $x_n = x_0 + nh$。

欧拉法是初值问题数值解中最简单的一种方法, 但它的精度不高, 当步数增多时, 由于误差的积累, 用欧拉法作出的折线可能会越来越偏离曲线 $y = y(x)$; 当 $y_n = y(x_n)$ 时, 由 $y(x_n)$ 按照欧拉法计算得到的 y_{n+1} 的误差称为局部截断误差, 即 $y(x_{n+1}) - [y_n + hf(x_n, y_n)]$ 是局部截断误差。由于此局部截断误差是 $O(h^2)$, 因而有各种修正和改进的迭代公式来减小局部截断误差, 比如后退欧拉公式:

$$\begin{cases} y_0 = y(x_0) \\ y_{n+1} = y_n + hf(x_{n+1}, y_{n+1}) \end{cases}$$

梯形法:

$$y_{n+1} = y_n + \frac{h}{2}[f(x_n, y_n) + f(x_{n+1}, y_{n+1})]$$

改进的欧拉法:

$$\begin{cases} y_p = y_n + hf(x_n, y_n) \\ y_c = y_n + hf(x_{n+1}, y_p) \\ y_{n+1} = \frac{1}{2}(y_p + y_c) \end{cases}$$

2. 龙格-库塔法

为进一步提高近似的精度, 一个自然的想法是利用 Taylor 展开。设微分方程(3.3.1)的解 $y = y(x)$ 充分光滑, $x_{k+1} = x_k + h$, 利用 Taylor 展开有

$$y(x_{k+1}) = y(x_k) + y'(x_k)h + \cdots + \frac{y^{(p)}(x_k)}{p!}h^p + \frac{y^{(p+1)}(\xi_k)}{(p+1)!}h^{p+1} \quad x_k < \xi_k < x_{k+1}$$

若取

$$y_{k+1} = y_k + y'_k h + \cdots + \frac{1}{p!}y_k^{(p)}h^p \quad 0 \leq k < n$$

局部截断误差为

$$\tau_{k+1} = \frac{y^{(p+1)}_{(\xi_k)}}{(p+1)!}h^{p+1}$$

显然欧拉法是一阶 Taylor 法，二阶 Taylor 法为

$$
\begin{cases}
y_0 = y(x_0) \\
y_{k+1} = y_k + hf(x_k, y_k) + \dfrac{h^2}{2}[f_x(x_k, y_k) + f(x_k, y_k)f_y(x_k, y_k)] \quad k = 0, 1, \cdots, n-1
\end{cases}
$$

$$(3.3.3)$$

这里采用了等步长，$h = x_k - x_{k-1}$，$x_k = x_0 + kh\,(k = 0, 1, \cdots, n)$。

注意，梯形法和改进的欧拉法不需要计算 $f(x, y)$ 的偏导数，且达到二阶收敛。这启示我们，可以用 $f(x, y)$ 在一些点上的值的线性组合来构造高阶单步法，这一类方法称为龙格-库塔法；采用 R 个 $f(x, y)$ 值的龙格-库塔法，称为 R 级龙格-库塔法，一般显式 R 级龙格-库塔法为

$$
y_{k+1} = y_k + hc_1 f(x_k, y_k) + h \sum_{r=2}^{R} c_r k_r
$$

其中，$k_r = f\left(x_k + a_r h, y_k + h\sum_{s=1}^{r-1} b_{rs} k_s\right)(r = 2, 3, \cdots, R)$，$c_1$、$c_r$、$a_r$、$b_{rs}$ 均为独立常数，它们可以按照一定的规则确定，但是方法比较麻烦，这里以二阶龙格-库塔法为例说明，对于三阶、四阶龙格-库塔法直接给出迭代公式。

$$
\begin{aligned}
y_{k+1} &= y_k + h(c_1 k_1 + c_2 k_2) \\
&= y_k + hc_1 f(x_k, y_k) + hc_2 f(x_k + a_2 h, y_k + b_{21} k_1 h)
\end{aligned}
$$

将 k_2 进行二阶 Taylor 展开：

$$
\begin{aligned}
k_2 =\ & f(x_k, y_k) + a_2 h f_x(x_k, y_k) + b_{21} f(x_k, y_k) f_y(x_k, y_k) h + \\
& \frac{h^2}{2!}(a_2^2 f_{xx}(x_k, y_k) + 2a_2 b_{21} f_{xy}(x_k, y_k) f(x_k, y_k) + \\
& b_{21}^2 f_{yy}(x_k, y_k) f^2(x_k, y_k)) + O(h^3) \\
=\ & y_k + (c_1 + c_2)f(x_k, y_k)h + h^2(a_2 c_1 f_x(x_k, y_k) + b_{21} c_2 f(x_k, y_k) f_y(x_k, y_k))
\end{aligned}
$$

与 Taylor 方法(3.3.3)对照有

$$
\begin{cases}
c_1 + c_2 = 1 \\
a_2 c_1 = \dfrac{1}{2} \\
b_{21} c_2 = \dfrac{1}{2}
\end{cases}
$$

该组方程有无穷多个解，若取 $c_1 = c_2 = \dfrac{1}{2}$，$a_2 = b_{21} = 1$，对应计算公式为

$$
y_{k+1} = y_k + \frac{h}{2}[f(x_k, y_k) + f(x_k + h, y_k + hf(x_k, y_k))]
$$

若取 $c_1 = \dfrac{1}{4}$，$c_2 = \dfrac{3}{4}$，$a_2 = b_{21} = \dfrac{2}{3}$，得 Heun 二阶公式：

$$
y_{k+1} = y_k + \frac{h}{4}\left[f(x_k, y_k) + 3f\left(x_k + \frac{2}{3}h, y_k + \frac{2}{3}hf(x_k, y_k)\right)\right]
$$

用同样的方法可得三阶、四阶龙格-库塔法迭代公式。三阶龙格-库塔法迭代公式为

$$
\begin{cases}
y_{n+1} = y_n + \dfrac{h}{6}(k_1 + 4k_2 + k_3) \\[2mm]
k_1 = f(x_n, y_n) \\[2mm]
k_2 = f\left(x_n + \dfrac{h}{2}, y_n + \dfrac{h}{2}k_1\right) \\[2mm]
k_3 = f(x_n + h, y_n - hk_1 + 2hk_2)
\end{cases}
$$

标准的(或经典的)四阶龙格-库塔法迭代公式为

$$
\begin{cases}
y_{n+1} = y_n + \dfrac{1}{6}(k_1 + 2k_2 + 2k_3 + k_4) \\[2mm]
k_1 = f(x_n, y_n) \\[2mm]
k_2 = f\left(x_n + \dfrac{h}{2}, y_n + \dfrac{h}{2}k_1\right) \\[2mm]
k_3 = f\left(x_n + \dfrac{1}{2}h, y_n + \dfrac{h}{2}k_2\right) \\[2mm]
k_4 = f(x_n + h, y_n + hk_3)
\end{cases}
$$

3. 线性多步法

欧拉方法、改进的欧拉方法以及龙格-库塔法在每一步计算 y_{n+1} 时，只要前面一个值 y_n 已知，就可以计算出 y_{n+1}，这种方法称为单步方法。

单步方法自成系统进行直接计算，因为初始条件只有一个 y_0 已知，由 y_0 可以计算 y_1，再由 y_1 推出 y_2，由 y_2 推出 y_3，……，不必借助于其他方法。如果迭代公式简单，比如欧拉方法，则精度低；如果要提高精度，则计算很复杂，如龙格-库塔法。

利用前面已计算出来的 y_n，y_{n-1}，$\cdots$，y_{n-k+1} 等 k 个值来计算 y_{n+1}，可以提高算法的精度，这种方法称为多步方法。利用 k 个值计算 y_{n+1} 的方法称为 k 步方法。

多步法因初始条件只有一个，所以运用多步法要借助高阶的单步法来开始。

线性多步法的基本思想也可以看作是基于泰勒级数的方法，它摒弃了龙格-库塔法中函数中间值的计算，实质上就是不用函数在中间点的线性组合来计算导数，而是用已经算出的函数值的线性组合来计算导数。

通常的线性 k 步法公式可表示为

$$
\begin{aligned}
y_{i+1} &= \sum_{j=0}^{k-1} \alpha_j y_{i-j} + h \sum_{j=-1}^{k-1} \beta_j f_{i-j} \\
&= \alpha_0 y_i + \alpha_1 y_{i-1} + \cdots + \alpha_{k-1} y_{i-k+1} + \\
&\quad h(\beta_{-1} f_{i+1} + \beta_0 f_i + \beta_1 f_{i-1} + \cdots + \beta_{k-1} f_{i-k+1})
\end{aligned} \tag{3.3.4}
$$

其中，$f_j = f(x_j, y_j)$，$x_j = x_0 + jh$，α、β 为待定系数，$i = k-1, k, k+1, \cdots, n-1$。

当 $\beta_{-1} = 0$ 时，此 k 步法是显式的，否则是隐式的。称

$$
\text{LTE} = y(x_{i+1}) - \left[\sum_{j=0}^{k-1} \alpha_j y(x_{i-j}) + h \sum_{j=-1}^{k-1} \beta_j f(x_{i-j}, y(x_{i-j})) \right] \tag{3.3.5}
$$

为截断误差。

与单步法相似，如果截断误差是 $O(h^{p+1})$，称该线性 k 步法是 p 阶的。显然，我们的目的是要尽可能提高线性 k 步法的阶，从而确定系数 α、β。原则上形如式(3.3.4)的多步法都

可以用泰勒级数展开的方法来确定其中的系数 α 和 β，但有些多步法也可以用数值积分的方法来构造。

将式(3.3.5)右端各项在 x_i 处展开：

$$y(x_{i-j}) = y(x_i - jh) = y(x_i) + (-jh)y'(x_i) + \frac{(-jh)^2}{2!}y''(x_i) + \frac{(-jh)^3}{3!}y'''(x_i) +$$

$$\cdots + \frac{(-jh)^p}{p!}y^{(p)}(x_i) + \frac{(-jh)^{p+1}}{(p+1)!}y^{(p+1)}(x_i) + O(h^{p+2}) \quad j = -1, 0, 1, \cdots$$

$$y'(x_{i-j}) = y'(x_i - jh) = y'(x_i) + (-jh)y''(x_i) + \frac{(-jh)^2}{2!}y'''(x_i) + \cdots +$$

$$\frac{(-jh)^{p-1}}{(p-1)!}y^{(p)}(x_i) + \frac{(-jh)^p}{p!}y^{(p+1)}(x_i) + O(h^{p+1}) \quad j = -1, 0, 1, \cdots$$

将上述两式代入式(3.3.5)，可得

$$\text{LTE} = y(x_i) + hy'(x_i) + \frac{h^2}{2!}y''(x_i) + \frac{h^3}{3!}y'''(x_i) + \cdots + \frac{h^p}{p!}y^{(p)}(x_i) + \frac{h^{p+1}}{(p+1)!}y^{(p+1)}(x_i) -$$

$$\sum_{j=0}^{k-1}\alpha_j\left[y(x_i) + (-jh)y'(x_i) + \frac{(-jh)^2}{2!}y''(x_i) + \cdots + \frac{(-jh)^p}{p!}y^{(p)}(x_i) + \frac{(-jh)^{p+1}}{(p+1)!}y^{(p+1)}(x_i)\right] -$$

$$h\sum_{j=-1}^{k-1}\beta_j\left(y'(x_i) + (-jh)y''(x_i) + \frac{(-jh)^2}{2!}y'''(x_i) + \cdots + \frac{(-jh)^{p-1}}{(p-1)!}y^{(p)}(x_i) +\right.$$

$$\frac{(-jh)^p}{p!}y^{(p+1)}(x_i) + O(h^{p+1})$$

$$= (1 - \sum_{j=0}^{k-1}\alpha_j)y(x_i) + (1 + \sum_{j=0}^{k-1}j\alpha_j - \sum_{j=-1}^{k-1}\beta_j)hy'(x_i) + \left(\frac{1}{2!} - \frac{1}{2!}\sum_{j=0}^{k-1}j^2\alpha_j + \sum_{j=-1}^{k-1}j\beta_j\right)h^2y''(x_i) +$$

$$\cdots + \left[\frac{1}{p!} - \frac{1}{p!}\sum_{j=0}^{k-1}(-j)^p\alpha_j - \frac{1}{(p-1)!}\sum_{j=-1}^{k-1}(-j)^{p-1}\beta_j\right]h^p y^{(p)}(x_i) +$$

$$\left[\frac{1}{(p+1)!} - \frac{1}{(p+1)!}\sum_{j=0}^{k-1}(-j)^{p+1}\alpha_j - \frac{1}{p!}\sum_{j=-1}^{k-1}(-j)^p\beta_j\right]h^{p+1}y^{(p+1)}(x_i) + O(h^{p+2})$$

$$(3.3.6)$$

为了方便，可记

$$\begin{cases} C_0 = 1 - \sum_{j=0}^{k-1}\alpha_j \\ C_1 = 1 + \sum_{j=0}^{k-1}j\alpha_j - \sum_{j=-1}^{k-1}\beta_j \\ \cdots \\ C_m = \frac{1}{m!} - \frac{1}{m!}\sum_{j=0}^{k-1}(-j)^m\alpha_j - \frac{1}{(m-1)!}\sum_{j=-1}^{k-1}(-j)^{m-1}\beta_j \quad m = 2, 3 \cdots p, p+1 \end{cases}$$

则

$$\text{LTE} = C_0 y(x_i) + C_1 hy'(x_i) + C_2 h^2 y''(x_i) + \cdots + C_p h^p y^{(p)}(x_i) +$$
$$C_{p+1} h^{p+1} y^{(p+1)}(x_i) + O(h^{p+2})$$

若 $C_0 = C_1 = \cdots = C_p = 0$，$C_{p+1} \neq 0$，则 $\text{LTE} = C_{p+1}h^{p+1}y^{(p+1)}(x_i) + O(h^{p+2}) = O(h^{p+1})$。

另外，由式(3.3.5)和式(3.3.6)两种截断误差的表达式，可得

$$\sum_{j=0}^{k-1}\alpha_j=1,\ \sum_{j=0}^{k-1}j\alpha_j-\sum_{j=-1}^{k-1}\beta_j=-1 \tag{3.3.7}$$

特别地，当 $k=1$ 时，可得 $\alpha_0=1$，$\beta_{-1}+\beta_0=1$，此时 k 步法称为单步法，若取 $\beta_{-1}=0$，可得欧拉法 $y_{i+1}=y_i+h$；若取 $\beta_{-1}=1$，可得隐式欧拉法 $y_{i+1}=y_i+h$；若取 $\beta_{-1}=\beta_1=\dfrac{1}{2}$，可得梯形法 $y_{i+1}=y_i+\dfrac{h}{2}(f_{i+1}+f_i)$。

偏微分方程的数值解法更为复杂，常见的有差分法和有限元法，算法思想类似，因公式的推导篇幅较长，本节就不一一介绍了，读者可以根据需要参阅相应的参考文献。

3.3.2　利用 MATLAB 软件求解常微分方程

在 MATLAB 软件中，可以借助命令 dsolve() 求得某些常微分方程(组)的解析解，其具体格式如下：

$$x=\text{dsolve}('方程1','方程2',\cdots,'方程n','初始条件','自变量')$$

如果没有初始条件，则可求出通解；如果有初始条件，则可求出特解。

在表达微分方程时，用字母 D 表示求微分，D2、D3 等表示求高阶微分。任何 D 后所跟的字母为因变量，自变量可以指定或由系统规则选定为缺省。

例 3.3.1　求微分方程的特解：

$$\begin{cases}\dfrac{d^2y}{dx^2}+4\dfrac{dy}{dx}+29y=0\\ y(0)=0,\ y'(0)=15\end{cases}$$

解　输入命令：

$$y=\text{dsolve}('D2y+4*Dy+29*y=0','y(0)=0,Dy(0)=15','x')$$

结果为

$$y=3e^{-2x}\sin(5x)$$

例 3.3.2　求微分方程组的通解：

$$\begin{cases}\dfrac{dx}{dt}=2x-3y+3z\\ \dfrac{dy}{dt}=4x-5y+3z\\ \dfrac{dz}{dt}=4x-4y+2z\end{cases}$$

解　输入命令：

$$[x,y,z]=\text{dsolve}('Dx=2*x-3*y+3*z','Dy=4*x-5*y+3*z',$$
$$'Dz=4*x-4*y+2*z','t');$$
$$x=\text{simple}(x)\qquad\%将 x 化简$$
$$y=\text{simple}(y)$$
$$z=\text{simple}(z)$$

结果为

$$x = (c_1 - c_2 + c_3 + c_2 e^{-3t} - c_3 e^{-3t}) e^{2t}$$
$$y = (-c_1 e^{-4t} + c_2 e^{-4t} + c_2 e^{-3t} - c_3 e^{-3t} + c_1 - c_2 + c_3) e^{2t}$$
$$z = (-c_1 e^{-4t} + c_2 e^{-4t} + c_1 - c_2 + c_3) e^{2t}$$

大量的常微分方程虽然从理论上讲其解是存在的，但却无法求出其解析解；在求常微分方程数值解方面，MATLAB 软件具有丰富的函数，这些函数统称为 solver，其一般格式为

$$[T, Y] = \text{solver}(\text{odef}x, t, y_0)$$

该函数定义在区间 $t = [t_0, t_f]$ 上，用初始条件 y_0 求解显式常微分方程 $y' = f(t, y)$。solver 为命令 ode45、ode23、ode113、ode23t、ode15s、ode23s 之一，这些命令各有特点，具体特点见表 3.3.1。

表 3.3.1　　求解器比较

求解器	ODE 类型	特　点	说　明
ode45	非刚性	一步算法，4、5 阶龙格-库塔法累积截断误差 $(\Delta x)^3$	大部分场合的首选算法
ode23	非刚性	一步算法，2、3 阶龙格-库塔法累积截断误差 $(\Delta x)^3$	使用于精度较低的情形
ode113	非刚性	多步法，Adams 算法，高低精度均可达到 $10^{-3} \sim 10^{-6}$	计算时间比 ode45 短
ode23t	适度刚性	采用梯形算法	适度刚性情形
ode15s	刚性	多步法，Gear's 反向数值积分，精度中等	若 ode45 失效，可尝试使用
ode23s	刚性	一步法，2 阶 Rosebrock 算法，低精度	当精度较低时，计算时间比 ode15s 短

$\text{odef}x$ 为显式常微分方程 $y' = f(t, y)$ 中的 $f(t, y)$，t 为求解区间，要获得问题在其他指定点 $t_0, t_1, t_2, \cdots$ 上的解，则令 $t = [t_0, t_1, t_2, \cdots]$（要求 t_i 单调），y_0 表示初始条件。

ode45 函数的调用格式为

$$[\textbf{tout}, \textbf{yout}] = \text{ode45}('\text{yprime}', [t_0, t_f], y_0)$$

其中 yprime 是表示 $f(t, y)$ 的 M 文件名，t_0 表示自变量的初始值，t_f 表示自变量的终值，y_0 表示初始向量值。输出向量 **tout** 表示节点 $(t_0; t_1; t_2; \cdots; t_n)$，输出矩阵 **yout** 表示数值。

需要注意的是，在解 n 个未知函数的微分方程组时，y_0、y 均为 n 维向量，M 文件中的待解方程组应以 y 的分量形式写出。另外使用 MATLAB 软件求解数值解时，高阶微分方程必须等价地变换成一阶微分方程组。

例 3.3.3　求 Rossler 方程：

$$\begin{cases} \dfrac{\mathrm{d}x}{\mathrm{d}t} = -y - z \\[2mm] \dfrac{\mathrm{d}y}{\mathrm{d}t} = x + 0.2y \\[2mm] \dfrac{\mathrm{d}z}{\mathrm{d}t} = 0.2 - 5.7z + xz \end{cases}$$

的数值解。

解 求解过程如下：

(1) 建立 M 文件 rossler. m：

  function dx＝rossler(t，x)

  dx＝$[-x(2)-x(3);x(1)+0.2*x(2);0.2+(x(1)-5.7)*x(3)]$

(2) 取 $t_0＝0$，$t_f＝100$，输入命令：

  $x_0＝[0;0;0]$；

  $[t,y]＝$ode45($'$rossler$'$，$[0,100]$，$x0$)；plot(t，y)；

  figure；

  plot3($y(:,1)$，$y(:,2)$，$y(:,3)$)

得到 Rossler 数值解的二维和三维图，如图 3.3.1 所示。

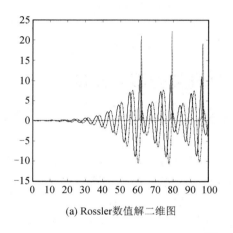
(a) Rossler数值解二维图

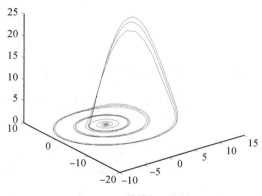
(b) Rossler数值解三维图

图 3.3.1 例 3.3.3 图

例 3.3.4 求微分方程 $y^{(3)}+tyy''+t^2y'y^2＝e^{-ty}$，$y(0)＝2$。

解 对方程进行变换，选择变量：

$$\begin{cases} x_1＝y,\ x_2＝y',\ x_3＝y'' \\ x'_1＝x_2 \\ x'_2＝x_3 \\ x'_3＝-t^2x_2x_1^2-tx_1x_3+e^{-tx_1} \end{cases}$$

建立 M 文件 f. m：

  function$y＝f(t,x)$

  $y＝[x(2);x(3);-t\,\hat{}\,2*x(2)*x(1)\,\hat{}\,2-t*x(1)*x(3)+exp(-t*x(1))]$

取 $t_0＝0$，$t_f＝10$，输入命令：

  $x_0＝[2;0;0]$；

  $[t,y]＝$ode45($'$f$'$，$[0,10]$，x_0)；plot(t，y)；

  figure；

  plot3($y(:,1)$，$y(:,2)$，$y(:,3)$)

得其数值解的二维、三维图，如图 3.3.2 所示。

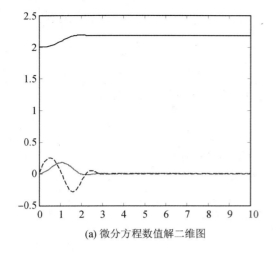

(a) 微分方程数值解二维图

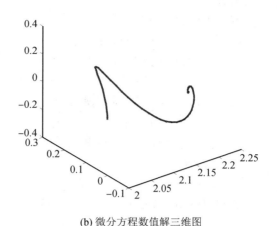

(b) 微分方程数值解三维图

图 3.3.2 例 3.3.4 图

3.4 应用案例——穿着高温作业服装的假人皮肤外侧温度分布(2018CUMCM A 题)

在高温环境作业过程中,为了避免灼伤,工人会身着专用服装。这种服装由三层织物材料构成,称为Ⅰ层、Ⅱ层、Ⅲ层。其中,Ⅰ层与外界环境直接接触,Ⅲ层与皮肤之间的空隙层称为Ⅳ层。人们通过假人实验来设计更为合理的专用服装,即将假人体内温度设定为37℃,对环境温度为75℃、Ⅱ层厚度为 6 mm、Ⅳ层厚度为 5 mm、工作时间为 90 min 的情形开展实验,测量得到了假人皮肤外侧的温度,同时也已知专用服装材料的某些参数。请建立数学模型,计算温度分布情况。

问题分析 这是个简单的实际问题,通过分析假人皮肤外侧温度的变化情况,可知外界和人体产生的热交换,最终会使人体皮肤外侧温度达到稳定状态。由于热传导是沿着垂直于皮肤方向进行的,因此需要建立一维非稳态热传导模型对问题进行求解,选择数值法求解各个离散位置在各个离散时间点的温度。结合数学物理知识,通过建立合理的各层材料分布系统,确定边界条件。选取合适的参数,利用 MATLAB 软件求解方程,并通过建立的模型计算出假人皮肤外侧温度分布,与实际数据进行比较。实际上,热传导过程中会有热量流失,因此,需要选取合适的模型来对已经建立的模型进行优化,从而得到更加准确的假人皮肤外侧的温度分布。

模型假设

(1)织物层的材料结构均匀,热传递沿垂直于织物材料方向进行。

(2)假设假人皮下组织及内部温度恒为 37℃,皮肤表层以及穿上防热服后衣服初始温度均为 37℃。

(3)假设环境温度恒定,不考虑环境对人体的热辐射、对流辐射,仅考虑对人体的热传导。

（4）织物层之间、织物层与空隙层之间、空隙层与皮肤之间的温度分布都是连续变化的。

（5）空隙层中的空气热对流的影响很小，忽略热对流的影响。

建模准备　根据题目附件 2 中给出的假人皮肤外侧的温度，利用 MATLAB 软件绘制假人皮肤表面温度随时间变化的曲线，如图 3.4.1 所示。

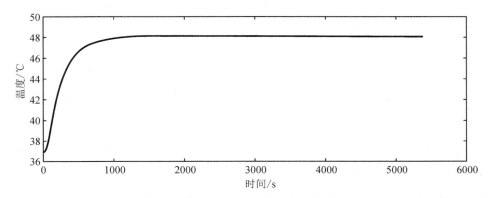

图 3.4.1　假人皮肤表面温度变化曲线

从图 3.4.1 可以看出，当把身着高温作业专用服装的假人放置在 75℃ 的高温环境中时，外界和人体产生热交换，最终假人皮肤外侧温度稳定在 48.08℃。

建立差分方程　在各向同性介质中，热沿着垂直于皮肤方向进行传导，因此建立一维非稳态热传导方程描述热的传导规律。一维非稳态热传导方程为

$$\frac{\partial T(x, t)}{\partial t} = a \cdot \frac{\partial^2 T(x, t)}{\partial x^2} \tag{3.4.1}$$

其中，a 为扩散系数，它是热传导率 λ 与比热容 c 和密度 ρ 乘积的比值；$T(x, t)$ 表示位置为 x、时间为 t 时的温度。为了方便计算，离散化 $T(x, t)$，选择数值法求解各个离散位置在各个离散时间点的温度 T。

以位置 x 为横轴 X，时间 t 为纵轴建立平面直角坐标系，各个离散点在坐标系中均匀分布，X 轴的步长是 h，纵轴的步长是 k，如图 3.4.2 所示。

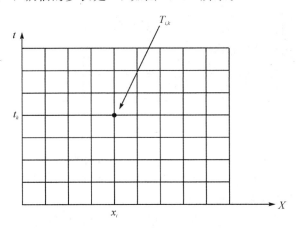

图 3.4.2　各离散点分布图

在任一节点(x_i, t_k)上，用差分逼近式(3.4.1)的右端，即

$$\left.\frac{\partial^2 T(x, t)}{\partial x^2}\right|_{\substack{x=x_i \\ t=t_k}} \approx \frac{T(x+h, t) - 2T(x, t) + T(x-h, t)}{h^2}$$

其中，h 是位置的遍历步长。同理，在该节点上有

$$\left.\frac{\partial T(x, t)}{\partial x}\right|_{\substack{x=x_i \\ t=t_k}} \approx \frac{T(x_i, t_k+\tau) - T(x_i, t_k)}{\tau}$$

其中，τ 是时间的遍历步长。把上述两式代入式(3.4.1)，整理后可得

$$T(x_i, t_{k+1}) = \sigma T(x_{i+1}, t_k) + (1-2\sigma) T(x_i, t_k) + \sigma T(x_{i-1}, t_k)$$

记 $T(x_i, t_{k+1})$ 为 $T_{i,k+1}$，相应地，上式为

$$T_{i,k+1} = \sigma T_{i+1,k} + (1-2\sigma) T_{i,k} + \sigma T_{i-1,k} \tag{3.4.2}$$

其中，$\sigma = \dfrac{\tau a}{h^2}$。式(3.4.2)反映了热传导过程中不同位置、不同时刻的温度关系。为了求解式(3.4.2)，需要确定相应的边界值和初值。

在热传导过程中，由于外界环境温度稳定，人体内部温度稳定在 37℃，人体表层温度会随着外界环境在一定范围内变化，因此可以将皮肤、服装、外界环境看成一个系统来反映热传递过程。

根据附件数据以及问题中所给出的各层材料厚度，以第Ⅰ层材料的外边界为 Y 轴、下边界为 X 轴建立平面直角坐标系，并将各层材料分别在坐标系中表示出来，如图 3.4.3 所示。在一维热传导模型中，实际上仅需考虑 X 轴上的温度变化。由于衣物与皮肤之间的空隙不会大于 6.4 mm，查阅资料可知，此时可以不考虑空隙层的空气对流。为了简化模型，也可暂不考虑空隙层的热辐射。

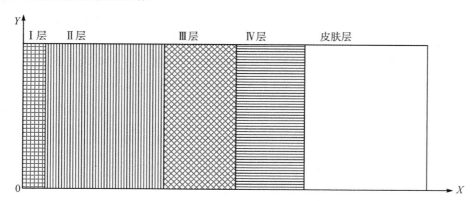

图 3.4.3　服装-空气-皮肤系统

对于图 3.4.3 所示的服装-空气-皮肤系统，衣服外侧温度为 75℃，皮肤内侧温度为 37℃，且系统外侧与系统内侧均可以看作恒温热源。假设人体在进入高温环境前，已经身着防热服较长时间，防热服的温度达到了人体温度 37℃，这样的假设是合理的。需要注意的是，将人体皮肤看作系统的一部分时，由于温度不会在位置上发生突变，因此人体皮肤的厚度不可忽略不计，查阅相应资料，可假设人体皮肤层厚度为 3 mm。

由于各层之间热扩散率与热传导率都不同，因此需要进行分段考虑。在分界面上，由傅里叶定律可知，分界面两侧的热流密度相等，即

$$q = -\lambda \frac{\mathrm{d}T}{\mathrm{d}x}$$

$$-\lambda_j \frac{\mathrm{d}T_i}{\mathrm{d}x} = -\lambda_{j+1} \frac{\mathrm{d}T_{i+1}}{\mathrm{d}x} \tag{3.4.3}$$

其中，λ_j 是第 j 层介质的热传导率；q 为热流密度。将式(3.4.3)进行差分逼近可以得到

$$T_{i,k} = \frac{\lambda_j T_{i-1,k} + \lambda_{j+1} T_{i+1,k}}{\lambda_j + \lambda_{j+1}}$$

其中，$j=1,2,3,4$，分别代表服装-空气-皮肤系统中的四个分界面；T_i 为分界面上的温度；第 j 层界面为第 j 层材料与第 $j+1$ 层之间的界面。

通过对服装-空气-皮肤系统进行分析，可以确定边界条件与初值条件为

(1) 衣服的初始温度为37℃，$T(x,0)=37$；

(2) 衣服外侧初始温度为75℃，$T(0,t)=75$；

(3) 皮肤内层温度为37℃，$T(18.2,t)=37$；

(4) 第 j 层分界面上，$T_{i,k} = \dfrac{\lambda_j T_{i-1,k} + \lambda_{j+1} T_{i+1,k}}{\lambda_j + \lambda_{j+1}}$，$j=1,2,3,4$。

其中，18.2 mm 表示Ⅰ、Ⅱ、Ⅲ、Ⅳ以及皮肤层的厚度总和。

根据一维热传导模型近似建立的差分方程(3.4.2)，以及通过已知条件确定的边界条件，可以得到差分方程模型：

$$\begin{cases} T(x_i,t_{k+1}) = \sigma T(x_{i+1},t_k) + (1-2\sigma)T(x_i,t_k) + \sigma T(x_{i-1},t_k) \\ T(x,0)=37 \\ T(0,t)=75 \\ T(18.2,t)=37 \\ T_{i,k} = \dfrac{\lambda_j T_{i-1,k} + \lambda_{j+1} T_{i+1,k}}{\lambda_j + \lambda_{j+1}} \end{cases} \tag{3.4.4}$$

通过上述差分方程和边界条件，能够对离散时间、离散位置的温度进行求解。

模型求解　傅里叶数 $\sigma = \dfrac{\tau a}{h^2} < 0.5$ 时，才能保证有限差分模型的稳定性，因此要对步长进行一定的限制。首先根据附件数据，求出每一层的扩散系数 a，如表 3.4.1 所示。

表 3.4.1　每层热扩散系数

分　层	Ⅰ	Ⅱ	Ⅲ	Ⅳ
材料热扩散率/(m²/s)	1.98499×10^{-7}	2.04397×10^{-7}	3.51373×10^{-7}	2.36108×10^{-5}

通过分析，所有材料的最小尺寸均为 0.1 mm，因此将位置的遍历步长 h 确定为 $h=10^{-4}$ m，代入 $\sigma = \dfrac{\tau a}{h^2} < 0.5$，可以得到时间的遍历步长 τ，应该满足 $\tau < \dfrac{h^2}{2a}$，即 τ 取值范围为 $\tau < 2.12 \times 10^{-4}$ s。显然 τ 的取值越小，模型越精确，但计算量也会大大提升。为了同时确保模型精确性与计算量，最终选择位置的遍历步长 $h=10^{-4}$ m，时间的遍历步长 $\tau=10^{-4}$ s。

　　利用 MATLAB 软件建立一维热传导的差分算法时，由于遍历精度较高，传统的矩阵递推会产生巨大数据量，影响 MATLAB 软件的正常使用，因此在该算法中引入第三重循环，并在模型求解完毕后只导出每一离散点每秒钟的温度变化情况。

　　求解皮肤外部温度分布情况时，因为皮肤内部的热扩散系数不会影响外部稳态解与外部热量扩散速率，因此查阅资料，可设皮肤内部的热扩散系数为 2×10^{-5} m²/s，而皮肤厚度和皮肤内部热传导率会影响到外部稳态解，因此需要推导皮肤厚度 w 与皮肤内部热传导率 λ_5 的关系式。根据多层平壁的稳态热传导模型，当环境温度为 75 ℃，皮肤表面温度为 48.08 ℃，皮肤内侧温度为 37 ℃时，可求得 $w/\lambda_5 = 0.115$ W/℃，由文献可确定皮肤厚度约为 3 mm，则求得 $\lambda_5 = 0.02586$ W/(m·℃)。

　　确定参数后，根据模型(3.4.4)求解出任意离散位置在离散时刻的温度值。利用模型计算出的皮肤表面温度变化情况与附件中记录的数据进行比较，用 MATLAB 软件绘制出曲线，如图 3.4.4 所示。

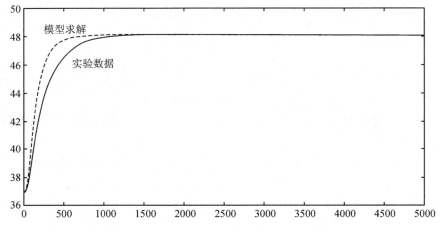

图 3.4.4　皮肤表面温度计算值与原始数据比较

　　从图 3.4.4 可看出，通过模型(3.4.4)计算出的皮肤表面温度最终稳定在 48 ℃左右，与测量温度相符合。但变化速率明显大于附件中所给的测量温度，仔细分析这种情况，其原因是在热传导过程中必然伴随着热量的损失，因此为了使模型计算出的皮肤表面温度变化情况与题中附件所给的实验数据更加相符，在此定义损失因子 β，用于减缓热量的传导速率，即每一层的真实热扩散系数 $a_r = a\beta$。利用 MATLAB 软件仿真，用最小二乘法确定热量损失最小时的 $a_r = 0.63$，此时模型计算得到的温度变化曲线和实验数据较为符合，结果见图 3.4.5。

　　最后利用 MATLAB 软件绘制出温度关于时间与位置的曲面图，如图 3.4.6、图 3.4.7 所示($x = 152$ 处为皮肤表面温度)。

　　图 3.4.6 和图 3.4.7 反映了通过优化模型计算所得到的假人皮肤外侧温度分布，即在任意离散点的温度随着离散位置、离散时间变化情况。进一步分析可知，在时间方向 t 轴上，温度随着时间的变化过程为"慢-快-慢"，是最终趋于稳定的一个过程；在位置方向 X 轴上，温度随着位置的变化是由高温向低温变化，最终趋于稳定状态，并且最终在各层材料中，温度随着位置呈现线性变化。

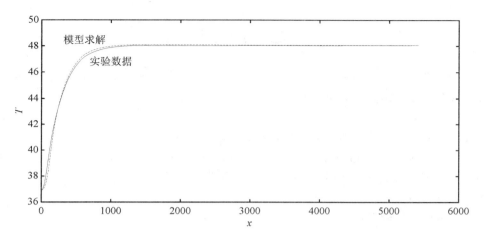

图 3.4.5　考虑损失后皮肤表面温度计算值与原始数据比较

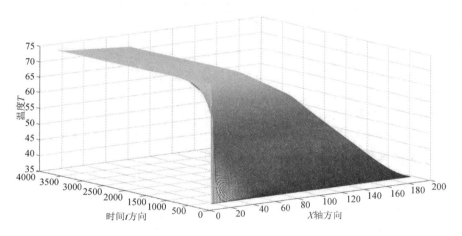

图 3.4.6　三维分布图 1

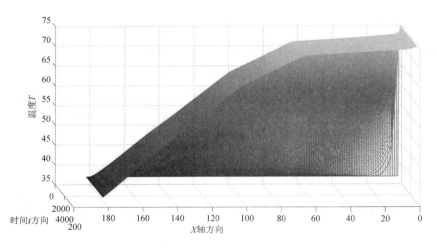

图 3.4.7　三维分布图 2

习　题　3

1. 一个包裹从 100 m 高的气球上掉下，当时气球的上升速度为 2 m/s，请根据以下两种情况计算包裹落到地面上需要的时间。

(1) 空气阻力不计。

(2) 空气阻力与包裹的速度成正比，阻力系数为 0.05。

2. 对大气压强 p 可用其对海拔高度 h 的变化率 $\mathrm{d}p/\mathrm{d}h$ 与 p 成正比这一关系来建模，且位于海平面的压强为 1013 mbar(毫巴)(大约每平方英尺 14.7 磅)，位于海拔高度 20 km 处的压强为 90 mbar。

(1) 求解初始值问题：

微分方程为

$$\frac{\mathrm{d}p}{\mathrm{d}h}=kp（k \text{ 是一个常数}）$$

初始条件为

$$p=p_0（\text{当 } h=0 \text{ 时}）$$

可得到通过 h 表示 p 的表达式。试根据给定的海拔高度-压强数据确定 p_0 和 k 的值。

(2) 在海拔高度 $h=50$ km 处大气压强是多少？

(3) 在海拔高度是多少千米处大气压强等于 900 mbar？

3. 在某化学反应中，物质的数量随着时间的改变率与其当前的数量成正比。例如，δ-醣蛋白内酯变成葡萄糖酸，当时间 t 以小时为单位时，化学反应方程式是

$$\frac{\mathrm{d}y}{\mathrm{d}t}=-0.6y$$

如果当 $t=0$ 时，有 δ-醣蛋白内酯 100 g，那么一小时后还剩下多少 δ-醣蛋白内酯？

4. 一个放电的电容器，电压的改变率和终端电压成正比，并且时间 t 以秒为单位时，其满足的方程是

$$\frac{\mathrm{d}V}{\mathrm{d}t}=-\frac{1}{40}V$$

用 V_0 表示当 $t=0$ 时的 V 值，试问：经过多长时间电压将降落到初始值的 10%？

5. 粗糖的加工过程中，有一个步骤称为转化，这一步骤会改变粗糖的分子结构。反应一旦开始，粗糖量的改变速率和粗糖量成正比，如果 1000 kg 粗糖在 10 h 后只剩下 100 kg，那么再过 14 h 还剩下多少千克？

6. 在海洋表面下方 x 英尺处的光的强度 $L(x)$ 满足微分方程：

$$\frac{\mathrm{d}L}{\mathrm{d}x}=-kL$$

潜水者根据经验知道，在加勒比海潜水到 18 英尺深时光线强度大约降低到水面上的一半；当光线强度降到水面光线强度的十分之一以下时，人们必须使用人工照明才能工作。试问：大约在多深处，没有人工照明仍可以工作？

7. 假设在温度是 20 ℃ 的房间里，一杯 90 ℃ 的饮料 10 min 之后冷却到了 60 ℃。应用牛顿冷却定理回答以下问题：

（1）再经过多久这杯饮料会冷却到 35 ℃？

（2）如果这杯饮料不是放在房间里，而是放在温度是－5 ℃的冰箱里，则需多长时间这杯饮料才能从 90 ℃冷却到 35 ℃？

8. 一个煮熟的鸡蛋初始温度为 98 ℃，将其放入一盆 18 ℃的水里 5 min 后温度降为 38 ℃，假定水温一直未变，那么再过几分钟，鸡蛋的温度可降低到 20 ℃？

9. 一根金属杆从寒冷的室外拿到温度保持在 18 ℃的机房里，10 min 后金属杆的温度上升到 0 ℃，再过 10 min 后温度为 10 ℃。应用牛顿冷却定理估计这根杆的初始温度。

10. 现有一幅油画，据说是 Vermeer(1632—1657 年)画的，这幅油画若是正品，则应包含不超过 96.2% 的碳，然而现在却包含了 99.5% 的碳。试问：此赝品大约是什么年代画的？

11. 某人每天由饮食获取 2500 卡热量，其中 1300 卡用于新陈代谢，此外每千克体重每天需支付 16 卡热量作为运动消耗，其余热量则转化为脂肪。已知以脂肪形式储存的热量利用率为 100%，每千克脂肪含热量为 10000 卡，问：此人的体重将如何随时间而变化？

12. 为了鼓励采购 100(单位)某货物的买主，商家销售部门用连续打折的办法促销，以购货数量 x(单位)决定所售货物的单价 $p(x)$(即单价 $p(x)$ 是购货数量的函数)。假定折扣降价速率为每单位降价 0.01 美元，又假设购买 100(单位)该货物的单价是 $p(100)=20.09$ 美元。

（1）通过解如下初值问题求 $p(x)$：

微分方程为

$$\frac{\mathrm{d}p}{\mathrm{d}x}=-\frac{1}{100}p$$

初始条件为

$$p(100)=20.09$$

（2）求 10(单位)货物的单价 $p(10)$ 和 90(单位)货物的单价 $p(90)$。

（3）商家的收入是用 $r(x)=xp(x)$ 来计算的。如果销售部门问这样打折扣是否会出现如下情况，即售出 100(单位)货物的收入比售出 90(单位)货物的收入还要少，你会怎样回答他们？

（4）试证明：当 $x=100$ 时商家的收入 r 达到最大值。

13. 一个半球状雪堆，其体积融化的速率与半球面面积 S 成正比，比例系数 $k>0$。设融化过程中雪堆始终保持半球状，初始半径为 R 且 3 小时中融化了总体积的 7/8，问：雪堆全部融化还需要多长时间？

14. 生态学家估计人的内禀增长率约为 0.029，已知 1961 年世界人口数为 30.6(3.06×10⁹) 亿人，而当时的人口增长率为 0.02。试根据 Logistic 模型计算：

（1）世界人口数的上限约为多少？

（2）何时将是世界人口增长最快的时候？

15. 某厂有一设备可分成两部分(部件 1 和部件 2)，其中部件 1 保持恒温 T_1，部件 2 保持恒温 T_2，两部件间的距离为 S，由一根细金属杆相连(一头连接部件 1，另一头连接部件 2)。金属杆暴露在温度为 T_3 的空气中，$T_3<T_2<T_1$，求金属杆上的温度分布。(注：即求温度函数 $T(x)$，$0<x<S$，其中 x 为金属杆离部件 1 的距离。)

16. 大鱼只吃小鱼、小鱼只吃虾米，试建模研究这一捕食系统。在求解该模型时也许会遇到困难，建议对模型中的参数取定几组值，用数值解法处理，并研究结果关于参数取值的敏感性。

17. 某猎场生活着一种供狩猎用的动物。据估计，若动物数量 x 少于 a，该动物有可能绝灭；若动物数量超过 b，该动物会因为环境无法供养它们而减少。

(1) 你觉得可用怎样的微分方程来描述该种群的增长？

(2) 有人建立了如下的微分方程：

$$\frac{\mathrm{d}x}{\mathrm{d}t} = rx(b-x)(x-a) \quad （比例系数 r 为常数）$$

试讨论：如果初始时动物数量 $x_0 < a$，结果会怎样？$x_0 = a$ 或 $x_0 > a$ 时结果又会怎样？方程的平衡点有几个？它们的稳定性如何？

18. 利用所学的微分方程知识预测全球新冠肺炎的发展、高峰、消亡的可能时间。

第 4 章　数据的描述与处理方法

数据是对事实、概念或指令的一种表达形式,数据的形式可以是数字、文字、图形或声音等。数据描述和处理就是对数据采集、存储、检索、加工、变换和传输的过程。数据处理的基本目的是从大量的、杂乱无章的、难以理解的数据中抽取并推导出对于某些特定的人们来说有价值、有意义的数据。根据不同的内容和要求,可采用不同的数据处理方法。本章和下一章介绍具体的数据处理方法。

4.1　数据分布特征分析方法

当通过某种方式获取数据后,接下来要做的就是数据的整理和分析。描述性统计就是搜集、整理、加工和分析数据,使之系统化、条理化,以显示出数据资料的趋势、特征和数量关系,它是统计推断的基础,实用性较强,在统计工作中经常使用。本节介绍如何用简单的图表和少量的数字特征来分析数据的某些特征。

4.1.1　集中趋势的度量

1. 平均数

平均数是将一组数据简单相加后除以数据的个数而得到的数值,它是对所有数据综合后得到的结果。平均数是数据集最常用、最有效的"中心"数值度量指标,如果数据集是 $\{x_1, x_2, \cdots, x_n\}$,则该数据集的平均数或称为平均值为

$$\bar{x} = \frac{1}{n} \sum_{i=1}^{n} x_i$$

如果 $x_1, x_2, \cdots, x_n$ 分别出现 $f_1, f_2, \cdots, f_n$ 次(即以频数 $f_1, f_2, \cdots, f_n$ 出现),则算术平均值为

$$\bar{x} = \frac{f_1 x_1 + f_2 x_2 + \cdots + f_n x_n}{f_1 + f_2 + \cdots + f_n} = \frac{\sum\limits_{i=1}^{n} f_i x_i}{\sum\limits_{i=1}^{n} f_i} \tag{4.1.1}$$

有时,根据各个数字的显著性和重要性,需要在 $x_1, x_2, \cdots, x_n$ 上加某些加权因子 $\omega_1, \omega_2, \cdots, \omega_n$,此时得到这些数据 $x_1, x_2, \cdots, x_n$ 的加权平均:

$$\bar{x} = \frac{\omega_1 x_1 + \omega_2 x_2 + \cdots + \omega_n x_n}{\omega_1 + \omega_2 + \cdots + \omega_n} = \frac{\sum\limits_{i=1}^{n} \omega_i x_i}{\sum\limits_{i=1}^{n} \omega_i} \tag{4.1.2}$$

显然,式(4.1.1)可看成权重为 $f_1, f_2, \cdots, f_n$ 的加权平均。

2. 中位数

中位数用于定量描述数据的中心位置，它不受极端值的影响。中位数定义为将一组数据从小到大排序后处于中间的那个数（数据个数为奇数），或者中间两个数的平均值（数据个数为偶数），中位数将所有的数据分成两部分，一半的数据小于它，一半的数据大于它。当统计数据中含有异常的或极端的数据时，中位数比平均数更具有代表性。

将中位数的概念推广，可以定义四分位数、十分位数和百分位数。

四分位数是将一组数据从小到大排序后处于 25%、50% 和 75% 位置的值，处于 25% 位置的称为下四分位数（第一四分位数），用 Q_1 表示；处于 75% 位置的称为上四分位数（第三四分位数），用 Q_3 表示；处于 50% 位置的称为第二四分位数，等于中位数，用 Q_2 表示。

同样地，处于一组从小到大排列的数据十分之一位置，十分之二位置，⋯，十分之九位置上的值定义为十分位数，分别用字母 D_1，D_2，⋯，D_9 表示。其他百分位数的定义依次类推，百分位数分别用字母 P_1，P_2，⋯，P_{99} 表示。四分位数、十分位数和百分位数统称为分位数。

3. 众数

众数是一组数据中重复出现次数最多的数值。众数明确反映了数据分布的集中趋势，它也是一种位置平均数，不受极端数据的影响。但并不是所有数据集合都有众数，比如连续的定量变量，当数据没有重复出现的时候，众数就没有意义了。

对于不对称的单峰频数曲线，均值、众数和中位数之间有经验关系：

$$均值 - 众数 = 3(均值 - 中位数)$$

图 4.1.1(a) 和 (b) 分别表示了向左和向右倾斜的频数曲线的均值、中位数和众数的相对位置。对于对称曲线，均值、中位数和众数是完全一致的。

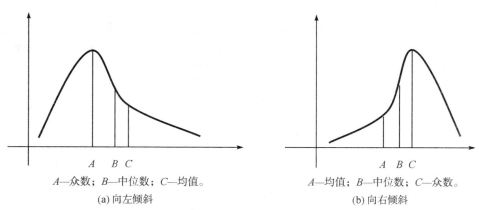

A—众数；B—中位数；C—均值。　　　　　A—均值；B—中位数；C—众数。

(a) 向左倾斜　　　　　　　　　　　　　(b) 向右倾斜

图 4.1.1　不对称分布中位数、众数、均值的关系

算术平均数对于分析资料呈对称分布，尤其是正态分布和近似正态分布很有价值；中位数则适用于各种类型的资料，尤其适合于大样本偏态分布资料，若有不确定数值资料以及资料分布不明等情形，可以得到比较稳健的结果。

平均数、中位数、四分位数和众数均度量了一组数据的集中趋势，均值是一系列数值的中间值，中位数是一系列个体的中间值，中位数关注的是有多少个个体，而不是多少个数值。如果仅有平均指标而没有描述数据分布伸展程度或离散程度的量来配合，对观察数据的描述是不完整的，甚至还可能误导。用来描述数据离散程度的数量指标主要有极差和

方差。

4.1.2   变异程度的度量

1. 极差

极差是描述数据的离散程度的最简单的方法之一。观测数据的最大值和最小值表示了数据的分布范围，称它们的差为极差（也称全距）。显然，一组数据的差异越大，其极差也越大。极差是最简单的变异指标，表明总体中标志值变动的范围。极差广泛应用于产品质量管理中，控制质量的差异，一旦发现其超过控制范围，就采取措施加以纠正，以保证产品质量的稳定。但极差有很大的局限性，它仅考虑了两个极端的数据，没有利用其余数据分布的信息，不能反映大部分数据的分布范围；而且最大值和最小值也可能是远离其他观测值的奇异值。因而极差是一种比较粗糙的变异指标。

2. 方差

方差是一组数据中各数据值与其平均值之差的平方的平均数，它反映了每个数据与其平均数相差的程度，因而能准确地度量出数据的离散程度。

n 个数据集$\{x_1, x_2, \cdots, x_n\}$的方差为

$$S^2 = \frac{1}{n-1} \sum_{i=1}^{n} (x_i - \bar{x})^2$$

其中，$\bar{x}$ 是平均值。标准差就是方差的平方根。

如果 $x_1, x_2, \cdots, x_k$ 分别发生 $f_1, f_2, \cdots, f_k$ 次，标准差为

$$S = \sqrt{\frac{1}{n-1} \sum_{i=1}^{k} f_i (x_i - \bar{x})^2}$$

其中，

$$n = \sum_{i=1}^{k} f_i$$

由 n_1 和 n_2 个数构成的两组数，它们的方差分别为 S_1^2 和 S_2^2，它们有相同的均值 $\bar{x}$，那么这两组数的组合或合并的方差定义为

$$S^2 = \frac{n_1 S_1^2 + n_2 S_2^2}{n_1 + n_2}$$

方差和标准差的手工计算比较麻烦，一般依托软件获得。

3. 平均偏差

n 个数 $x_1, x_2, \cdots, x_n$ 的平均偏差记为 MD，定义如下：

$$\mathrm{MD} = \frac{1}{n} \sum_{i=1}^{n} |x_i - \bar{x}| = \overline{|x - \bar{x}|}$$

其中，$\bar{x}$ 是这 n 个数 $x_1, x_2, \cdots, x_n$ 的算术平均值。如果 $x_1, x_2, \cdots, x_k$ 分别发生 $f_1, f_2, \cdots, f_k$ 次，则平均偏差为

$$\mathrm{MD} = \frac{1}{n} \sum_{i=1}^{k} f_i |x_i - \bar{x}| = \overline{|x - \bar{x}|}$$

其中，

$$n = \sum_{i=1}^{k} f_i$$

4. 内四分极差

一组数据的半内四分极差为

$$Q = \frac{Q_3 - Q_1}{2}$$

其中，Q_1 和 Q_3 是第一、第三四分位数。有时也用四分位数间距 $Q_3 - Q_1$ 作为内四分极差。

5. 绝对和相对离差、变异系数

从标准差或其他离差度量得到的真实变差或离差称为绝对离差。然而在测量距离为 1000 m 时 10 m 的变差（或离差）产生的影响，与测量距离是 20 m 时的变差产生的影响是有很大区别的，这种影响的程度可用相对误差来减弱，它定义为

$$相对离差 = \frac{绝对离差}{平均值}$$

如果绝对离差是标准差 S，平均值是 $\bar{x}$，那么相对离差就称为变异系数，用 V 表示，即

$$V = \frac{S}{\bar{x}}$$

它通常用百分数表示。变异系数主要用于单位不同或均值相差悬殊的数据资料。

注意　变异系数与数据的单位无关，因此在不同单位数据分布的比较中是有益的。但是当 $\bar{x}$ 趋于零时，变异系数会失去作用。

以变量 X 的标准差 S 为单位来度量 X 与其均值 $\bar{x}$ 之间偏差的变量 Z 称为标准化变量，即

$$Z = \frac{X - \bar{x}}{S}$$

4.1.3　偏度和峰度特征

除了描述数据的集中趋势和离散程度以外，有时还需要考虑数据分布的形状，比如，数据分布是否对称？是"瘦高"还是"矮胖"的？这就需要用到偏度和峰度。

1. 偏度

偏度也叫斜度。一个分布如果是不对称的，即一端的观测值个数多于另一端时，则称该分布为偏斜的。如图 4.1.1(a) 和 (b) 中所示，偏度描述分布的偏斜程度和方向。当分布不对称时，均值和众数都落在尾部较长的一边，因此均值和众数的差就可以用来度量不对称性，如果再除以离差，就可以得到偏度的无量纲形式：

$$偏度 = \frac{均值 - 众数}{离差}$$

根据四分位数和百分位数可以定义其他偏度系数：

$$四分位偏度系数 = \frac{(Q_3 - Q_2) - (Q_2 - Q_1)}{Q_3 - Q_1} = \frac{Q_3 - 2Q_2 - Q_1}{Q_3 - Q_1}$$

$$10 \sim 90 \text{百分位偏度系数} = \frac{(P_{90} - P_{50}) - (P_{50} - P_{10})}{P_{90} - P_{10}} = \frac{P_{90} - 2P_{50} - P_{10}}{P_{90} - P_{10}}$$

也可以用偏度系数来度量偏度：

$$偏度系数 = \frac{m_3}{S^3}$$

其中，m_3 是样本的三阶中心矩。

　　总的说来，如果分布是对称的，则偏度为 0；如果分布不对称，长尾巴指向大的值，则称为正偏，此时偏度为正值；反之，长尾巴指向小的值，称为负偏，此时偏度为负值。如果偏度值大于 1 或小于 −1，则被认为是高度偏态；若偏度值为 0.5～1 或者 −1～−0.5，则被认为是中等偏态；偏度值越接近于 0，偏斜程度就越低。

2. 峰度

　　峰度描述观测值聚集在中心的程度，是对数据分布峰态的度量，是分布形状的另一特征。峰度通常是与正态分布相比较的，如果一组数据服从标准正态分布，则峰度为 0；如果数据分布比标准正态分布更尖，则峰度大于 0，称为尖峰分布，此时数据更集中；如果数据分布比标准正态分布还平，分布更分散，则称为平峰分布，此时峰度小于 0。

4.1.4　数据图形化方法

　　针对一组数据进行数据简单特征提取（计算 4.1.1 节所提到的一些指标）的同时，还需要探索各数量指标之间的内在规律，一个比较好的办法是把数据通过图形表示出来。图形可以在最小的篇幅内为使用者提供大量的数据信息，还可以使数据信息更为形象生动，常用的数据图形有散点图、折线图、饼图、直方图、盒子图、星形图、雷达图等等。这种图形化方法常用于分布的拟合、统计分析以及数据分布规律的直观观察。本小节只考虑静态数据，不考虑数据产生的时间先后顺序，仅介绍直方图和盒状图。

1. 直方图

　　获得了数据的集中趋势和离散程度，对数据的特征就有了粗浅的了解。例如已知某学校男生的身高数据，通过求均值和方差就可知该班男生的平均身高和身高的波动程度，但男生的身高服从什么分布呢？这就必须进一步深入分析数据，从而获得总体的分布。

　　一组数据（样本）往往是杂乱无章的，它的频数表和直方图可以看作是对这组数据的一个初步整理和直观描述；通过直方图可以近似求出概率密度函数。

　　将数据的取值范围划分为若干个区间，然后统计这组数据在每个区间中出现的次数，称之为频数 f_i，由此得到一个频数表。以数据的取值为横坐标，频数为纵坐标，画出的一个阶梯形的图，称为直方图，或频数分布图。

　　绘制直方图的一般步骤如下：

　　1）编制频率分布表

　　（1）将样本观察值分组求频数：① 找出观察值的最大值和最小值，并求极差。② 将区间等分成若干个小区间，一般分为 8～15 个小区间。注意：小区间的长度应略大于极差除以小区间数，且各小区间端点值比观察值多一位小数。③ 列表求频数。

　　（2）求概率密度的近似值——频率密度。

　　2）作直方图

　　以每个小区间 Δx_i 为底、以相应的频率密度 $\frac{f_i}{n}/\Delta x_i$ 为高，画出一系列矩形，由频数表或直方图可以获得经验分布函数。若有 n 个独立观察值 $x_1 \leqslant x_2 \leqslant \cdots \leqslant x_n$，则

$$F_n(x) = \begin{cases} 0 & x < x_1 \\ \dfrac{k}{n} & x_k \leqslant x < x_{k+1} \quad k = 1, 2, \cdots, n-1 \\ 1 & x_n \leqslant x \end{cases}$$

称 $F_n(x)$ 为相应指标的样本分布函数或经验分布函数，简称经验分布。一般地，频率直方图就是概率密度函数的一种近似，那么经验分布是不是就是我们推测的分布（理论分布）呢？这个问题可以通过经验分布函数的检验来解决，常见的有 χ^2 拟合检验法和柯尔莫哥洛夫检验法，具体的检验步骤如下：

（1）提出原假设 H_0：总体 X 的分布函数为 $F(x)$；

（2）将总体 X 的取值范围分为 k 个互不相交的小区间，记为 A_1，A_2，$\cdots A_k$，譬如可取为

$$(a_0, a_1], (a_1, a_2], \cdots, (a_{k-2}, a_{k-1}], (a_{k-1}, a_k)$$

其中，a_0 可以取 $-\infty$，a_k 可以取 $+\infty$，区间的划分视具体情况而定，使每个小区间所含样本的个数不小于 5，而且区间个数 k 不要太大，也不要太小。

（3）把落入第 i 个小区间 A_i 的样本值的个数记为 f_i，称之为组频数，所有组频数之和 $f_1 + f_2 + \cdots + f_k$ 等于样本容量 n。

（4）当 H_0 为真时，根据所假设的总体理论分布，可以算出总体 X 的值落入第 i 个小区间 A_i 的概率 p_i，于是 np_i 就是落入第 i 个小区间 A_i 的样本值的理论频数。

（5）当 H_0 为真时，n 次试验中样本值落入第 i 个小区间 A_i 的频率 $\dfrac{f_i}{n}$ 与概率 p_i 应很接近，当 H_0 不为真时，$\dfrac{f_i}{n}$ 与概率 p_i 相差较大。引入统计量，n 充分大时统计量为

$$\chi^2 = \sum_{i=1}^{k} \frac{(f_i - np_i)^2}{np_i} \sim \chi^2(k-1)$$

查 χ^2 分布表得 $\chi_\alpha^2(k-1)$，$\chi^2 > \chi_\alpha^2(k-1)$ 时拒绝原假设。

（6）如果分布函数 $F(x, \theta_1, \theta_2, \cdots, \theta_r)$ 中含有参数 θ_1，θ_2，$\cdots$，θ_r，那么先求出 r 个参数的极大似然估计 $\hat{\theta}_1$，$\hat{\theta}_2$，$\cdots$，$\hat{\theta}_r$，此时统计量 $\chi^2 = \sum_{i=1}^{k} (f_i - n\hat{p}_i)^2 / n\hat{p}_i$，当 n 充分大时服从 $\chi^2(k-r-1)$，拒绝域为

$$\chi^2 = \sum_{i=1}^{k} \frac{(f_i - n\hat{p}_i)^2}{n\hat{p}_i} > \chi_\alpha^2(k-r-1)$$

2. 盒状图

当没有足够的数据作直方图时，需要分析数据的总体特征而不是数据细节的时候，盒状图是一个非常有用的工具。盒状图实际上是以图形来概括频数分布的统计特征，以便更容易地理解和对比数据，从图中可以看到数据下降的位置及分布情况。绘制盒状图的步骤如下：

（1）按从小到大的顺序列出所有的数值，假定所有数值的个数为 n，第 i 个数为 x_i（$i = 1, 2, \cdots, n$）。

（2）算出这组数据的中位数、第一四分位数和第三四分位数。

（3）计算四分位距：四分位距＝第三四分位数－第一四分位数。

（4）确定内部范围：区分属于特定分布和分布之外的数值。内部范围的上限处在高于第三四分位数 1.5 倍四分位距的位置；下限则处在低于第一四分位数 1.5 倍四分位距的位置，即

$$内部上限＝第三四分位数＋1.5×四分位距$$
$$内部下限＝第一四分位数－1.5×四分位距$$

（5）确定外部范围：处在该范围的数据远在分布之外，需要特别注意。外部范围的上限处在高于内部上限 1.5 倍四分位距的位置；下限则处在低于内部下限 1.5 倍四分位距的位置，即

$$外部上限＝内部上限＋1.5×四分位距$$
$$外部下限＝内部下限－1.5×四分位距$$

（6）画盒状图：首先画一条水平轴，根据数据的范围选择合适的尺度。

- 以四分位数值为边界画一个盒子；
- 在盒子内中位数的位置画一条线；
- 在每个内部范围处画一条线；
- 从盒子边界到内部范围中的第一个数之间画一条虚线；
- 在每个值处画一条垂线；
- 画一个小圈来代表任何出现在内部范围之外但在外部范围之内的异常值；
- 画两个圈来代表出现在外部范围之外的数值点。

分析这个图，不仅可以发现中位数的位置，还可以观察数据的分布：四分位数和范围距中位数的远近、分布的对称性和异常点的存在。

3. Q-Q 图和正态概率图

Q-Q 图是一种散点图，对应于正态分布的 Q-Q 图就是由标准正态分布的分位数为横坐标、样本值为纵坐标的散点图。要利用 Q-Q 图鉴别样本数据是否近似于正态分布，只需观察 Q-Q 图上的点是否近似地在一条直线附近。该直线的斜率为标准差，截距为均值。用 Q-Q 图还可获得样本偏度和峰度的粗略信息。

Q-Q 图可用于检验数据的分布，与前面介绍方法不同的是，Q-Q 图是用变量数据分布的分位数与所指定分布的分位数之间的关系曲线来进行检验的。Q-Q 图还可以用于比较两组数据是否服从相同的分布，如果两组数据具有相同的分布，则得到的点基本上会在一条直线上。需要注意的是，Q-Q 图只提供了粗略的信息，如果样本量比较小，则结果不一定正确。

与 Q-Q 有关的另一种图像是正态概率图，如果由数据点画出的正态概率图近似为一条直线，则可以认为该组数据服从正态分布。

数据的特征分析往往是数学建模中数据处理的第一步，也是比较关键的一步。熟悉概念和相关原理以后，通过统计软件很容易获得相应的数据特征。

例 4.1.1　葡萄酒的评价（2012CUMCM A 题）。

确定葡萄酒质量时一般是通过聘请一批有资质的评酒员进行品评。每个评酒员在对葡萄酒进行品尝后对其分类指标打分，然后求和得到其总分，从而确定葡萄酒的质量。酿酒

葡萄的好坏与所酿葡萄酒的质量有直接的关系，葡萄酒和酿酒葡萄检测的理化指标会在一定程度上反映葡萄酒和葡萄的质量。(附件 1 是某一年份一些葡萄酒的品尝评分表)。分析：附件 1 中两组评酒员的评价结果有无显著性差异？哪一组结果更可信？

注　本例只用来说明怎么初步处理数据，至于详细的解法可参看文献[44]。

问题分析　分析两组评酒员的评价结果有无显著性差异，并对评酒员评分的可信度进行分析。对于评价结果差异是否显著，可以采用数理统计中 t 检验法进行差异显著性的判断。因此首先需要做的是检验评酒员的评价结果是不是服从正态分布，正态分布的方差是否一致？

由于附件中部分数据存在缺失或错误，为保证结果的准确性，对数据进行以下处理：

(1) 附件 1 葡萄酒品尝评分表：第一组红葡萄酒品尝评分表中单元格 F76 数据缺失，在实际处理时，依据该项的平均水平将其值赋为 6。

(2) 附件 1 葡萄酒品尝评分表：第一组白葡萄酒品尝评分表单元格 J233 数据错误，预计为记录错误。在实际处理时，将其值赋为 7。

为了判断两组评酒员的评价结果有无显著性差异，以红葡萄酒为例对大样本数据进行正态性和方差齐次性检验，通过 t 检验确定两组评价是否存在显著性差异，并利用模糊数学中的格贴近度验证结果的正确性。

由于两组评酒员对红、白葡萄酒均做出了评价，所以对两类葡萄酒分别进行评价结果显著性差异的分析。在此，以红葡萄酒样品为例，给出样本是否来自正态分布的检验过程。

将第一组评酒员对 27 个红酒样品各分类指标的打分记为样本 X_1，将第二组评酒员的打分记为样本 X_2。为保证结果的准确性，样本 X_1 和 X_2 均采用大样本数据。

t 检验法要求样本服从正态分布，现利用 MATLAB 软件对附件 1 中的数据进行正态性检验处理的结果如图 4.1.2 所示。

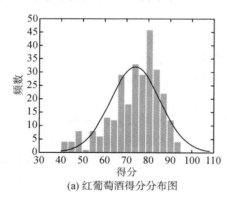
(a) 红葡萄酒得分分布图

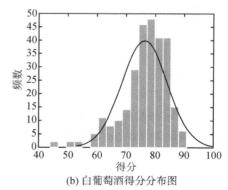
(b) 白葡萄酒得分分布图

图 4.1.2　MATLAB 软件分析结果

由图 4.1.2 可知，两个样本均满足正态性检验。接着进行方差齐性检验，如果都通过检验，就可以用统计中的 t 检验法检验两组评酒员的评价结果有无显著性差异。

也可以参考第 5 章例 5.1.1，通过方差分析解决此问题。通常解决一个实际问题的解法是不唯一的，只要使用的方法契合问题，都是可行的。

例 4.1.2　"拍照赚钱"的任务定价 (2017CUMCM B 题)。

"拍照赚钱"是移动互联网下的一种自助式服务模式。用户下载 APP，注册成为 APP 的会员,从 APP 上领取需要拍照的任务(比如去超市检查某种商品的上架情况),赚取 APP 对任务所标定的酬金。这种基于移动互联网的自助式众包平台,相比传统的市场调查方式大大节省了调查成本,而且有效保证了数据的真实性,缩短了调查的周期。因此 APP 成为该平台运行的核心,而 APP 中的任务定价又是其核心要素。若定价不合理,有的任务就会无人问津,导致商品检查的失败。

附件 1 是一个已结束项目的任务数据,包含每个任务的位置、定价和完成情况;附件 2 是会员信息数据,包含了会员的位置、信誉值及参考其信誉给出的任务开始预定时间和预定限额,原则上会员信誉越高,越优先开始挑选任务,其配额也越大(任务分配时实际上是根据预订限额所占比例进行配发的)。下面研究附件 1 中项目的任务定价规律,分析任务未完成的原因。

问题分析 为了分析任务未完成的原因,首先要做的就是处理附件 1 中的数据,把附件 1 中的数据以最直观明了的方式呈现出来,以便对不同地点的任务、会员进行分析,探究价格发现规律。

由附件 1 所给数据,画出任务完成情况的二维散点图,观察任务完成情况。

从图 4.1.3 发现未完成任务的分布均在佛山市及东莞市南部地区附近,因此着重分析该集中区域的价格规律,便可找出任务未完成的原因。

4.2 数据相关分析方法

通过数据的特征分析,我们对数据有了大致的了解。数据也可以看成是所研究变量的具体实现,那么对于这些数据所代表的变量之间是否存在某种关联,变量之间是不是存在明确的数量关系,需要进一步探索。数据的相关性分析方法(简称相关分析)是通过变量的数据来研究变量之间关系的紧密程度,并用相关系数或指数来表示变量之间关系及其程度的方法。其目的是揭示现象之间是否存在相关关系,从而确定相关关系的表现形式以及确定现象变量间相关关系的密切程度和方向。它是数学建模过程中确定变量之间是否存在线性关系的前提。许多人会认为,相关分析研究的是两个变量间的关系。实际上,广义的相关分析研究的可以是一个变量和多个变量之间的关系,也可以是两个变量群甚至多个变量群之间的关系。

4.2.1 相关分析指标

两个变量之间的相关称为单相关。可以通过积矩相关系数和秩相关系数度量两个变量之间的相关程度。

1. 数值变量相关性

设二维数据为 $x_1, x_2, \cdots, x_n$ 及 $y_1, y_2, \cdots, y_n$,则相应的变量 X、Y 之间的相关系数定义为

$$r = \frac{\sum_{i=1}^n (x_i - \bar{x})(y_i - \bar{y})}{\sqrt{\sum_{i=1}^n (x_i - \bar{x})^2 \sum_{i=1}^n (y_i - \bar{y})^2}} = \frac{n\sum_{i=1}^n x_i y_i - \sum_{i=1}^n x_i \sum_{i=1}^n y_i}{\sqrt{\left[n\sum_{i=1}^n x_i^2 - \left(\sum x_i\right)^2\right]\left[n\sum_{i=1}^n y_i^2 - \left(\sum y_i\right)^2\right]}}$$

$$(4.2.1)$$

式(4.2.1)定义的相关系数称为积矩相关系数或 Pearson 相关系数。积矩相关系数可以度量变量 X、Y 之间的线性相关强度。当 $r=1$ 时，表示变量 X、Y 之间有明确的线性关系，且完全正相关，即 $Y=aX+b$；当 $r=-1$ 时，表示变量 X、Y 之间有明确的线性关系，且完全负相关；当 $0<r<1$ 时，变量 X、Y 之间存在正相关关系；当 $-1<r<0$ 时，变量 X、Y 之间存在负相关关系；当 $r=0$ 时，说明变量 X、Y 之间不存在线性关系。

需要注意的是，式(4.2.1)定义的相关系数度量的是变量之间的线性关系，相关系数为零，就意味着变量之间没有线性关系，然而，这并非说明它们之间不存在任何关系，因为变量之间可能还存在高度非线性关系。

相关系数需要多大才能确保两个变量之间确实存在关联呢？该问题的回答与数据数量有关，评估 r 值时应该考虑数据数量，一般可以通过相关性检验来解决此问题。

相关性检验步骤如下：首先取给定的显著性水平 α，并按公式计算积矩相关系数 r，然后查表得到临界值 C。若 $|r|>C$，则拒绝原假设，即认为两个变量之间存在相关性；否则，若 $|r|\leqslant C$，则不拒绝原假设，即认为两个变量之间相关性不显著。

2. 属性相关性

Pearson 积矩相关系数 r 只适用于数值型变量，而且要求数据是成对地从正态分布中提取的，但实际资料有时不能满足这些条件。例如某观察结果不是计量资料而是等级资料，此时 Pearson 积矩相关系数就难以使用。解决的办法是采用非参数相关系数——秩相关系数，通过它表达和分析等级资料之间的相关性。秩相关系数又称为等级相关系数、顺序相关系数、Spearman 相关系数，它是将两要素的样本值按数据的大小顺序排列位次，以各要素样本值的位次代替实际数据而求得的一种统计量。

设二维数据为 x_1, x_2, $\cdots$, x_n 及 y_1, y_2, $\cdots$, y_n，将其按照从大到小的顺序重新排列，假定 p_i 表示原始数据 x_i 在排序后的位置，q_i 表示原始数据 y_i 在排序后的位置，则 p_i 和 q_i 分别称为 x_i 和 y_i 的秩次，称 $d_i=p_i-q_i$ 为 x_i 和 y_i 的秩次差。记 $\bar{p}=\dfrac{1}{n}\sum\limits_{i=1}^{n}p_i$，$\bar{q}=\dfrac{1}{n}\sum\limits_{i=1}^{n}q_i$，则变量之间的秩相关系数定义为

$$r=\frac{\sum\limits_{i=1}^{n}(p_i-\bar{p})(q_i-\bar{q})}{\sqrt{\sum\limits_{i=1}^{n}(p_i-\bar{p})^2\sum\limits_{i=1}^{n}(q_i-\bar{q})^2}} \tag{4.2.2}$$

如果没有相同的秩次，秩相关系数可以由下式计算：

$$r=1-\frac{6\sum\limits_{i=1}^{n}d_i^2}{n(n^2-1)}\quad r\in[-1,1]$$

秩相关系数的显著性检验与积矩相关系数的检验基本相同，不同之处在于需要查不同的临界值表。

例 4.2.1 例 4.1.2 续。

问题分析　由图 4.1.3 可知需要着重分析集中区域的价格规律。为了进一步挖掘数据，首先建立任务之间的距离矩阵和会员与任务之间的距离矩阵，接着分析影响任务完成

的因素，利用相关分析获得影响因素对定价的影响程度。

　　1）建立任务间的距离矩阵

　　为简化问题，将任务所在地点的经纬度数据转化为两点间距离矩阵。通过附件 1 中任务的经度 Longtitude、纬度 Latitude，将任务 M 与 N 的经纬度坐标简化为（LoM，LaM）、（LoN，LaN）。得到任务 M 与 N 之间的距离 A 为

$$\begin{cases} A = R * \mathrm{Arccos}(C) * \dfrac{\pi}{180} \\ C = \sin(\mathrm{La}'M) \cdot \sin(\mathrm{La}'N)\cos(\mathrm{LoM}-\mathrm{LoN}) + \cos(\mathrm{La}'M)\cos(\mathrm{La}'N) \\ \mathrm{La}'M = 90 - \mathrm{LaM} \end{cases} \quad (4.2.3)$$

式中，地球半径 R 取 6356.755 km。

　　通过公式，得到任务间的地表距离，将其简化为一个 835×835 的矩阵 $\boldsymbol{A}_{835 \times 835}$，其中 A_{ij} 代表任务 i 到任务 j 的地面距离。

　　2）建立会员与任务间的距离矩阵

　　会员与任务之间的距离是在接受任务时需要考虑的因素之一。同建立任务间的距离矩阵一样，建立 1877 个会员所在的位置与 835 个任务所在位置的地表距离矩阵 $\boldsymbol{B}_{835 \times 1877}$，其中 B_{ij} 代表任务 i 到会员 j 的距离。

　　3）影响因素的选取

　　（1）活动半径的概念。由于受交通、经济等多种外界因素的影响，可以认为用户仅在一定的区域内活动，也就是说，只有任务周围的用户才会接受该任务。以任务为圆心，接受任务的活动半径为 d_0。若用户落入该区域内，则认为用户会接受该任务，否则不接受。由附件 1 得知任务主要分布在广州、深圳、佛山、东莞四座城市。根据经验并查阅资料可知，城市的面积越大、交通越便利、人口越少，且周围的生活设施越不充足时，居民活动范围越大，接受任务的会员分布就越广。从而得到任务活动半径 d_0 为

$$d_0 = \sqrt{\frac{s^2 \mathrm{e}^{-\lambda} k}{a\pi}}$$

其中，s 为广州、深圳、佛山、东莞四座城市的总面积，k 为城市交通水平（根据相关资料，取 $k=0.8$），λ 为四座城市的人均 GDP，a 为四座城市的总人口。

　　利用城市各项指标数据，最终求解得到任务的活动半径 $d_0 = 1.5299$ km。

　　（2）任务被接受的影响因素。利用活动半径 d_0，结合任务密度 ρ_{i1}、用户密度 ρ_{i2} 和任务地理位置 C_i 这三个因素来表征任务被接受的可能性，并将其反映到任务的定价规律当中。

　　任务密度 ρ_{i1}：在一个任务的活动范围之内所有任务的数目。定义任务 i 所在的活动区域的任务密度 ρ_{i1} 为

$$\begin{cases} \rho_{i1} = n_1 + 1 \\ \mathrm{s.\,t.}\ A_{ij} \leqslant d_0 \end{cases}$$

式中，n_1 为活动半径范围内周围任务的数目。由于只有在任务活动半径内的用户才会接受该任务，所以当任务密度较高时需要适当提高价格，保证任务的完成度。

　　用户密度 ρ_{i2}：在任务活动半径范围内该 APP 会员数目的平均数量。定义任务 i 所在的活动区域的用户密度 ρ_{i2} 为

$$\begin{cases} \rho_{i2} = n_2 \\ \text{s. t. } B_{ij} \leqslant d_0 \end{cases}$$

式中，n_2 为活动半径范围内会员的数目。当用户密度较高时，该区域愿意接受任务的人数越多，可以适当降低任务定价。

任务地理位置 C_i：由任务完成情况的二维散点图发现未完成任务的分布较集中，说明任务的完成情况与地理位置具有相关性。定义广州、深圳、佛山、东莞四座城市中心位置坐标 $X_i (i = 1, 2, 3, 4)$ 具体数据见表 4.2.1。

表 4.2.1   四座城市中心位置坐标

	广　州	深　圳	佛　山	东　莞
X_i	(23.16, 113.23)	(22.62, 114.07)	(23.05, 113.11)	(23.04, 113.75)

利用公式(4.2.3)计算任务 i 与四个市中心间的距离，记为 d_{i1}、d_{i2}、d_{i3}、d_{i4}，从中选取最小值记为 C_i，它衡量了该任务位置的偏僻程度：

$$C_i = \min(d_1, d_2, d_3, d_4)$$

最终得到 835 个已完成任务的地理位置矩阵 $C_{835 \times 1}$。

任务所在的位置距离市中心越近，代表该位置的经济状况较好，交通便利，此时可适当提高任务定价。

任务密度、任务附近用户密度和任务地理位置这三个影响因素均与 835 个任务所在位置相关，为避免各影响因素之间存在关联性，分别量化出三个影响因素对价格的影响程度。

采用 Spearman 秩相关检验的方法，以任务附近用户密度与价格的相关度为例，将 ρ_{i2} 与 $price_i$ 分别按照从大到小的顺序排列，所在位置的秩次分别记作 p_i 和 q_i，构成 835 对秩次 $(p_1, q_1), (p_2, q_2), \cdots, (p_{835}, q_{835})$。每一对秩次差为 $d_i = p_i - q_i$。利用式(4.2.2)可以计算任务附近用户密度和价格的相关系数，结果见表 4.2.2。

表 4.2.2   影响因素和价格之间的相关系数

	任务密度	人员密度	与市中心的距离
相关系数	-0.646^{**}	-0.042	0.403^{**}
显著性	0.000	0.680	0.000

注：** 在 0.01 水平(双侧)上显著相关。

如表 4.2.2 所示，任务密度、任务与市中心的距离和价格之间的相关系数的绝对值较大，可以在 0.01 的显著性水平下认为这两个因素与价格存在着较强的相关关系，并得到以下结论：任务密度与价格之间存在着负相关关系，与市中心的距离和价格之间为较强的正相关关系，人员密度对价格的影响很小。人员密度对价格影响小说明该平台在人员密度相对较小的地方投入的任务可能本来就较少，或者这些地方的交通可能较为便利，完成任务较容易。因此探究任务的价格规律时应排除人员密度因素。

注   从本例可以看出，在解决实际问题的过程中，没有已知的数据和变量，进行相关分析的变量或者因素需要自己根据问题分析、提炼。这些变量或者因素选取得合理与否，决定了问题解决的优劣。

3. 复相关和偏相关分析

3 个或更多变量之间存在的关系称为复相关或多重相关关系；多个变量时，假定其他变量不变,只考察其中两个变量的相关关系,这种相关关系称为偏相关。

设因变量 Y 的数据为 y_1,y_2,$\cdots$,y_n,p 个自变量 X_1,X_2,$\cdots$,X_p 的数据为 x_{11},x_{12},$\cdots$,x_{1n},$\cdots$,x_{p1},x_{p2},$\cdots$,x_{pn},则复相关系数定义为

$$r = \sqrt{\frac{\sum\limits_{i=1}^{n}(\hat{y}_i - \bar{y})^2}{\sum\limits_{i=1}^{n}(y_i - \bar{y})^2}}$$

其中,$\hat{y}$ 表示 Y 对所有自变量回归的结果,上述定义的相关系数表示因变量 Y 对 p 个自变量 X_1,X_2,$\cdots$,X_p 的整体相关程度,它也是 4.3 节拟合优度中的决定系数。

计算某一自变量 X_j 对 Y 的偏相关系数时,把其他自变量 $X_i(i=1,2,\cdots,p,i\neq j)$ 作为常量处理。X_j 对 Y 的偏相关系数 $R_{y,j}$ 定义为

$$R_{y,j} = \sqrt{1 - \frac{\sum(y-\hat{y})^2}{\sum(y-\hat{y}_j)^2}}$$

其中,$\hat{y}_j$ 表示 Y 对 $X_j(j=1,2,\cdots,p)$ 进行回归的结果,$\hat{y}$ 表示 Y 对所有自变量回归的结果。显然,偏相关系数 $R_{y,j}$ 越大(越接近于 1),表明自变量 X_j 对因变量 Y 的作用越大,越不能被忽略。

4.2.2 典型相关分析

通常情况下,为了研究两组变量 X_1,X_2,$\cdots$,X_p 和 Y_1,Y_2,$\cdots$,Y_q 的相关关系,最原始的方法就是分别计算两组变量之间的全部相关系数,如此共有 pq 个单相关系数。显然,这种做法一是繁琐;二是只考虑了单个变量之间的相关,没有考虑变量组内部各变量之间的相关关系;三是两变量组之间有许多单相关关系,不能从整体上描述变量 X、Y 之间的相关关系。本小节要介绍的典型相关分析是简单相关、复相关系数的推广,或者说单相关系数、复相关系数是典型相关系数的特例。

典型相关分析是研究两组变量之间相关关系的一种统计分析法。为了研究两组变量 X_1,X_2,$\cdots$,X_p 和 Y_1,Y_2,$\cdots$,Y_q 之间的相关关系,在两组变量中,分别选取若干有代表性的变量组成有代表性的综合指标,通过研究这两组综合指标之间的相关关系,来代表这两组变量间的相关关系,这些综合指标称为典型变量。典型相关分析的一般方法如下:

设有两随机变量组 $\boldsymbol{X}=(X_1,X_2,\cdots,X_p)$ 和 $\boldsymbol{Y}=(Y_1,Y_2,\cdots,Y_q)$,不妨设 $p\leqslant q$。考虑两组变量合成的向量 $\boldsymbol{Z}=[\boldsymbol{X},\boldsymbol{Y}]$,其均值向量 $\boldsymbol{\mu}=E(\boldsymbol{Z})=[E(\boldsymbol{X}),E(\boldsymbol{Y})]=[\boldsymbol{\mu}_1,\boldsymbol{\mu}_2]$。

向量 $\boldsymbol{Z}$ 的协方差矩阵为

$$\begin{aligned}\sum_{(p+q)\times(p+q)} &= E(\boldsymbol{Z}-\boldsymbol{\mu})'(\boldsymbol{Z}-\boldsymbol{\mu})\\ &= \begin{bmatrix} E(\boldsymbol{X}-\boldsymbol{\mu}_1)'(\boldsymbol{X}-\boldsymbol{\mu}_1) & E(\boldsymbol{X}-\boldsymbol{\mu}_1)'(\boldsymbol{Y}-\boldsymbol{\mu}_2)\\ E(\boldsymbol{Y}-\boldsymbol{\mu}_2)'(\boldsymbol{X}-\boldsymbol{\mu}_1) & E(\boldsymbol{Y}-\boldsymbol{\mu}_2)'(\boldsymbol{Y}-\boldsymbol{\mu}_2)\end{bmatrix}\\ &= \begin{bmatrix} \sum_{11}_{(p\times p)} & \sum_{12}_{(p\times q)}\\ \sum_{21}_{(q\times p)} & \sum_{22}_{(q\times q)}\end{bmatrix}\end{aligned}$$

要研究两组变量 X_1,X_2,$\cdots$,X_p 和 Y_1,Y_2,$\cdots$,Y_q 之间的相关关系,首先分别作两

组变量的线性组合，即

$$U = a_1 X_1 + a_2 X_2 + \cdots + a_p X_p = \boldsymbol{a}' \boldsymbol{X}'$$

$$V = b_1 X_1 + b_2 X_2 + \cdots + b_q X_q = \boldsymbol{b}' \boldsymbol{Y}'$$

$\boldsymbol{a} = (a_1, a_2, \cdots, a_p)'$, $\boldsymbol{b} = (b_1, b_2, \cdots, b_q)'$ 分别为任意非零常系数向量，则可得

$$\text{Var}(U) = \boldsymbol{a}' \text{Cov}(\boldsymbol{X}) \boldsymbol{a} = \boldsymbol{a}' \boldsymbol{\Sigma}_{11} \boldsymbol{a}$$

$$\text{Var}(V) = \boldsymbol{b}' \text{Cov}(\boldsymbol{Y}) \boldsymbol{b} = \boldsymbol{b}' \boldsymbol{\Sigma}_{22} \boldsymbol{b}$$

$$\text{Var}(U, V) = \boldsymbol{a}' \text{Cov}(X, Y) \boldsymbol{b} = \boldsymbol{a}' \boldsymbol{\Sigma}_{12} \boldsymbol{b}$$

则称 U 与 V 为典型变量，它们之间的相关系数 ρ 称为典型相关系数，即

$$\rho = \text{Corr}(U, V) = \frac{\boldsymbol{a}' \boldsymbol{\Sigma}_{12} \boldsymbol{b}}{\sqrt{\boldsymbol{a}' \boldsymbol{\Sigma}_{11} \boldsymbol{a}} \sqrt{\boldsymbol{b}' \boldsymbol{\Sigma}_{22} \boldsymbol{b}}}$$

典型相关分析研究的问题是如何选取典型变量的最优线性组合。选取原则是在所有线性组合 U 和 V 中，选取典型相关系数最大的 U 和 V，即选取 $\boldsymbol{a}$ 和 $\boldsymbol{b}$，使得 $U_1 = \boldsymbol{a}' \boldsymbol{X}$ 与 $V_1 = \boldsymbol{b}' \boldsymbol{Y}$ 之间的相关系数达到最大，即求条件极值：

$$\max \rho = \boldsymbol{a}' \boldsymbol{\Sigma}_{12} \boldsymbol{b} = \boldsymbol{b}' \boldsymbol{\Sigma}_{21} \boldsymbol{a}$$

满足条件：

$$\boldsymbol{a}' \boldsymbol{\Sigma}_{11} \boldsymbol{a} = 1$$

$$\boldsymbol{b}' \boldsymbol{\Sigma}_{22} \boldsymbol{b} = 1$$

可以证明，该优化问题的解 $\boldsymbol{a}$ 和 $\boldsymbol{b}$ 就是矩阵 $\boldsymbol{M}_1 = \boldsymbol{\Sigma}_{11}^{-1} \boldsymbol{\Sigma}_{12} \boldsymbol{\Sigma}_{22}^{-1} \boldsymbol{\Sigma}_{21}$ 和 $\boldsymbol{M}_2 = \boldsymbol{\Sigma}_{22}^{-1} \boldsymbol{\Sigma}_{21} \boldsymbol{\Sigma}_{11}^{-1} \boldsymbol{\Sigma}_{12}$ 的特征向量。

第一对典型变量提取了原始变量 X、Y 之间相关的主要部分，如果这部分还不足以解释原始变量，可以在剩余的相关变量中再求出第二对典型变量和它们的典型相关系数。如此，直到满足需要为止。

例 4.2.2 例 4.1.1 续。

利用附件数据，分析酿酒葡萄与葡萄酒的理化指标之间的关系。

问题分析 分析酿酒葡萄与葡萄酒的理化指标之间的关系，即分析两者之间的相关性。首先将题目中的葡萄酒的数据进行统计和筛选，作为原变量；然后利用第 5 章例 5.2.1 中主成分分析法得到的葡萄酒综合指标，作为典型变量；最后利用典型相关分析将这两个变量在 MATLAB 软件中进行分析，以获得相应的结果。

模型建立 首先对题中的红、白葡萄酒的理化指标进行统计和筛选，其次结合例 5.2.1 中获得的主成分在 MATLAB 软件中进行典型相关分析；最后对运行的结果进行统计分析。由此可得到红葡萄酒各典型变量的意义解释，见表 4.2.3。

表 4.2.3　红葡萄酒与红葡萄的理化指标之间的典型相关分析

	红葡萄酒指标	红葡萄指标	相关系数
①	1、6	Z1、Z4	0.9130
②	2、3、4、5	Z1、Z4	0.9003
③	8	Z2、Z6	0.8521
④	7	Z3、Z8	0.7218

续表

	红葡萄酒指标	红葡萄指标	相关系数
⑤	3、7	Z6、Z7	0.5898
⑥	4、5	Z3、Z9	0.2870
⑦	8	Z5	0.2349
⑧	8	Z3、Z5	0.0734
⑨	9	Z2、Z6	0.0003

表 4.2.3 中各数值的含义见表 4.2.4 和表 4.2.5。

表 4.2.4　红葡萄指标数值的含义

综合指标	原始数据指标
Z1	总酚，花色苷，单宁，DPPH 自由基
Z2	干物质含量，总糖，还原糖，可溶性固形物
Z3	白藜芦醇，果皮颜色(a)，果皮颜色(b)
Z4	PH 值，氨基酸总量
Z5	果穗质量，固酸比
Z6	果皮颜色(b)，出汁率，苹果酸
Z7	黄酮醇，果皮质量
Z8	果皮颜色(L)，白藜芦醇，总糖
Z9	维生素 C 含量，出汁率，柠檬酸

表 4.2.5　红葡萄酒指标数值的含义

序号	代 表 物 质
1	花色苷
2	单宁
3	总酚
4	黄酮醇
5	DPPH 自由基
6	果皮颜色(L)
7	果皮颜色(b)
8	果皮颜色(a)
9	白藜芦醇

由表 4.2.3 可知，从第①组典型变量来看，红葡萄酒中的理化指标花色苷、果皮颜色(L)与红葡萄中的指标总酚、花色苷、单宁、DPPH 自由基、PH 值、氨基酸总量相关性很大，其相关系数为 0.9130；从第②组典型变量来看，红葡萄酒中的理化指标单宁、总酚、黄酮醇、DPPH 自由基与红葡萄中的指标总酚、花色苷、单宁、DPPH 自由基、PH 值、氨基酸总量的相关性也很大，其相关系数为 0.9003；类似地，依次可以分析其他组的典型变量

之间的相关性。

　　运用同样的方法还可以分析白葡萄酒与白葡萄的理化指标的相关性。

4.3　数据的回归分析方法

　　在相关分析的基础上，当确定变量之间具有一定的相关关系之后，回归分析方法（简称回归分析）就是在众多相关的变量中，根据实际问题的要求，考察其中一个或几个变量与其余变量的依赖关系。相关分析是回归分析的基础，而回归分析则是建立变量之间相关程度的具体函数表达式。

　　回归分析和相关分析一样，是研究变量之间关系的统计方法，但回归分析侧重于考察变量之间的数量变化规律，并通过一定的数学表达式来描述变量之间的关系，进而确定一个或者几个变量的变化对另一个特定变量的影响程度。

　　具体地说，回归分析主要解决以下几方面的问题：

　　（1）通过分析大量的样本数据，确定变量之间的数学关系式。

　　（2）对所确定的数学关系式的可信程度进行各种统计检验，并区分出对某一特定变量影响较为显著的变量和影响不显著的变量。

　　（3）利用所确定的数学关系式，根据一个或几个变量的值来预测或控制另一个特定变量的取值，并给出这种预测或控制的精确度。

　　事实上，变量之间的确定性关系或不确定性关系不是永恒不变的，在一定条件下是可以转化的。由于观察误差的存在，确定性关系也具有了某种不确定性；当人们认识了不确定性关系内部的变化规律之后，不确定性关系可能转化为确定性关系。将关系中作为影响因素的变量称为自变量或解释变量，用 x 表示，受 x 取值影响的相应变量称为因变量，用 Y 表示，回归模型的一般形式如下：

$$Y = f(x) + \varepsilon$$

其中，Y 是随机变量；x 可以是随机变量，也可以不是；ε 是随机变量（称为随机误差）。

　　根据函数 f 的形式和自变量的个数，回归分析的主要类型有一元线性回归分析、多元线性回归分析、非线性回归分析、含虚拟自变量的回归分析以及逻辑回归分析等。

4.3.1　线性回归

　　设因变量 Y 与对其有影响的 p 个自变量 $x_1, x_2, \cdots, x_p$ 之间具有线性关系，可设

$$y = \beta_0 + \beta_1 x_1 + \beta_2 x_2 + \cdots + \beta_p x_p + \varepsilon, \quad \varepsilon \sim N(0, \sigma^2) \qquad (4.3.1)$$

其中，$\beta_0, \beta_1, \beta_2, \cdots, \beta_p, \sigma^2$ 是与 $x_1, x_2, \cdots, x_p$ 无关的未知参数，y 是 Y 的观察值。

　　设 n 组样本分别是 $(x_{i1}, x_{i2}, \cdots, x_{ip}, y_i)(i = 1, 2, \cdots, n)$，则有

$$\begin{cases} y_1 = \beta_0 + \beta_1 x_{11} + \beta_2 x_{12} + \cdots + \beta_p x_{1p} + \varepsilon_1 \\ y_2 = \beta_0 + \beta_1 x_{21} + \beta_2 x_{22} + \cdots + \beta_p x_{2p} + \varepsilon_2 \\ \qquad \cdots \\ y_n = \beta_0 + \beta_1 x_{n1} + \beta_2 x_{n2} + \cdots + \beta_p x_{np} + \varepsilon_n \end{cases} \qquad (4.3.2)$$

其中，$\varepsilon_1, \varepsilon_2, \cdots, \varepsilon_n$ 相互独立，且 $\varepsilon_i \sim N(0, \sigma^2)$，$i = 1, 2, \cdots, n$，这个模型称为多元线性回归的数学模型。在该线性回归模型中，由假设知

$$Y \sim N(\beta_0 + \beta_1 x_1 + \beta_2 x_2 + \cdots + \beta_p x_p, \sigma^2)$$
$$E(Y) = \beta_0 + \beta_1 x_1 + \beta_2 x_2 + \cdots + \beta_p x_p \qquad\qquad (4.3.3)$$

称式(4.3.3)是理论回归方程。

回归分析就是根据观察值寻求 β_0，β_1，$\cdots$，β_p 的估计值 $\hat{\beta}_0$，$\hat{\beta}_1$，$\cdots$，$\hat{\beta}_p$。对于给定 x_1，x_2，$\cdots$，x_p 的值，取

$$\hat{y} = \hat{\beta}_0 + \hat{\beta}_1 x_1 + \cdots + \hat{\beta}_p x_p \qquad\qquad (4.3.4)$$

作为 $E(Y) = \beta_0 + \beta_1 x_1 + \beta_2 x_2 + \cdots + \beta_p x_p$ 的估计，方程(4.3.4)称为 Y 关于 x 的线性回归方程或经验公式，自变量为一元的时候，其图像称为回归直线。$\hat{\beta}_0$，$\hat{\beta}_1$，$\cdots$，$\hat{\beta}_p$ 称为回归系数。为了方便回归系数的估计，令

$$\boldsymbol{Y} = \begin{bmatrix} y_1 \\ y_2 \\ \vdots \\ y_n \end{bmatrix}, \quad \boldsymbol{X} = \begin{bmatrix} 1 & x_{11} & x_{12} & \cdots & x_{1p} \\ 1 & x_{21} & x_{22} & \cdots & x_{2p} \\ \vdots & \vdots & \vdots & \cdots & \vdots \\ 1 & x_{n1} & x_{n2} & \cdots & x_{np} \end{bmatrix}, \quad \boldsymbol{\beta} = \begin{bmatrix} \beta_0 \\ \beta_1 \\ \vdots \\ \beta_p \end{bmatrix}, \quad \boldsymbol{\varepsilon} = \begin{bmatrix} \varepsilon_1 \\ \varepsilon_2 \\ \vdots \\ \varepsilon_n \end{bmatrix}$$

则式(4.3.2)可用矩阵形式表示为

$$\boldsymbol{Y} = \boldsymbol{X\beta} + \boldsymbol{\varepsilon} \qquad\qquad (4.3.5)$$

其中，$\boldsymbol{\varepsilon}$ 是 n 维随机向量，有 $\boldsymbol{\varepsilon} \sim N_n(0, \sigma^2 \boldsymbol{I}_n)$，$\boldsymbol{I}_n$ 为 n 阶单位矩阵。$n \times (p+1)$ 阶矩阵 $\boldsymbol{X}$ 称为资料矩阵或设计矩阵，并假设它是列满秩的，即 rank$(\boldsymbol{X}) = p+1$。

1. 最小二乘估计

对样本的一组观察值 $(x_{i1}, x_{i2}, \cdots, x_{ip}, y_i)(i=1, 2, \cdots, n)$，对每个 x_{i1}，x_{i2}，$\cdots$，x_{ip}，由线性回归方程(4.3.4)可以确定回归值：

$$\hat{y}_i = \hat{\beta}_0 + \hat{\beta}_1 x_{i1} + \cdots + \hat{\beta}_p x_{ip}$$

这个回归值 $\hat{y}_i$ 与实际观察值 y_i 之差为

$$y_i - \hat{y}_i = y_i - (\hat{\beta}_0 + \hat{\beta}_1 x_{i1} + \cdots + \hat{\beta}_p x_{ip})$$

该差值刻画了 y_i 与 $\hat{y}_i = \hat{\beta}_0 + \hat{\beta}_1 x_{i1} + \cdots + \hat{\beta}_p x_{ip}$ 的偏离度。一个自然的想法就是：对所有观察值，若 y_i 与 $\hat{y}_i$ 的偏离度越小，则认为回归方程与所有试验点拟合得越好。

采用最小二乘法估计参数 β_0，β_1，β_2，$\cdots$，β_p。引入偏差平方和：

$$Q(\beta_0, \beta_1, \cdots, \beta_p) = \sum_{i=1}^{n} (y_i - \beta_0 - \beta_1 x_{i1} - \beta_2 x_{i2} - \cdots - \beta_p x_{ip})^2$$

最小二乘估计就是求 $\hat{\boldsymbol{\beta}} = (\hat{\beta}_0, \hat{\beta}_1, \cdots, \hat{\beta}_p)^{\mathrm{T}}$，使得

$$\min_{\beta} Q(\beta_0, \beta_1, \cdots, \beta_p) = Q(\hat{\beta}_0, \hat{\beta}_1, \cdots, \hat{\beta}_p)$$

因为 $Q(\beta_0, \beta_1, \cdots, \beta_p)$ 是 β_0，β_1，$\cdots$，β_p 的非负二次型，故其最小值一定存在。根据多元微积分的极值原理，令

$$\begin{cases} \dfrac{\partial Q}{\partial \beta_0} = -2 \sum_{i=1}^{n} (y_i - \beta_0 - \beta_1 x_{i1} - \cdots - \beta_p x_{ip}) = 0 \\ \qquad\qquad\qquad \cdots \qquad\qquad\qquad\qquad\qquad j=1, 2, \cdots, p \quad (4.3.6) \\ \dfrac{\partial Q}{\partial \beta_j} = -2 \sum_{i=1}^{n} (y_i - \beta_0 - \beta_1 x_{i1} - \cdots - \beta_p x_{ip}) x_{ij} = 0 \end{cases}$$

上述方程组称为正规方程组，可用矩阵表示为

$$X^T X \boldsymbol{\beta} = X^T Y$$

依据假定，矩阵 X 的秩为 $R(X) = p + 1$，所以 $R(X^T X) = R(X) = p + 1$，故 $(X^T X)^{-1}$ 存在。解正规方程组可得

$$\hat{\boldsymbol{\beta}} = (X^T X)^{-1} X^T Y$$

$\hat{\boldsymbol{\beta}}$ 就是 $\boldsymbol{\beta}$ 的最小二乘估计，$\hat{\boldsymbol{\beta}}$ 即为回归方程 $\hat{\beta}_0 + \hat{\beta}_1 x_1 + \cdots + \hat{\beta}_p x_p$ 的回归系数。

2. 误差方差 σ^2 的估计

将自变量的各组观测值代入回归方程，可得因变量的估计量（拟合值）为

$$\hat{Y} = X \hat{\boldsymbol{\beta}}$$

向量 $e = Y - \hat{Y} = Y - X\hat{\boldsymbol{\beta}}$ 称为残差向量，$e^T e = Y^T Y - \hat{\boldsymbol{\beta}}^T X^T Y$ 为残差平方和（简写为 S_E^2）。计算残差平方和的期望，可得方差 σ^2 的一个无偏估计为

$$\hat{\sigma}^2 = \frac{1}{n - p - 1} e^T e$$

3. 回归方程的显著性检验

得到的线性回归方程是否有实用价值，首先要根据有关专业知识和实践来判断；其次还要根据实际观察得到的数据，运用假设检验的方法来判断。

由线性回归模型 $Y = \beta_0 + \beta_1 x + \cdots + \beta_p x_p + \varepsilon$，$\varepsilon \sim N(0, \sigma^2)$ 可知，对多元线性回归方程作显著性检验就是看自变量 $x_1, x_2, \cdots, x_p$ 从整体上对随机变量 Y 是否有明显的影响，即检验假设

$$\begin{cases} H_0 : \beta_1 = \beta_2 = \cdots = \beta_p = 0 \\ H_1 : \beta_i \neq 0, 1 \leqslant i \leqslant p \end{cases}$$

为了检验假设 H_0，先分析样本观察值 $y_1, y_2, \cdots, y_n$ 的差异，这种差异是由于两个原因引起的，一方面是 y 与 $x_1, x_2, \cdots, x_p$ 之间确有线性关系时，由于 $x_1, x_2, \cdots, x_p$ 取值的不同而引起 $y_i (i = 1, 2, \cdots, n)$ 值的变化；另一方面是除去 y 与 $x_1, x_2, \cdots, x_p$ 的线性关系以外的因素，如 $x_1, x_2, \cdots, x_p$ 对 y 的非线性影响以及随机因素的影响等，若记 $\bar{y} = \frac{1}{n} \sum_{i=1}^{n} y_i$，则它可以用总的偏差平方和来度量，记为

$$S_T^2 = \sum_{i=1}^{n} (y_i - \bar{y})^2$$

由正规方程组，有

$$\begin{aligned} S_T^2 &= \sum_{i=1}^{n} (y_i - \hat{y}_i + \hat{y}_i - \bar{y})^2 \\ &= \sum_{i=1}^{n} (y_i - \hat{y})^2 + 2 \sum_{i=1}^{n} (y_i - \hat{y}_i)(\hat{y}_i - \bar{y}) + \sum_{i=1}^{n} (\hat{y}_i - \bar{y})^2 \\ &= \sum_{i=1}^{n} (y_i - \hat{y}_i)^2 + \sum_{i=1}^{n} (\hat{y}_i - \bar{y})^2 \end{aligned}$$

令

$$S_R^2 = \sum_{i=1}^n (\hat{y}_i - \bar{y})^2, \ S_E^2 = \sum_{i=1}^n (y_i - \hat{y}_i)^2$$

则有

$$S_T^2 = S_R^2 + S_E^2 \tag{4.3.7}$$

式(4.3.7)称为总偏差平方和分解公式。S_R^2 称为回归平方和,它由普通变量 $x_i (i=1,$ $2, \cdots, p)$ 的变化引起,其大小反映了普通变量 x_i 的重要程度;S_R^2 越大,说明由线性回归关系所描述的 $y_1, y_2, \cdots, y_n$ 的波动性所占的比例就越大,即 y 与 $x_1, x_2, \cdots, x_p$ 的线性关系就越显著,线性模型的拟合效果就越好。S_E^2 称为剩余平方和,它是由试验误差以及其他未加控制的因素引起的,它的大小反映了试验误差及其他因素对试验结果的影响。

可以证明 S_T^2 的自由度(独立随机变量的个数)为 $n-1$,S_R^2 的自由度为 p,S_E^2 的自由度为 $n-p-1$,因而当 H_0 成立时有

$$\frac{S_R^2/p}{S_E^2/(n-p-1)} \sim F(p, n-p-1)$$

对 H_0 的检验可采用 F 检验方法。取统计量

$$F = \frac{S_R^2/p}{S_E^2/(n-p-1)}$$

由给定的显著性水平 α,查表得 $F_\alpha(p, n-p-1)$,根据试验数据计算 F 的观察值 F。若 $F > F_\alpha(1, n-2)$,拒绝 H_0,表明回归效果是显著的,也就是自变量 $x_1, x_2, \cdots, x_p$ 对因变量 Y 的影响在总体上是显著的;若 $F \leqslant F_\alpha(1, n-2)$,接受 H_0,此时回归效果不显著。

如果回归方程没有通过显著性检验,说明模型的拟合不好,可能的原因有两种:一种是 Y 不是 $x_1, x_2, \cdots, x_p$ 的线性关系;另一种是回归变量的个数不够,需增加新的变量。究竟是哪一种,需要找出原因进一步分析。即使回归方程通过了显著性检验,也就是说自变量 $x_1, x_2, \cdots, x_p$ 对因变量 Y 的影响在总体上是显著的,但不能肯定自变量 $x_1, x_2, \cdots, x_p$ 与因变量 Y 的关系是线性关系,为此需要检验回归方程的拟合问题。

4. 拟合优度检验

拟合优度用于检验模型对样本观测值的拟合程度。前面的分析指出在总偏差平方和中,若回归平方和占的比例越大,则说明拟合效果越好。因此,就用回归平方和与总离差平方和的比值作为评判模型拟合优度的标准,称其为样本决定系数(Coefficient of Determination)(或称为复相关系数),记为 R^2,即

$$R^2 = \frac{S_R^2}{S_T^2} = 1 - \frac{S_E^2}{S_T^2} \tag{4.3.8}$$

由 R^2 的意义可知,它越接近于 1,意味着模型的拟合优度越高。是不是为了模型拟合效果好,只要在模型中增加一些自变量就可以了呢?回答是否定的,增加自变量必然减少自由度,于是引入了修正的复相关系数,记为 R_a^2,即

$$R_a^2 = 1 - \frac{\dfrac{S_E^2}{n-p-1}}{\dfrac{S_T^2}{n-1}} \tag{4.3.9}$$

在实际应用中，R^2 达到多大才算通过了拟合优度检验？这没有绝对的标准，要看具体情况而定。有时为了追求模型的实际意义，可以在一定程度上放宽对拟合优度的要求。

5. 回归系数的显著性检验

回归方程通过了显著性检验并不意味着每个自变量 $x_i(i=1,2,\cdots,p)$ 都对 Y 有显著的影响，可能其中的某个或某些自变量对 Y 的影响并不显著。我们自然希望从回归方程中剔除那些对 Y 的影响不显著的自变量，从而建立一个"最优"的回归方程。这就需要对每一个自变量进行考察。显然，若某个自变量 x_i 对 Y 无影响，那么在线性模型中，它的系数 β_i 应为零。因此检验 x_i 的影响是否显著等价于检验假设：

$$H_0: \beta_i = 0$$
$$H_1: \beta_i \neq 0$$

当 H_0 成立时，可以证明

$$t_i = \frac{\hat{\beta}_i}{\hat{\sigma}\sqrt{c_{ii}}} \sim t(n-p-1)$$

这里 $\hat{\sigma} = \sqrt{\dfrac{S_E^2}{n-p-1}}$，$C = (c_{ij}) = (\boldsymbol{X}'\boldsymbol{X})^{-1}$，因此对给定的显著性水平 α，当 $|t_i| > t_{\frac{\alpha}{2}}(n-p-1)$ 时，拒绝 H_0；反之，则接受 H_0。

6. 预测问题

若回归方程通过了上述显著性检验，则说明回归值与实际值拟合得较好，因而可以利用它对因变量 Y 的新观察值 y_0 进行预测。

当要预测 $\boldsymbol{x}_0 = (1, x_{01}, x_{02}, \cdots, x_{0p})^{\mathrm{T}}$ 所对应的因变量 y_0 时，由回归方程可得到预测值为

$$\hat{y}_0 = \hat{\beta}_0 + \hat{\beta}_1 x_{01} + \cdots + \hat{\beta}_p x_{0p}$$

Y 的测试值 y_0 与预测值 $\hat{y}_0$ 之差称为预测误差。

7. 残差分析

由于在实际问题中真正的观测误差 $\varepsilon_i = y_i - E(y_i)(i=1,2,\cdots,n)$ 并不知道，但如果模型正确，则可将 $e_i = y_i - \hat{y}_i$ 近似看作 ε_i，此时残差 e_i 应该能够大致反映误差 ε_i 的特性。作残差分析时经常借助于残差图，它是以残差 e_i 为纵坐标、以其他指定的量为横坐标作出的散点图。常用的横坐标有 $\hat{y}$、x_i 以及观测时间或序号。因而可以借助残差图和利用残差的特点来考察模型的可靠性。通过对残差进行分析，可以在一定程度上回答下列问题：

（1）回归函数线性假定的可行性；

（2）误差项的等方差假设的合理性；

（3）误差项独立性假设的合理性；

（4）误差项是否符合正态分布；

（5）观测值中是否存在异常值；

（6）是否在模型中遗漏了某些重要的自变量。

在数学建模中，回归分析是非常常用的方法。总结近十年的国赛题，可发现几乎隔年

就有赛题能用回归分析法解决。比如：2011 年 A 题、2012 年 A 题、2013 年 A 题、2014 年 A 题、2015 年 B 题、2017 年 B 题、2019 年 C 题、2020 年 C 题。数学建模过程中回归方法往往和主成分分析法相结合使用，具体参看 4.5 节的案例分析。

8. 可化为线性回归的情形

在实际应用中，有时会遇到更复杂的回归问题，但其中有些情形可通过适当的变量替换转化为一元线性回归问题来处理。

第一种情形：

$$Y = \beta_0 + \frac{\beta_1}{x} + \varepsilon, \quad \varepsilon \sim N(0, \sigma^2) \tag{4.3.10}$$

其中，β、σ^2 是与 x 无关的未知参数。

令 $x' = \frac{1}{x}$，则可转化为下列一元线性回归模型：

$$Y' = \beta_0 + \beta_1 x' + \varepsilon, \quad \varepsilon \sim N(0, \sigma^2)$$

第二种情形：

$$Y = \alpha e^{\beta x} \cdot \varepsilon, \ \ln\varepsilon \sim N(0, \sigma^2) \tag{4.3.11}$$

其中，α、β、σ^2 是与 x 无关的未知参数。

对 $Y = \alpha e^{\beta x} \cdot \varepsilon$ 两边取对数，得

$$\ln Y = \ln\alpha + \beta x + \ln\varepsilon$$

令 $Y' = \ln Y$，$a = \ln\alpha$，$b = \beta$，$x' = x$，$\varepsilon' \sim \ln\varepsilon$，则式(4.3.11)可转化为下列一元线性回归模型：

$$Y' = a + bx' + \varepsilon', \ \varepsilon' \sim N(0, \sigma^2)$$

第三种情形：

$$Y = \alpha x^\beta \cdot \varepsilon, \ \ln\varepsilon \sim N(0, \sigma^2) \tag{4.3.12}$$

其中，α、β、σ^2 是与 x 无关的未知参数。

对 $Y = \alpha x^\beta \cdot \varepsilon$ 两边取对数，得

$$\ln Y = \ln\alpha + \beta\ln x + \ln\varepsilon \tag{4.3.13}$$

令 $Y' = \ln Y$，$a = \ln\alpha$，$b = \beta$，$x' = \ln x$，$\varepsilon' = \ln\varepsilon$，则式(4.3.13)可转化为下列一元线性回归模型：

$$Y' = a + bx' + \varepsilon', \ \varepsilon' \sim N(0, \sigma^2)$$

第四种情形：

$$Y = \alpha + \beta h(x) + \varepsilon, \ \varepsilon \sim N(0, \sigma^2) \tag{4.3.14}$$

其中，α、β、σ^2 是与 x 无关的未知参数。

$h(x)$ 是 x 的已知函数，令 $Y' = Y$，$a = \alpha$，$b = \beta$，$x' = h(x)$，则式(4.3.14)可转化为

$$Y' = a + bx' + \varepsilon, \ \varepsilon \sim N(0, \sigma^2)$$

若在原模型下，对于 (x, Y) 有样本 (x_1, y_1)，(x_2, y_2)，$\cdots$，(x_n, y_n)，就相当于在新模型下有样本 (x_1', y_1')，(x_2', y_2')，$\cdots$，(x_n', y_n')，因而就能利用一元线性回归的方法进行估计、检验和预测。在得到 Y' 关于 x' 的回归方程后，再将原变量代回，就得到 Y 关于 x 的回归方程，它的图形是一条曲线，也称为曲线回归方程。

4.3.2 自变量的选择

在使用多元线性回归模型时，人们总是希望模型中包含尽可能多的自变量，尽可能减少信息的丢失；然而考虑的自变量越多，往往会增加收集数据的难度和增大成本，甚至会加剧自变量与其他自变量的重叠，从而导致计算量的增加，或者给模型参数的估计和模型的预测带来不利影响。因此，人们希望建立起既合理又简单实用的回归模型，而自变量的选择就是首先需要解决的问题。

若在一个回归问题中共有 m 个变量可供选择，那么可以建立 C_m^1 个不同的一元线性回归方程，$\cdots$，C_m^m 个 m 元线性回归方程。所有可能的回归方程共有

$$C_m^1 + C_m^2 + \cdots + C_m^m = 2^m - 1$$

个，也就是人们需要从 $2^m - 1$ 个回归方程中选取"最优"的一个，为此就需要有选择的准则。

下面从不同的角度给出选择的准则。

从拟合角度考虑，可以采用修正的复相关系数达到最大的准则，即

准则 1 修正的复相关系数 R_a^2 达到最大。

从预测角度考虑，可以采用预测平方和达到最小的准则以及 C_p 准则，即

准则 2 预测平方和 PRESS_p 达到最小。

预测平方和准则的基本思想是：对于给定的某 p 个自变量 $x_1, x_2, \cdots, x_p$，在样本数据中删除第 i 组观测值 $(x_{i1}, x_{i2}, \cdots, x_{ip}; y)$ 后，利用这 p 个自变量和 y 的其余 $n-1$ 组观测值建立线性回归方程，并利用所得的回归方程对 y_i 作预测，若记预测值为 $\hat{y}_i$，则预测误差为

$$d_i = y_i - \hat{y}_{(i)}$$

依次取 $i = 1, 2, \cdots, n$，则得到 n 个预测误差。如果包含这 p 个自变量的回归模型预测效果较好，则所有 $d_i (i = 1, 2, \cdots, n)$ 的误差平方和达到或接近最小值。即选取 PRESS_p，使得

$$\text{PRESS}_p = \sum_{i=1}^{n} d_i^2 = \sum_{i=1}^{n} (y_i - \hat{y}_{(i)})^2 \tag{4.3.15}$$

达到或接近最小值的回归方程作为最优回归方程。

准则 3 定义统计量 C_p 为

$$C_p \stackrel{\text{def}}{=\!=} \frac{S_E^2(p)}{\text{MSE}(x_1, x_2, \cdots, x_m)} - (n - 2p - 2) \tag{4.3.16}$$

其中 $S_E^2(p)$ 是包含 p 个自变量的回归方程的残差平方和，$\text{MSE}(x_1, x_2, \cdots, x_m)$ 表示含有所有 m 个自变量的回归方程的均方残差，$\text{MSE}(x_1, x_2, \cdots, x_m) = \dfrac{S_E^2(m)}{n - m - 1}$。$C_p$ 准则要求选择 C_p 值小且 $|C_p - p|$ 值小的回归方程。

从极大似然估计的角度考虑，可以采用 AIC 准则，即

准则 4（AIC 准则） 赤池信息量达到最小。

这个准则由日本统计学家赤池（Akaike）提出，简称为 AIC。AIC 准则通常定义为

$$\text{AIC} = -2\ln L(\hat{\theta}_L, x) + 2p \tag{4.3.17}$$

其中 $L(\hat{\theta}_L, x)$ 表示模型的对数似然函数的极大值，p 表示模型中独立参数的个数。在实用

中，也经常用下式计算赤池信息量：

$$AIC = n\ln(S_E^2(p)) + 2p \tag{4.3.18}$$

选择 AIC 值最小的回归方程为最优回归方程。

4.3.3 逐步回归

当自变量的个数不多时，利用某种准则，从所有可能的回归模型中寻找最优回归方程是可行的。但若自变量的数目较多，求出所有的回归方程是很不容易的。为此，人们提出了一些较为简便实用的快速选择最优方程的方法，比如"前进法"和"后退法"，以及数学建模中应用比较多的"逐步回归法"。

1. 前进法和后退法

前进法是从回归方程仅包含常数项开始，把自变量逐个引入回归方程。具体来说，先在 m 个自变量中选择一个与因变量线性关系最密切的变量，记为 x_{i_1}；然后在剩余的 $m-1$ 个自变量中，再选择一个 x_{i_2}，使得 $\{x_{i_1}, x_{i_2}\}$ 联合起来二元回归效果最好；第三步是在剩下的 $m-2$ 个自变量中选择一个变量 x_{i_3}，使得 $\{x_{i_1}, x_{i_2}, x_{i_3}\}$ 联合起来回归效果最好；如此进行下去，直到获得"最优"回归方程为止。

后退法与前进法相反，首先用 m 个自变量与 Y 建立一个回归方程，然后在这个方程中剔除一个最不重要的自变量，接着又利用剩下的 $m-1$ 个自变量与 Y 建立线性回归方程，再剔除一个最不重要的自变量，依次进行下去，直到没有自变量能够剔除为止。

前进法和后退法都有其不足之处，人们为了吸收这两种方法的优点，克服它们的不足，提出了逐步回归法。

2. 逐步回归法

逐步回归法是一种以前进法为主，变量可进可出的筛选变量方法。被选入的变量当它的作用在新的变量引入后变得微不足道时，可以将它剔除；被剔除的变量，当它的作用在新变量引入情况下变得重要时，也可以将它重新选入回归方程。最终得到的方程中既不漏掉对 Y 影响显著的变量，又不包括对 Y 影响不显著的变量。给出引入变量的显著性水平 α_{in} 和剔除变量的显著性水平 α_{out} 后，按图 4.3.1 所示的流程筛选变量。

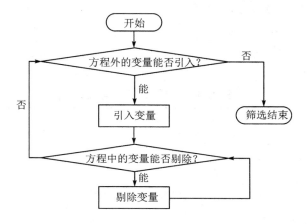

图 4.3.1 逐步回归的基本步骤

在数学建模的过程中，逐步回归法面临的一个较大的难题是引入或删除时的显著性水平 α_{in} 和 α_{out} 的选择，若 α_{in} 和 α_{out} 都选得大，最后所得方程含较多的自变量；反之，方程所含自变量较少。在许多实际应用中，一般令 α_{in} 和 α_{out} 相等。总的说来，逐步回归法所选出的回归方程是比较好的。

实际应用中，因多元线性回归所涉及的数据量较大，相关分析和计算较复杂，通常采用统计分析软件 SPSS 或 SAS 完成。

例 4.3.1 例 4.1.2 和例 4.2.1 续。

研究附件 1 中项目的任务定价规律，分析任务未完成的原因。

在例 4.1.2 和例 4.2.1 分析的基础上，为了研究任务定价规律，采取逐步回归的方法，将影响价格的因素按照影响程度由大到小的顺序进行线性回归。下面以任务密度 ρ_{i1} 为例说明。

(1) 求出 835 个任务所在地的任务密度 ρ_{i1} 的平均值 $\overline{\rho_{i1}}$ 和 835 个价格 $price_i$ 的平均值 $\overline{price_i}$ 以及离差平方和 L。

$$\begin{cases} L\rho_{i1} = (\rho_{i1} - \overline{\rho_{i1}})^2 \\ L\,price_i = (price_i - \overline{price_i})^2 \end{cases}$$

对数据进行标准化处理：

$$\rho_{i1s} = \frac{\rho_{i1} - \overline{\rho_{i1}}}{\sqrt{L\rho_{i1}}}, \quad price_{is} = \frac{price_i - \overline{price_i}}{\sqrt{L\,price_i}}$$

(2) 利用 Pearson 相关系数计算公式 (4.2.1) 求出 835 个任务所在地的任务密度 ρ_{i1} 和 835 个价格 $price_i$ 的相关系数矩阵。

(3) 假设对第 $k(k=1,2)$ 个影响因素进行回归，相关系数矩阵转化为

$$\boldsymbol{R}^{(k)} = (r_{ij}^{(k)})$$

将标准化后的偏回归平方和记为

$$V_{ij}(k) = \frac{(r_{ij,(p+1)}^k)^2}{r_{ij,ij}^k}$$

选取偏回归平方和中的最大值，在给定显著性水平 α 后，作显著性的 F 检验。若未能通过显著性检验，就排除该因素。在对任务密度 ρ_{i1} 进行计算后，引入任务与市中心的距离 C_i 作相同的计算。最终得到回归方程为

$$\frac{price_i - \overline{price_i}}{\sqrt{L\,price_i}} = r_{ij,(p+1)}^k \frac{\rho_{i1} - \overline{\rho_{i1}}}{\sqrt{L\rho_{i1}}} + r_{ij,(p+1)}^k \frac{C_i - \overline{C_i}}{\sqrt{LC_i}}$$

回归模型的结果见表 4.3.6。

表 4.3.6   回归模型的结果

	非标准化系数		标准系数	t	显著性	B 的 95.0% 置信区间	
	B	标准错误	贝塔			下限值	上限值
常量	71.736	1.699		42.232	0	68.364	75.107
任务密度系数	−0.399	0.123	−0.382	−3.234	0.002	−0.644	−0.154
与市中心距离系数	0.035	0.045	0.09	0.766	0.446	−0.055	0.125

利用表中的参数，得回归方程为

$$\text{price}_i = 0.035\rho_{i1} - 0.399C_i + 71.736 \tag{4.3.19}$$

由式(4.3.19)可以看出，任务的地理位置对价格的负相关影响较大，密度对价格的正相关影响较小。在分析任务未完成原因时，需要综合考虑这两个因素。

4.4　数据插值和拟合方法

在工程和科学实验中，通过实验或观察所得到的某组数据$(x_i, y_i)(i=0, 1, \cdots, n)$，可能隐含变量$x$与变量$y$之间的某种函数关系，一般可用一个近似函数$y=f(x)$来表示。因此，能否根据实验观察数据找到变量之间的比较正确的函数关系就成为解决问题的关键。插值和拟合就是通过这些数据确定某一类已知函数的参数或寻求某个近似函数的方法。实际上，函数$y=f(x)$的产生办法由于观测数据和要求的不同而有差异，如果要求近似函数经过已知的所有数据点，即对每一个观测点x_i一定满足$y_i=f(x_i)(i=1, 2, \cdots, n)$，则此类问题称为插值问题。在这种情况下，通常要求观测数据相对比较正确，即不考虑随机误差的影响。如果考虑到观测数据受随机误差的影响，进而寻求整体误差最小并能较好地反映观测数据的变化趋势的近似函数，此时并不要求近似函数通过每一个观察点，则此类问题称为拟合问题。

插值方法与数据拟合的基本理论依据就是数学分析中的 Weierstrass 定理：设函数$f(x)$在区间$[a, b]$上连续，则对 $\forall \varepsilon > 0$，存在多项式$P(x)$，使得

$$\max_{x \in [a, b]} |f(x) - P(x)| < \varepsilon$$

即：有界区间上的连续函数被多项式一致逼近。

在实际应用中，究竟选择哪种方法比较恰当？总的原则是根据实际问题的特点来决定。具体来说，可从以下两方面来考虑：

(1) 如果给定的数据是少量的且被认为是严格精确的，那么宜选择插值方法。采用插值方法可以保证插值函数与被插值函数在插值节点处完全相等。

(2) 如果给定的数据是大量的测试或统计的结果，一方面测试或统计数据本身往往带有测量误差，此时宜选用数据拟合的方法；另一方面，测试或统计数据通常很多，如果采用插值方法，不仅计算麻烦，而且逼近效果往往较差。

插值和拟合的方法很多，这一节主要介绍一般的插值和拟合方法，以及它们在数学建模中的应用。

4.4.1　数据插值

插值问题的基本提法：已知定义域为$[a, b]$的未知连续函数$y=f(x)$的一组观测数据$(x_i, y_i)(i=0, 1, 2, \cdots, n)$，要求在一个性能优良、便于计算的函数类$\{P(x)\}$中，选出一个满足$y_i=P(x_i)(i=0, 1, \cdots, n)$的函数$P(x)$作为$f(x)$的近似，这就是最基本的插值问题。

为了便于叙述，通常称$[a, b]$为插值区间，称点$x_0, x_1, \cdots, x_n$为插值点，函数$P(x)$称为插值函数，$f(x)$称为被插函数，求插值函数的方法称为插值法。

插值函数的种类很多，可以是多项式函数，可以是三角函数，也可以是$[a, b]$上任意

的光滑函数。在此介绍常用的 Lagrange 插值法、分段多项式插值法与三次样条插值法。

1. Lagrange 插值法

假设插值多项式 $P_n(x) = a_n x^n + a_{n-1} x^{n-1} + \cdots + a_1 x + a_0$，利用待定系数法即可求得满足插值条件 $P_n(x_i) = y_i (i = 0, 1, \cdots, n)$ 的插值多项式 $P_n(x)$。其关键在于确定待定系数 $a_n, a_{n-1}, \cdots, a_0$。待定系数法原理简单，但由于实际计算量太大而使用不方便，因而提出 Lagrange 插值法。

Lagrange 插值法首先构造 $n+1$ 个满足条件 $p_i(x_j) = \delta_{ij}$ 的 n 次插值基函数 $p_i(x)$：

$$p_i(x) = \prod_{\substack{j=0 \\ j \neq i}}^{n} \frac{x - x_j}{x_i - x_j}, \quad i = 0, 1, \cdots, n$$

$$\delta_{ij} = \begin{cases} 1, & i = j \\ 0, & i \neq j \end{cases}$$

再将 $p_i(x)$ 进行线性组合，即可得到如下的 Lagrange 插值多项式：

$$P_n(x) = \sum_{i=0}^{n} p_i(x) f(x_i)$$

满足一定条件时，可以得到 Lagrange 插值的误差为

$$R_n(x) = f(x) - P_n(x) = \frac{f^{(n+1)}(\xi)}{(n+1)!} \prod_{i=0}^{n} (x - x_i), \quad \xi \in (a, b)$$

2. 分段多项式插值法

分段多项式插值法最常用的是分段线性插值和分段抛物线插值。

分段线性插值函数 $P_1(x)$ 是一个分段一次多项式（分段线性函数），在几何上就是用折线代替曲线，故分段线性插值也称为折线插值。其插值公式为

$$P_1(x) = \frac{x - x_i}{x_{i+1} - x_i} y_{i+1} + \frac{x - x_{i+1}}{x_i - x_{i+1}} y_i, \quad x \in [x_i, x_{i+1}]$$

分段二次插值函数 $P_2(x)$ 是一个分段二次多项式，在几何上就是用分段抛物线代替曲线 $y = f(x)$，故分段二次插值又称为分段抛物插值。其插值公式为

$$P_2(x) = \frac{(x - x_i)(x - x_{i+1})}{(x_{i-1} - x_i)(x_{i-1} - x_{i+1})} y_{i-1} + \frac{(x - x_{i-1})(x - x_{i+1})}{(x_i - x_{i-1})(x_i - x_{i+1})} y_i +$$

$$\frac{(x - x_{i-1})(x - x_i)}{(x_{i+1} - x_{i-1})(x_{i+1} - x_i)} y_{i+1}$$

$$= \sum_{k=i-1}^{i+1} \left[\prod_{\substack{j=i-1 \\ j \neq k}}^{i+1} \left(\frac{x - x_j}{x_k - x_j} y_k \right) \right] \quad x \in [x_i, x_{i+1}]$$

Lagrange 插值和分段多项式插值的优点是计算简单、稳定性好、收敛性有保证，且易于在计算机上实现。但它也存在着明显的缺陷，即插值精度不够，只能保证在每个小区间段 $[x_i, x_{i+1}]$ 内光滑，在各小区间连接点 x_i 处连续，却不能保证整条曲线的光滑性，难以满足某些工程的要求，如对于高速飞机的机翼形线往往要求有二阶光滑度，即有二阶连续导数。

克服 Lagrange 插值和分段多项式插值的缺陷而发展起来的样条插值，既保留了分段多项式插值的各种优点，又提高了插值函数的光滑度。

3. 样条插值法

给定区间 $[a, b]$ 的一个分划 $a = x_0 < x_1 < \cdots < x_n = b$，如果函数 $p(x)$ 满足条件：

（1）在每个子区间 $[x_{i-1}, x_i](i=1, 2, \cdots, n)$ 上是 k 次多项式；

（2）$p(x)$ 及其直到 $k-1$ 阶的导数在 $[a, b]$ 上连续，此时称 $p(x)$ 是关于该分划的一个 k 次多项式样条函数，x_0、x_n 称为边界节点。

在实际中常用的是 $k=2$ 和 $k=3$ 的情形，即二次样条函数和三次样条函数。

三次样条插值问题的基本提法：对于给定的一维数据 $(x_i, y_i)(i=0, 1, \cdots, n)$，求一个三次多项式 $p(x)$ 满足条件：

（1）$p(x_i)=y_i(i=0, 1, \cdots, n)$；

（2）$p(x)$ 具有二阶连续导数，特别是在节点 x_i 上应满足连续性要求，即对 $i=0, 1, \cdots, n$ 有

$$\begin{cases} p(x_i^-)=p(x_i^+) \\ p'(x_i^-)=p'(x_i^+) \\ p''(x_i^-)=p''(x_i^+) \end{cases}$$

相应的三次样条插值函数的表达式为

$$p_3(x)=\alpha_0+\alpha_1 x+\frac{\alpha_2 x^2}{2!}+\frac{\alpha_3 x^3}{3!}+\sum_{j=1}^{n-1}\frac{\beta_j(x-x_j)_+^3}{3!} \tag{4.4.1}$$

其中，

$$x_+^m=\begin{cases} x^m & x \geqslant 0 \\ 0 & x<0 \end{cases}$$

在式（4.4.1）给出的三次多项式中，共含有 $n+3$ 个待定系数。而由插值条件可列出 $n+1$ 个方程，方程组中未知数的个数比方程个数多 2，还需附加 2 个条件才能进行求解。通常可在自变量 x 的变化区间端点 $x_0=a$ 和 $x_n=b$ 处各附加一个条件（称为边界条件或边值条件）以确定 $p(x)$。

边界条件类型很多，较常见的有三类：

（1）第一边值条件，即给出边界点的一阶导数值：

$$p'(x_0)=y'_0, \quad p'(x_n)=y'_n$$

（2）第二边值条件，即给出边界点的二阶导数值：

$$p''(x_0)=y''_0, \quad p''(x_n)=y''_n$$

特别地，当 $p''(x_0)=p''(x_n)=0$ 时，称为自然边界条件；满足自然边界条件的三次样条插值函数称为自然样条插值函数。

（3）第三边值条件（混合边值条件）：

$$\begin{cases} \alpha_1 p'(x_0)+\beta_1 p''(x_0)=\gamma_1 \\ \alpha_2 p'(x_n)+\beta_2 p''(x_n)=\gamma_2 \end{cases}$$

其中，α_1、α_2、β_1、β_2、γ_1、γ_2 为定数。当 β_1、β_2 为零时，则为第一边值条件；当 α_1、α_2 为零时，则为第二边值条件。

以上谈到的都是一元函数的插值方法，实际使用过程中，一元函数插值是远远不够的，多元函数插值方法的思想与一元函数插值类似，详细情况可以参阅有关书籍。在数学建模中使用插值时，除了知道基本的插值方法，还需要熟悉 MATLAB 软件中有关插值的命令。

MATLAB 中一维数据的插值函数为 interp1( )。其调用格式为

$$y_i=\text{interp1}(\boldsymbol{x}, \boldsymbol{y}, \boldsymbol{x}_i, '\text{method}')$$

其中，

x，y——插值节点，均为向量；

x_i——任取的被插值点，可以是一个数值，也可以是一个向量；

y_i——被插值点 x_i 处的插值结果；

$'method'$——采用的插值方法：$'nearest'$ 表示最临近插值；$'linear'$ 表示线性插值；$'cubic'$ 表示三次插值；$'spline'$ 表示三次样条插值。

注意

（1）上述 $'method'$ 中所有的插值方法都要求 x 是单调的，并且 x_i 不能超过 x 的取值范围。

（2）三次样条插值函数的调用格式有两种，即 $y_i = \text{interp1}(x，y，x_i，'spline')$ 和 $y_i = \text{spline}(x，y，x_i)$，它们是等价的。

4.4.2　数据拟合

拟合问题的基本提法：

假定一组观测数据 $(x_i，y_i)(i=0，1，2，\cdots，n)$ 是某定义域为 $[a，b]$ 的未知连续函数 $y=f(x)$ 的值，要求寻找一个简单合理的函数近似表达式 $\varphi(x)$，使 $\varphi(x)$ 与 $f(x)$ 在某种准则下最为接近，这就是最基本的数据拟合问题。

数据拟合问题的形式多种多样，解决的方法也很多。在此，只介绍常用的以最小二乘法为准则的数据拟合方法。

对于给定的一组数据 $(x_i，y_i)(i=0，1，2，\cdots，n)$，设 $y=\varphi(x)$ 是一拟合函数，记在 x_i 点处的偏差和残量为 $\delta_i = \varphi(x_i)-y_i(i=1，2，\cdots，n)$。为使 $\varphi(x)$ 尽可能在整体上与给定数据的函数 $f(x)$ 接近，常常以偏差的平方和达到最小为原则来确定拟合函数 $\varphi(x)$，即

$$S = \sum_{i=1}^{n}\delta_i^2 = \sum_{i=1}^{n}[\varphi(x_i)-y_i]^2 = \min \tag{4.4.2}$$

这一原则称为最小二乘原则，根据最小二乘原则确定拟合函数 $\varphi(x)$ 的方法称为最小二乘法。通常的最小二乘拟合法有两类，线性最小二乘拟合法和非线性最小二乘拟合法。

1. 线性最小二乘拟合法

我们知道，函数系 $\{x^k，k=1，2，\cdots，m\}$ 的线性组合

$$\varphi(x)=a_m x^m + a_{m-1}x^{m-1}+\cdots+a_1 x + a_0$$

为 m 次多项式。一般地，若函数系 $\{\varphi_k(x)，k=0，1，2，\cdots，m\}$ 是线性无关的，则其线性组合

$$\varphi(x)=\sum_{k=0}^{m}a_k\varphi_k(x) \tag{4.4.3}$$

称为函数系 $\{\varphi_k(x)，k=0，1，2，\cdots，m\}$ 的广义多项式。如三角多项式

$$\varphi(x)=\sum_{k=0}^{m}a_k\cos(kx)+\sum_{k=0}^{m}b_k\sin(kx)$$

就是函数系 $\{1，\cos x，\sin x，\cos 2x，\sin 2x，\cdots，\cos mx，\sin mx\}$ 的广义多项式。

设 $\{\varphi_k(x)，k=0，1，\cdots，m\}$ 为一线性无关的函数系，取拟合函数为式(4.4.3)给出的广义多项式，使得式(4.4.2)成立。由于 $\varphi(x)$ 的待定系数 $a_m，a_{m-1}，\cdots，a_1，a_0$ 全部以线性形式出现，故称之为线性最小二乘拟合。

在式(4.4.2)中，目标函数 S 是关于参数 a_m，a_{m-1}，$\cdots$，a_1，a_0 的多元函数，由多元函数取得极值的必要条件知，欲使 S 达到极小，须满足

$$\frac{\partial S}{\partial x_k} = 0 \quad k = 0, 1, \cdots, m$$

即

$$\sum_{i=1}^{n} \left[\varphi(x_i) - y_i \right] \varphi_k(x_i) = 0$$

亦即

$$\sum_{j=0}^{m} \left[\sum_{i=1}^{n} \varphi_j(x_i) \varphi_k(x_i) \right] a_j = \sum_{i=1}^{n} y_i \varphi_k(x_i) \quad k = 0, 1, \cdots, m \qquad (4.4.4)$$

式(4.4.4)是关于 a_m，a_{m-1}，$\cdots$，a_1，a_0 的线性方程组，称为正规方程组。

从正规方程组(4.4.4)中解出 a_m，a_{m-1}，$\cdots$，a_1，a_0，就得到最小二乘拟合函数 $\varphi(x)$。

2. 非线性最小二乘拟合

如果拟合函数 $\varphi(x) = \varphi(x, a_0, a_1, \cdots, a_{m-1}, a_m)$ 的待定参数 a_m，a_{m-1}，$\cdots$，a_1，a_0 不能全部以线性形式出现，如指数拟合函数

$$\varphi(x) = a_0 + a_1 e^{-a_2 x}$$

等，这便是非线性最小二乘拟合问题。

实际的拟合问题一般可以通过相应的软件直接求得。下面给出一维数据拟合的 MATLAB 实现。

(1) 多项式拟合函数的命令为 polyfit( )，其调用格式为

$$a = \text{polyfit}(x\text{data}, y\text{data}, m)$$

其中，

　　m ——多项式的最高阶数；

　　$x$data，$y$data—— 将要拟合的数据，它们都是以数组方式输入的；

　　a—— 输出参数，为拟合多项式的系数 $a = [a_0, a_1, a_2, \cdots, a_m]$。

多项式在 x 处的值 y 可用如下命令格式计算：

$$y = \text{polyval}(a, x)$$

(2) 一般的曲线拟合函数的命令为 curvefit( )或 lsqcurvefit( )，其调用格式为

$$p = \text{curvefit}('\text{Fun}', p_0, x\text{data}, y\text{data})$$

或

$$p = \text{lsqcurvefit}('\text{Fun}', p_0, x\text{data}, y\text{data})$$

其中，

　　Fun——函数 Fun(p, $x$data)的 M 文件；

　　p_0——函数的初值。

若要求点 x 处的函数值 y，可用程序 $f = \text{Fun}(p, x)$ 计算。

注 4.3 节讲到的回归是拟合的一种方法，拟合的概念很广泛，拟合包含回归和逼近。回归强调随机因素的影响，而拟合没有；拟合侧重于调整曲线的参数，使得与数据相符，而回归重在研究两个变量或多个变量之间的关系。数学建模中拟合也是非常常用的方法，通过数据拟合获得变量之间的数量关系，可为问题的解决提供依据。

例 4.4.1 中小微企业的信贷决策（2020 CUMCM A 题）。

在企业与银行的借贷过程中，由于中小微企业的体量较小，缺乏充足的资产用于抵押，因此银行通常通过信贷政策、企业的交易单据信息、贷款对象的上下游企业还款能力等因素对借贷进行决策。银行通常选择高信誉、信贷等级高的企业进行贷款。除了决定是否向企业进行贷款外，银行还需要根据相关企业的风险评估相关信息，对准备贷款的企业进行贷款金额、贷款利率和贷款期限等策略的决策。

某个银行对确定需要放贷的企业提供的贷款额度范围为 10~100 万元，贷款年利率为 4%~15%，贷款的期限为 1 年。请对附件 1 中的 123 家企业进行风险量化分析，并给出在银行当年信贷总额一定时的信贷策略。

问题分析 为了对 123 家企业的信贷风险进行量化分析，我们将充分挖掘所给附件 1、附件 3 中的数据蕴含的信息，探索企业贷款年贷款利率和客户流失率的关系，为建立"银行盈利最大化"的非线性规划模型作准备。具体的拟合过程如下。

在银行利率不断调整的过程中，银行的贷款客户可能会因为利率的提高而流失。附件 3 中的数据反映了银行贷款年利率与客户流失率之间的离散关系。如图 4.4.1(a) 所示，在客户信用等级不同时，银行的客户流失率与企业贷款年利率之间有较强的相关性。

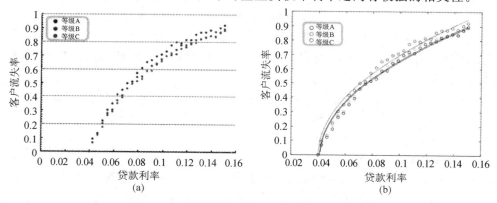

图 4.4.1 客户流失率与企业贷款年利率关系

根据图 4.4.1(a)，在贷款利率较小时，客户流失率随贷款利率变化较大；在贷款利率偏大时，客户流失率随贷款利率变化较小。因此适合采用类幂函数对曲线进行拟合。由于银行贷款的年利率范围为 4%~15%，因此利率的取值必须大于等于 4%。给出下列模型对曲线进行拟合：

$$a(\eta) = K_1(\eta - 0.04)^{\frac{1}{2}}$$

其中，$a(\eta)$ 是客户流失率，η 是银行利率，K_1 是常数。

利用最小二乘法，通过 MATLAB 求解得到用户等级分别为 A、B、C 时，客户流失率与银行贷款利率之间的函数关系，如公式 (4.4.5)、(4.4.6)、(4.4.7) 所示，拟合曲线如图 4.4.1(b) 所示。

$$a(\eta) = 2.856 \cdot (\eta - 0.04)^{\frac{1}{2}} \tag{4.4.5}$$

$$a(\eta) = 2.728 \cdot (\eta - 0.04)^{\frac{1}{2}} \tag{4.4.6}$$

$$a(\eta) = 2.707 \cdot (\eta - 0.04)^{\frac{1}{2}} \tag{4.4.7}$$

4.5　应用案例——葡萄酒质量评价(2012CUMCM A 题)

例 4.5.1　例 4.1.1 和例 4.2.2 续。

请利用附件数据,分析酿酒葡萄与葡萄酒的理化指标之间的联系。

问题分析　由于酿酒工艺复杂且对于给定的一个葡萄酒理化指标,在酿酒葡萄中可能会存在多种因素对其产生影响,所以只可利用统计中的相关性进行分析,且两个指标之间不是简单的一一映射关系。

基于上述考虑,首先利用例 5.2.1 中主成分分析得出的主成分,选取红葡萄的 8 个理化指标作为自变量和红葡萄酒的 6 个理化指标作为因变量,使用多元线性回归模型求得关系式,便可以分析酿酒葡萄的理化指标和葡萄酒理化指标之间的定量关系。

由于附件中理化指标的量纲不同,数值数量级差异很大,难以直接进行运算,因此使用极差标准化公式对其进行标准化处理,即

$$S_{ij} = \frac{O_{ij} - (O_{ij})_{\min}}{(O_{ij})_{\max} - (O_{ij})_{\min}}$$

其中,O_{ij} 为指标 i 在第 j 个葡萄样品中的原数据;S_{ij} 为指标 i 在第 j 个葡萄样品中标准化后的数据。

以红葡萄以及红葡萄酒的理化指标为例进行计算。白葡萄以及白葡萄酒的理化指标可以同理进行计算。

由例 5.2.1 主成分分析得出的主成分为依据,为简化计算及保证结果的准确性,对于红葡萄,选取其 8 个理化指标作为自变量,如表 4.5.1 所示。

表 4.5.1　红葡萄的 8 个主要理化指标

指标	x_1	x_2	x_3	x_4	x_5	x_6	x_7	x_8
名称	花色苷	DPPH 自由基	总酚	单宁	总糖	白藜芦醇	pH 值	黄酮醇

对于红葡萄酒,选取其 6 个理化指标作为因变量,如表 4.5.2 所示。

表 4.5.2　红葡萄酒的 6 个主要理化指标

指标	y_1	y_2	y_3	y_4	y_5	y_6
名称	花色苷	单宁	总酚	酒总黄酮	白藜芦醇	DPPH 半抑制体积

考虑用多元线性回归模型解决葡萄理化指标与葡萄酒理化指标之间的联系。建立多元线性回归模型:

$$y_j = \beta_0 + \beta_1 x_1 + \beta_2 x_2 + \beta_3 x_3 + \beta_4 x_4 + \beta_5 x_5 + \beta_6 x_6 + \beta_7 x_7 + \beta_8 x_8 + \varepsilon \quad j = 1, 2, \cdots, 6$$

其中,$x_i (i=0,1,\cdots,8)$ 称为回归变量(即自变量),$y_j (j=0,1,\cdots,6)$ 为因变量,$\beta_i (i=0,1,\cdots,8)$ 是回归系数,影响 $y_j (j=1,2,\cdots,6)$ 的其他因素的作用都包含在随机误差 ε 中,且 ε 大致服从均值为零的正态分布。

利用 MATLAB 统计工具箱中的命令 regress 直接求解,即可得到 8 个参数的估计值与置信区间。以花色苷为例,其多元线性回归方程中的参数结果如表 4.5.3 所示。

表 4.5.3　红葡萄与红葡萄酒内花色苷的多元线性回归方程中的参数结果

参数	参数估计值	参数置信区间
β_0	-0.0000	$[-0.0396, 0.0396]$
β_1	1.0019	$[0.7195, 1.2843]$
β_2	0.0552	$[-0.4168, 0.5271]$
β_3	-0.1456	$[-0.5880, 0.2967]$
β_4	0.0662	$[-0.1644, 0.2968]$
β_5	0.0318	$[-0.1980, 0.2615]$
β_6	0.0228	$[-0.2027, 0.2484]$
β_7	-0.1152	$[-0.3194, 0.0891]$
β_8	0.0769	$[-0.1175, 0.2713]$

亦可求得 $R^2=0.8841$，$F=17.1657$，$p<0.001$，$\sigma^2=0.096$。其中回归方程的决定系数 $R^2=0.8841$ 指因变量 y_1 的 88.41% 可由模型确定，F 值远远超过 F 检验的临界值，F 统计量对应的概率值 p 远小于 α（置信水平 $\alpha=0.05$），残差的方差 $\sigma^2=0.096$。因而对于花色苷，多元线性回归模型从整体来看是可用的。观察 $\beta_i(i=0,1,\cdots,8)$ 的估计值 $\hat{\beta}_i(i=0,1,\cdots,8)$ 的置信区间发现，只有 β_1 的置信区间不包含零点，表明回归变量 x_1 对 y_1 的影响是显著的，其余回归变量对 y_1 的影响不是太显著。

综合上述分析，红葡萄酒中的花色苷与葡萄中的花色苷有较大的正相关性，与葡萄中其他物质的关系很小，这与人们的主观认识和实际情况也是相符的。

再以单宁为例，同样利用 MATLAB 统计工具箱中的命令 regress 求解，结果如表 4.5.4 所示。

表 4.5.4　红葡萄与红葡萄酒内单宁的多元线性回归方程中参数的结果

参数	参数估计值	参数置信区间
β_0	-0.0000	$[-0.0576, 0.0576]$
β_1	0.2339	$[-0.1771, 0.6449]$
β_2	0.4814	$[-0.2055, 1.1683]$
β_3	0.1440	$[-0.4999, 0.7878]$
β_4	0.1739	$[-0.1618, 0.5095]$
β_5	0.4065	$[0.0721, 0.7409]$
β_6	-0.0263	$[-0.3545, 0.3020]$
β_7	-0.0318	$[-0.3290, 0.2654]$
β_8	0.2567	$[-0.0262, 0.5397]$

同理可求得 $R^2=0.8453$，$F=12.2919$，$p<0.001$，$\sigma^2=0.0203$。$R^2=0.8453$，即因变量 y_2 的 84.53% 可由模型确定，F 值远远超过 F 检验的临界值，p 远小于 α，$\sigma^2=0.0203$。因而对于单宁，多元线性回归模型从整体来看是可用的。观察 $\beta_i(i=0，1，\cdots，8)$ 的估计值 $\hat{\beta}(i=0，1，\cdots，8)$ 的置信区间发现，只有 β_5 的置信区间不包含零点，表明回归变量 x_5 对 y_2 的影响是显著的，其余回归变量对 y_2 的影响不是太显著。以上结果说明，葡萄酒中的单宁与葡萄中的总糖有一定的正相关性，与葡萄中的单宁及其他物质的相关性都不强，这与人们的主观认识出现了一定的矛盾。

但是经查阅资料发现，葡萄酒中的单宁分为水解单宁和缩合单宁，而水解单宁又分为鞣花单宁和没食子单宁。其中，缩合单宁来自于葡萄浆果本身，没食子单宁来自于葡萄皮，鞣花单宁来自于存储葡萄酒的橡木桶和添加的单宁制剂。所以葡萄酒中的单宁也与人为添加和存储环境有明显的关系。因此葡萄酒中的单宁与葡萄中的单宁相关性不强，很有可能是人为添加和存储环境的因素造成的。与此同时，酚酸或其衍生物与葡萄糖或多元醇可以通过酯类反应形成单宁，使得单宁含量增加，所以葡萄酒中的单宁与葡萄中的总糖有一定的正相关性。

综上所述，"葡萄酒中的单宁与葡萄中的总糖有一定的正相关性，与葡萄中的单宁及其他物质的关系都不大"是有一定理论依据的。

同理，可获得剩下 4 种理化指标的多元回归方程及其参数的结果。

总酚：
$$\begin{cases} \hat{y}_3=0+0.278x_1+0.515x_2+0.403x_3+0.068x_4+0.244x_5+0.104x_6-0.267x_7-0.032x_8 \\ R^2=0.8453，F=12.2919，p<0.001 \end{cases}$$

酒总黄酮：
$$\begin{cases} \hat{y}_4=0+0.162x_1+0.090x_2+0.655x_3+0.055x_4+0.118x_5+0.108x_6-0.050x_7-0.078x_8 \\ R^2=0.8046，F=9.2667，p<0.001 \end{cases}$$

白藜芦醇：
$$\begin{cases} \hat{y}_5=0-0.318x_1+0.447x_2+0.254x_3+0.058x_4+0.204x_5-0.036x_6-0.071x_7-0.145x_8 \\ R^2=0.2876，F=0.9084，p=0.5310 \end{cases}$$

DPPH 半抑制体积：
$$\begin{cases} \hat{y}_6=0+0.026x_1+0.274x_2+0.560x_3+0.051x_4+0.231x_5+0.084x_6+-0.137x_7+0.048x_8 \\ R^2=0.8232，F=10.4769，p<0.001 \end{cases}$$

根据上述结果及对各回归参数的置信区间进行分析，可得：

(1) 对于总酚，多元线性回归模型整体可用。葡萄的 pH 值对葡萄酒的总酚影响显著，两者呈负相关性；葡萄酒的总酚与葡萄的总酚、DPPH 自由基的正相关性较大。

(2) 对于 DPPH 半抑制体积，多元线性回归模型整体可用。葡萄酒的 DPPH 半抑制体积与葡萄的 DPPH 自由基、总酚的正相关性较大。

查资料可知，需要利用电子自旋共振检测 DPPH 自由基与总酚含量的关系，发现 DPPH 自由基与酚类物质含量呈非线性的正相关关系。所以葡萄酒的 DPPH 半抑制体积与葡萄中总酚的正相关性较大是合理的。

(3) 对于酒总黄酮，多元线性回归模型整体可用。葡萄的总酚对葡萄酒的酒总黄酮影响显著，两者有较大的正相关性。酚类化合物主要包括黄酮类等，所以两者有大的正相关性也是合理的。

（4）对于白藜芦醇，由于 $R^2 = 0.2876$，所以多元线性回归模型不可用。

查阅资料发现，葡萄酒中的白藜芦醇主要来源于葡萄果实，从理论上来说葡萄与葡萄酒中白藜芦醇的相关性应该较强。考虑到不同种类的白藜芦醇在酿酒工艺中被提取时可能存在难以提取的现象，于是对白藜芦醇中的反式白藜芦醇苷、顺式白藜芦醇苷、反式白藜芦醇和顺式白藜芦醇四种物质进行逐项分析。资料显示，这四类白藜芦醇不存在难以提取的现象，并且根据分析，这四种物质在葡萄和葡萄酒中相关性依然很小。因此，可以认为题中附件 3 给出葡萄和葡萄酒的白藜芦醇数据存在一定问题，所以不对葡萄酒中白藜芦醇指标与酿酒葡萄中白藜芦醇指标之间的关系进行讨论。

对于白葡萄，以主成分分析得出的主成分为依据，得到白葡萄和白葡萄酒的理化指标，如表 4.5.5 所示。

表 4.5.5　白葡萄 x_i 和白葡萄酒 y_j 的主要理化指标

自变量	x_1	x_2	x_3	x_4	x_5	x_6	x_7	x_8
名称	花色苷	DPPH自由基	总酚	单宁	白藜芦醇	黄酮醇	总糖	pH 值
因变量	y_1		y_2		y_3		y_4	y_5
名称	单宁		总酚		酒总黄酮		白藜芦醇	DPPH 半抑制体积

同理可得到多元线性回归方程：

$y_1 = -0.2103 + 0.0806x_1 + 0.1535x_2 + 0.1717x_3 + 0.2314x_4 - 0.0780x_5 + 0.2672x_6 + 0.2152x_7 + 0.0990x_8$

$y_2 = -0.0054 + 0.0166x_1 + 0.1316x_2 + 0.3388x_3 + 0.1177x_4 + 0.0182x_5 + 0.0339x_6 + 0.1836x_7 + 0.0522x_8$

$y_3 = 0.2028 - 0.0084x_1 - 0.1270x_2 + 0.5839x_3 - 0.0078x_4 - 0.1581x_5 + 0.3438x_6 + 0.0373x_7 - 0.1401x_8$

$y_4 = 0.5580 - 0.1226x_1 + 0.1730x_2 - 0.6367x_3 + 0.3465x_4 - 0.1559x_5 + 0.1629x_6 - 0.5472x_7 + 0.0085x_8$

$y_5 = -0.1177 + 0.0847x_1 + 0.1942x_2 + 0.3026x_3 + 0.0844x_4 - 0.0723x_5 + 0.2001x_6 + 0.2131x_7 + 0.0255x_8$

类似于红葡萄酒，可以对每个回归关系式进行相应的分析。

注　通过该题的解答，再一次说明了对同一个问题的处理，出发点不同，会有不同的处理方法，只要方法合理，都是可行的。

习　题　4

1. 在公司的一次薪酬调查中，得到同部门的 19 个员工的工资（单位：元）如下：1500，1050，1130，850，1080，2000，1250，1630，1430，1270，1250，1380，1670，1730，1640，1250，1450，1250，1180。

试求这组数据的平均值、众数、极差、方差、偏态系数和峰态系数。

2. 用自动化车床连续加工某种零件的一道工序，由于刀具磨损等原因会出现故障。故障是完全随机的，并假设生产任一零件时出现故障的机会均相等。工作人员是通过检查零件来确定工序是否出现故障的。现积累有 100 次故障记录，故障出现时该刀具完成的零件数如下：495，362，624，542，509，584，433，748，815，505，612，452，434，982，640，742，565，706，593，680，926，653，164，487，734，608，428，1153，595，844，527，552，513，781，474，388，824，538，862，659，775，859，755，49，697，515，628，954，771，609，402，960，885，610，292，837，43，677，358，638，699，634，555，570，84，416，606，1063，484，120，447，654，564，339，280，246，687，539，790，581，621，724，531，512，577，496，468，499，544，645，764，558，378，765，666，763，217，715，310，851。

试问：该刀具出现故障时完成的零件数属于哪种分布？

3. 在 1～12 这几个小时内，每隔 1 小时测量一次温度。测得的温度（单位：℃）依次为 5，8，9，15，25，29，31，30，22，25，27，24。试估计每隔 0.1 小时的温度值。

4. 某家具厂生产家具的总成本与木材耗用量有关，记录资料见表 4.1。

表 4.1　某家具厂生产家具的总成本与木材耗用量

月　份	1	2	3	4	5	6	7
木材耗电量/千米	2.4	2.1	2.3	1.9	1.9	2.1	2.4
总成本/千元	3.1	2.6	2.9	2.7	2.8	3.0	3.2

（1）建立以总成本为因变量的回归直线方程；

（2）计算回归方程的估计标准误差；

（3）计算相关系数，判断其相关程度。

5. 某种机械设备已使用年数与其每年维修费用资料见表 4.2。

表 4.2　某种机械设备已使用年数与其每年维修费用资料

已使用年数/年	2	2	3	4	4	5	5	6	6	6	8	9
年维修费用/元	400	540	520	640	740	600	800	700	760	900	840	1080

（1）试分析这种设备已使用年数长短与维修费用之间的相关关系方向和类型；

（2）用恰当的回归方程加以表述；

（3）当使用年数在 11 年时，这种机械设备的年维修费用估计是多少元？

（4）分析两个变量之间的密切程度。

6. 统计教授认为数学知识是统计课程的基础。在学期前，他进行了数学标准测验（X），最后他将统计课程的期末成绩（Y）和数学标准测验（X）进行了比较，结果如表 4.3 所示。

表 4.3　数学标准测验和统计课程成绩比较

学生	X	Y
A	90	94
B	85	92
C	80	81

学生	X	Y
D	75	78
E	70	74
F	70	73
G	70	75
H	60	66
I	60	53
J	50	52

(1) 画出描述两个变量之间关系的散点图;

(2) 计算两个变量之间的相关系数;

(3) 计算决定性系数,并描述两个测验之间的关系;

(4) 对所得到的结果作出解释。

7. 某年级学生的期末考试中,有的课程闭卷考试,有的课程开卷考试,44 名学生的成绩如表 4.4 所示。

表 4.4 某年级期末考试 44 名学生的成绩

闭 卷		开 卷			闭 卷		开 卷		
力学 X_1	物理 X_2	代数 X_3	分析 X_4	统计 X_5	力学 X_1	物理 X_2	代数 X_3	分析 X_4	统计 X_5
77	82	67	67	81	63	78	80	70	81
75	73	71	66	81	55	7263	70	68	
63	63	65	70	63	53	61	72	64	73
51	67	65	65	68	59	70	68	62	56
62	60	58	62	70	64	72	60	62	45
52	64	60	63	54	55	67	59	62	44
50	50	64	55	63	65	63	58	56	37
31	55	60	57	76	60	64	56	54	40
44	69	53	53	53	42	69	61	55	45
62	46	61	57	45	31	49	62	63	62
44	61	52	62	45	49	41	61	49	64
12	58	61	63	67	49	53	49	62	47
54	49	56	47	53	54	53	46	59	44
44	56	55	61	36	18	44	50	57	81
46	52	65	50	35	32	45	49	57	64
30	69	50	52	45	31	42	48	54	68
40	27	54	61	61	46	49	53	59	37
36	59	51	45	51	56	40	56	54	5

续表

闭　卷		开　卷			闭　卷		开　卷		
力学 X_1	物理 X_2	代数 X_3	分析 X_4	统计 X_5	力学 X_1	物理 X_2	代数 X_3	分析 X_4	统计 X_5
46	56	57	49	32	45	42	55	56	40
42	60	54	49	33	40	63	53	54	25
23	55	59	53	44	48	48	49	51	37
41	63	49	46	34	46	52	53	41	40

试对闭卷(X_1，X_2)和开卷(X_3，X_4，X_5)两组变量进行典型相关分析。

8. 7 个地区 2000 年的人均国内生产总值(GDP)和人均消费水平的统计数据如表 4.5 所示。

表 4.5　7 个地区 2000 年的人均国内生产总值(GDP)和人均消费水平的统计数据

地区	人均 GDP/元	人均消费水平/元
北京	22469	7326
辽宁	11226	4490
上海	34547	11546
江西	4851	2396
河南	5444	2208
贵州	2662	1608
陕西	4549	2035

求：

(1) 以人均 GDP 作自变量、人均消费水平作因变量，绘制散点图，说明两者之间的关系形态；

(2) 计算两个变量之间的线性相关系数，说明两个变量之间的关系强度；

(3) 求出估计的回归方程，并解释回归系数的实际含义；

(4) 计算判定系数，并解释其意义；

(5) 检验回归方程线性关系的显著性($\alpha = 0.05$)；

(6) 如果某地区的人均 GDP 为 5000 元，预测其人均消费水平。

9. 随机抽取 7 家超市，得到其广告费支出和销售额数据，见表 4.6。

表 4.6　7 家超市广告费支出和销售额数据

超　市	广告费支出/万元	销售额/万元
A	1	19
B	2	32
C	4	44
D	6	40
E	10	52
F	14	53
G	20	54

求：

(1) 广告费支出作自变量 x、销售额作因变量 y 的回归方程；

(2) 检验广告费支出与销售额之间的线性关系是否显著($\alpha = 0.05$)；

(3) 绘制关于 x 的残差图，说明关于误差项 ε 的假定是否满足；

(4) 你是选用这个模型，还是另外寻找一个更好的模型？

10. 通常用来评价商业中心经营好坏的一个综合指标是单位面积的营业额，它是单位时间内(通常为 1 年)的营业额与经营面积的比值。对单位面积营业额的影响因素的指标有单位小时车流量，日人流量，居民年消费额，消费者对商场的环境、设施及产品的丰富程度的满意度评分。这几个指标中车流量和人流量是通过同时对几个商业中心进行实地观察而得到的，而居民年消费额，消费者对商场的环境、设施及产品的丰富程度的满意度评分是通过随机采访顾客而得到的平均数据。表 4.7 中存放了随机抽取的 20 个商业中心的有关指标数据。

表 4.7　20 个商业中心的有关指标数据

商业中心编号	单位面积年营业额 Y /(万元/平方米)	每小时机动车流量 x_1 /万辆	日人流量 x_2 /万人	居民年消费额 x_3 /万元	对商场环境满意度 x_4	对商场设施满意度 x_5	对商场产品丰富程度满意度 x_6
1	2.5	0.51	3.90	1.94	7	9	6
2	3.2	0.26	4.24	2.86	7	4	6
3	2.5	0.72	4.54	1.63	8	8	7
4	3.4	1.23	6.98	1.92	6	10	10
5	1.8	0.69	4.21	0.71	8	4	7
6	0.9	0.36	2.91	0.62	6	6	5
⋯	⋯	⋯	⋯	⋯	⋯	⋯	⋯
15	2.6	1.04	5.53	1.30	10	7	9
16	2.7	1.18	5.98	1.28	8	7	9
17	1.4	0.61	1.27	1.48	6	7	1
18	3.2	1.05	5.77	2.16	7	10	9
19	2,9	1.06	5.71	1.74	6	9	9
20	2.5	0.58	4.11	1.85	7	9	6

请利用该数据完成以下工作：

(1) 研究变量之间的相关程度("单位面积营业额"与其余 6 个变量间的相关程度，其余 6 个变量之间的相关程度)；

(2) 由(1)的结论建立"单位面积营业额"与和其线性相关程度最高的变量的一元线性回归方程；

(3) 采用逐步回归法建立"单位面积营业额"的预测公式。

11. 某年美国旧车价格的调查资料见表 4.8，其中 x_i 表示轿车的使用年数，y_i 表示相应的平均价格。试分析可以用什么形式的曲线来拟合表 4.8 中的数据，并预测使用 4.5 年后轿车大致的平均价格。

表 4.8　某年美国旧车价格的调查资料

x_i	1	2	3	4	5	6	7	8	9	10
y_i	2615	1943	1494	1087	765	538	484	290	226	204

12. 汽车制造厂生产的某种轿车的外形数据如表 4.9 所示。

表 4.9　汽车制造厂生产的某种轿车的外形数据

x_i	1.16	1.2	1.4	1.6	1.8	2.0	2.2	2.4	2.6	2.8	3.0	3.1	3.2
y_i	0.91	0.95	1.09	1.16	1.19	1.20	1.19	1.17	1.14	1.08	0.99	0.93	0.84

试分析并拟合表 4.9 中的数据。

第 5 章　多元统计建模方法

本章介绍常用的多元统计建模方法,即方差分析法、主成分分析法、因子分析法和聚类分析法。在数学建模中,主成分分析法和聚类分析法更常用一些。凡是多维数据需要降维处理时,大多数采用主成分分析法或者因子分析法,而数学建模中的分类问题大多采用聚类分析法。

5.1　方 差 分 析 法

在工农业生产和科学研究中,影响事物的因素往往很多。例如,某个新品种的种植产量可能与土壤条件、温度、湿度、施肥、灌溉等因素有关,一个因素的改变可能导致产量的变化,并且有些因素对产量的影响大些,有些因素的影响可能小些,因此有必要找出对产量影响显著的因素。方差分析法就是根据实验结果进行分析、鉴别各因素对实验结果影响程度的一种方法。我们在回归分析方法中所述的总离差平方和的分解,实际上就是方差分析思想的应用。下面举例来说明方差分析法的有关概念以及方差分析法所要解决的问题。

例 5.1.1　某钢琴厂为了推销钢琴,在 5 个地区建立了销售点,统计的 4 个时期的销售量资料如表 5.1.1 所示。

表 5.1.1　钢琴销售量资料

销售量 地点 时期	B_1	B_2	B_3	B_4	B_5
A_1	6	2	4	4	8
A_2	10	7	11	9	12
A_3	13	9	7	8	7
A_4	2	1	2	2	3

试问:该产品在不同地区和不同时期的销售情况是否存在显著的差异?

要分析在不同地区和不同时期该厂钢琴的销售情况是否存在显著的差异,只需判断 5 个不同的地区在不同的时期钢琴销售额的均值是否相等。如果它们的均值相等,就意味着不同地区和不同时期钢琴的销售额是无差异的,即地区和时期对销售额无影响;如果均值不相等,则意味着地区和时期对钢琴的销售额有显著影响。我们计算出不同地区和不同时期该厂钢琴的平均销售额分别为 7.75、4.75、6、5.75、7.5、4.8、9.8、8.8、2,显然,均值是不同的。这种均值的差异还不能提供充分的证据来证明不同地区和不同时期对钢琴销售额的影响是显著的,因为每个地区和时期的平均销售额是根据随机样本的数值计算的,均值的差异可能是由于抽样随机性造成的。因此，需要有更准确的方法来检验这种差异是否是显著的，这时就需要进行方差分析。

方差分析法（简称方差分析）就是借助对误差来源的分析，检验各总体的均值是否相等，来判断各类型自变量对数值型因变量是否有显著影响的分析方法。方差分析中，所要检验的对象为自变量，也称为因素或因子。因素的不同表现称为水平或处理。每个因素水平下得到的样本数据为观测值。例 5.1.1 中，地区和时期就是试验的因素，地区取了 5 个水平，时期取了 4 个水平，因此，例 5.1.1 是两个因素 4×5 水平的方差分析问题。

仅考虑一个试验条件而相对固定其他因素的试验，称为单因素试验，对应的方差分析称为单因素方差分析。依次类推，还有两因素方差分析和多因素方差分析。

方差分析的实质是变异分析。进行方差分析时，要注意考虑以下几个假定条件：

（1）各因素水平下的观察值 x_{ij} 是随机变量 X_{ij} 的实现，它能够分解成两个部分，一个是各因素水平下的期望 $EX_{ij}=\mu_j$，另一个是随机误差项 ε_{ij}。因此有

$$x_{ij}=\mu_j+\varepsilon_{ij}\quad i=1,2,\cdots,n;j=1,2,\cdots,r \tag{5.1.1}$$

其中，n 为试验次数，r 为因素水平数。

（2）ε_{ij} 服从正态分布，即 $\varepsilon_{ij}\sim N(0,\sigma^2)$，且相互独立。这一假定称为方差齐性假定，它是方差分析的重要前提。方差的齐性假定往往不易得到满足，出现这样的情况时，要谨慎安排试验，以尽量减小对分析结论的干扰。

在上述假定条件下，方差分析的数据结构模型可表述成

$$X_{ij}\sim N(\mu_j,\sigma^2)\quad i=1,2,\cdots,n;j=1,2,\cdots,r \tag{5.1.2}$$

方差分析的基本思想：在某一因素水平下的试验数据，由于试验条件基本相同，因而数据间的差异可看成是随机性误差引起的；不同因素水平下的试验数据，由于试验条件的改变，它们的差异可认为主要是试验条件导致的。

随机误差往往服从正态分布，因此，每一因素水平下的试验数据又可当作来自于这一因素水平的总体的一个样本，理论上它们应该有一个均值 $\mu_j(j=1,2,\cdots,r)$。因此，因素影响是否显著就转化为检验 $\mu_1,\mu_2,\cdots,\mu_r$ 是否相等的问题。随机误差用各因素水平下的数据变异指标方差来衡量，称之为组内方差，记作 δ_W^2；条件影响的变异称为组间方差，记作 δ_B^2；它们的样本估计量分别为 S_W^2 和 S_B^2。如果试验因素水平的变化对试验指标的影响不大，则 S_B^2 与 S_W^2 应比较接近，它们的比值 $\dfrac{S_B^2}{S_W^2}$ 将趋向于 1；反之，S_B^2 明显会比 S_W^2 大，即有 $\dfrac{S_B^2}{S_W^2}\gg1$。据此，$\dfrac{S_B^2}{S_W^2}$ 可用于检验统计量。实际上，方差分析就是在前面的假定条件下，对假设 $H_0:\mu_1=\mu_2=\cdots=\mu_r$ 运用统计量 $\dfrac{S_B^2}{S_W^2}$ 进行检验，并根据检验结果，给出相应的判断结论的方法。因此本质上，方差分析是检验同方差的若干正态母体均值是否相等的一种统计分析方法。

方差分析一般要经过以下几个步骤：

（1）根据试验资料，检查方差分析的假定条件是否能够成立；

（2）建立方差分析的数据结构模型；

（3）提出检验假设；

（4）构造检验统计量；

（5）由试验资料计算检验统计量的值；

（6）在给定的显著性水平 α 下，查出临界值，作出比较判断。

5.1.1　单因素方差分析

假定试验中只考虑一个因素 A，共作了 A_1，A_2，$\cdots$，A_r 这 r 个水平的观察，每个水平 A_j 服从正态总体 $N(\mu_j, \sigma^2)(j=1, 2, \cdots, r)$，其中 μ_j、σ^2 均未知。为检验 μ_1，μ_2，$\cdots$，μ_r 是否相等，对每个水平皆做 n 次试验，且保证它们相互独立，共计得到 nr 个数据。数据编排如表 5.1.2 所示。

表 5.1.2　单因素试验数据

指标样品 因素	因素水平				合计	均值
	A_1	A_2	$\cdots$	A_r		
1	x_{11}	x_{12}	$\cdots$	x_{1r}		
2	x_{21}	x_{22}	$\cdots$	x_{2r}		
$\cdots$	$\cdots$	$\cdots$	$\cdots$	$\cdots$		
n	x_{n1}	x_{n2}	$\cdots$	x_{nr}		
合计	$x_{\cdot1}=\sum\limits_{i=1}^{n}x_{i1}$	$x_{\cdot2}=\sum\limits_{i=1}^{n}x_{i2}$	$\cdots$	$x_{\cdot r}=\sum\limits_{i=1}^{n}x_{ir}$	$x_{\cdot\cdot}=\sum\limits_{j=1}^{r}x_{\cdot j}$	
均值	$\overline{x_{\cdot1}}=\dfrac{x_{\cdot1}}{n}$	$\overline{x_{\cdot2}}=\dfrac{x_{\cdot2}}{n}$	$\cdots$	$\overline{x_{\cdot r}}=\dfrac{x_{\cdot r}}{n}$		$\overline{x_{\cdot\cdot}}=\dfrac{\sum\limits_{j=1}^{r}x_{\cdot j}}{r}$

注：x_{ij} 是 X_{ij} 的观察值。

在假定条件下，单因素等重复试验的数据结构模型可表示为

$$\begin{cases} X_{ij} \sim N(\mu_j, \sigma^2) & i=1, 2, \cdots, n \\ \varepsilon_{ij} \sim N(0, \sigma^2) & j=1, 2, \cdots, r \end{cases} \tag{5.1.3}$$

其中，ε_{ij} 相互独立，μ_j、σ^2 是各总体 A_j 的未知参数，仍然用样本均值 $\overline{x_{\cdot j}}$ 估计 μ_j，可以证明 $\overline{x_{\cdot j}}$ 是 μ_j 的无偏估计。

在方差分析中，检验因素对因变量是否有显著影响，可以描述为各因素水平（总体）的均值是否相等。一般来说，检验因素的 r 个水平（总体）的均值是否相等，进行单因素分析所提出的假设如下：

$$\begin{cases} H_0: \mu_1=\mu_2=\cdots=\mu_r & \text{因素对因变量没有显著影响} \\ H_1: \mu_1, \mu_2, \cdots, \mu_r \text{ 不全相等} & \text{因素对因变量有显著影响} \end{cases} \tag{5.1.4}$$

单因素方差分析是通过对数据误差来源的分解进行的。全部观测值与总平均值的离差平方和称为总误差平方和 S_T^2，可将其分解为两个部分：

（1）来自水平的平方和（组间误差平方和）S_B^2，它反映了各组平均数与总平均数的差异情况；

（2）不能被水平所解释部分的平方和（组内误差平方和）S_W^2，它表示各组观察值 x_{ij} 与该组平均数的变异程度。

其中,

$$S_T^2 = \sum_{i=1}^{n} \sum_{j=1}^{r} (x_{ij} - \overline{x..})^2 \tag{5.1.5}$$

$$S_B^2 = n \sum_{j=1}^{r} (\overline{x.j} - \overline{x..})^2 \tag{5.1.6}$$

$$S_W^2 = \sum_{i=1}^{n} \sum_{j=1}^{r} (x_{ij} - \overline{x.j})^2 \tag{5.1.7}$$

各平方和间有关系 $S_T^2 = S_B^2 + S_W^2$(平方和分解公式)。

在 H_0 成立时,可以证明:

$$\frac{S_B^2}{\sigma^2} \sim \chi^2(r-1) \tag{5.1.8}$$

$$\frac{S_W^2}{\sigma^2} \sim \chi^2(r(n-1)) \tag{5.1.9}$$

$$\frac{S_T^2}{\sigma^2} \sim \chi^2(nr-1) \tag{5.1.10}$$

且 $\dfrac{S_W^2}{\sigma^2}$ 与 $\dfrac{S_B^2}{\sigma^2}$ 相互独立。根据 F 分布的定义,可得

$$\frac{S_B^2/(r-1)}{S_W^2/r(n-1)} \sim F(r-1, r(n-1)) \tag{5.1.11}$$

于是,对于给定的显著性水平 α,查出临界值 $F_{1-\alpha}(r-1, r(n-1))$。当 $\dfrac{S_B^2/(r-1)}{S_W^2/r(n-1)} >$ $F_{1-\alpha}(r-1, r(n-1))$ 时,拒绝原假设 H_0;反之则接受 H_0。

在具体计算过程中,S_T^2、S_B^2、S_W^2 可采用更简捷的计算公式:

$$S_T^2 = \sum_{i=1}^{n} \sum_{j=1}^{r} (x_{ij} - \overline{x..})^2$$

$$= \sum_{i=1}^{n} \sum_{j=1}^{r} x_{ij}^2 - \frac{1}{nr} \left(\sum_{i=1}^{n} \sum_{j=1}^{r} x_{ij} \right)^2 \tag{5.1.12}$$

$$S_B^2 = n \sum_{j=1}^{r} (x_{ij} - \overline{x..})^2$$

$$= \frac{1}{n} \sum_{j=1}^{r} \left(\sum_{i=1}^{n} x_{ij} \right)^2 - \frac{1}{nr} \left(\sum_{i=1}^{n} \sum_{j=1}^{r} x_{ij} \right)^2 \tag{5.1.13}$$

$$S_W^2 = \sum_{j=1}^{r} (x_{ij} - \overline{x.j})^2$$

$$= \sum_{i=1}^{n} \sum_{j=1}^{r} x_{ij}^2 - \frac{1}{n} \sum_{j=1}^{r} \left(\sum_{i=1}^{n} x_{ij} \right)^2 \tag{5.1.14}$$

并且可以在表中直接计算。

为清晰起见,在计算出 S_T^2、S_B^2、S_W^2 后,通常将方差分析需要的主要指标列在一张表上,具体情形见表 5.1.3(a) 和表 5.1.3(b)。

表 5.1.3(a)　　方差分析(1)

因素 / 指标 / 样品	因素水平 A₁	A₂	...	Aᵣ	合计
1	x_{11}	x_{12}	...	x_{1r}	
2	x_{21}	x_{22}	...	x_{2r}	
...	...	...	...	...	
n	x_{n1}	x_{n2}	...	x_{nr}	
$\sum_{i=1}^{n} x_{ij}$	$\sum_{i=1}^{n} x_{i1}$	$\sum_{i=1}^{n} x_{i2}$	...	$\sum_{i=1}^{n} x_{ir}$	$\sum_{j=1}^{r}\left(\sum_{i=1}^{n} x_{ij}\right)$
$\left(\sum_{i=1}^{n} x_{ij}\right)^2$	$\left(\sum_{i=1}^{n} x_{i1}\right)^2$	$\left(\sum_{i=1}^{n} x_{i2}\right)^2$	...	$\left(\sum_{i=1}^{n} x_{ir}\right)^2$	$\sum_{j=1}^{r}\left(\sum_{i=1}^{n} x_{ij}\right)^2$
$\sum_{i=1}^{n} x_{ij}^2$	$\sum_{i=1}^{n} x_{i1}^2$	$\sum_{i=1}^{n} x_{i2}^2$	...	$\sum_{i=1}^{n} x_{ir}^2$	$\sum_{j=1}^{r}\left(\sum_{i=1}^{n} x_{ij}^2\right)$

表 5.1.3(b)　　方差分析(2)

方差来源	平方和	自由度	统计量	临界域
因素影响	S_B^2	$r-1$	$\dfrac{\dfrac{S_B^2}{(r-1)}}{\dfrac{S_W^2}{r(n-1)}}$	$\dfrac{\dfrac{S_B^2}{(r-1)}}{\dfrac{S_W^2}{r(n-1)}}$
误差影响	S_W^2	$r(n-1)$		
总离差	S_T^2	$nr-1$	$\sim F(r-1, r(n-1))$	$> F_{1-\alpha}(r-1, r(n-1))$

　　由于条件的限制，不同因素水平下的试验次数有时难以相同；此外，由于某些试验不成功、发生数据丢失等情况，也会使样本大小不一。这时候，就要进行不等重复的方差分析。这种情况下的处理方法和单因素等重复方差分析的处理类似，不再详述。

5.1.2　无重复双因素方差分析

　　若试验中考虑两个因素，用 A、B 表示，A 因素取 r 个水平 A_1，A_2，$\cdots$，A_r，B 因素取 s 个水平 B_1，B_2，$\cdots$，B_s，对 A_i 与 B_j 的每一个搭配只做一次试验，这便是"无重复"的含义，试验结果用 x_{ij} 表示，各 X_{ij} 相互独立，且服从均值为 μ_{ij}、方差为 σ^2 的正态分布。检验的问题是，因素 A 和因素 B 对试验结果是否有显著的影响。

　　若对因素 A_i 与因素 B_j 的每一个搭配均做 l 次实验，称为等重复双因素方差分析；若对因素 A_i 与因素 B_j 的每一个搭配均做 l_{ij} 次实验，l_{ij} 可以不相等，称为不等重复双因素方差分析。等重复双因素方差分析、不等重复双因素方差分析与无重复双因素方差分析原理一样，本小节只介绍无重复双因素方差分析。

　　一个无重复的双因素试验数据可编排成表 5.1.4 的形式。

表 5.1.4　无重复双因素试验数据

指标　样品 ＼ 因素	因素水平				合计	均值
	B_1	B_2	$\cdots$	B_s		
因素水平　A_1	x_{11}	x_{12}	$\cdots$	x_{1s}	$x_{1\cdot}=\sum\limits_{j=1}^{s}x_{1j}$	$\overline{x_{1\cdot}}=\dfrac{x_{1\cdot}}{s}$
A_2	x_{21}	x_{22}	$\cdots$	x_{2s}	$x_{2\cdot}=\sum\limits_{j=1}^{s}x_{2j}$	$\overline{x_{2\cdot}}=\dfrac{x_{2\cdot}}{s}$
$\cdots$	$\cdots$	$\cdots$	$\cdots$	$\cdots$	$\cdots$	$\cdots$
A_r	x_{r1}	x_{r2}	$\cdots$	x_{rs}	$x_{r\cdot}=\sum\limits_{j=1}^{s}x_{rj}$	$\overline{x_{r\cdot}}=\dfrac{x_{r\cdot}}{s}$
合计	$x_{\cdot1}=\sum\limits_{i=1}^{r}x_{i1}$	$x_{\cdot2}=\sum\limits_{i=1}^{r}x_{i1}$	$\cdots$	$x_{\cdot s}=\sum\limits_{i=1}^{r}x_{i1}$	$x_{\cdot\cdot}=\sum\limits_{i=1}^{r}\sum\limits_{j=1}^{s}x_{ij}$	
均值	$\overline{x_{\cdot1}}=\dfrac{x_{\cdot1}}{r}$	$\overline{x_{\cdot2}}=\dfrac{x_{\cdot2}}{r}$	$\cdots$	$\overline{x_{\cdot s}}=\dfrac{x_{\cdot s}}{r}$		$\overline{x_{\cdot\cdot}}=\dfrac{x_{\cdot\cdot}}{rs}$

无重复双因素试验的数据模型为

$$\begin{cases} X_{ij}=\mu_{ij}+\varepsilon_{ij} & i=1,2,\cdots,r \\ \varepsilon_{ij}\sim N(0,\sigma^2) & j=1,2,\cdots,s \end{cases} \tag{5.1.15}$$

在双因素方差分析中，由于有两个要检验的影响因素，因此需要针对行因素和列因素是否对因变量有显著影响分别提出假设。

对行因素提出假设：

$$\begin{cases} H_{0A}:\mu_1=\mu_2=\cdots=\mu_r & \text{行因素对因变量没有显著影响} \\ H_{1A}:\mu_1,\mu_2,\cdots,\mu_r\ \text{不全相等} & \text{行因素对因变量有显著影响} \end{cases}$$

其中，μ_i 为行因素的第 $i(i=1,2,\cdots,r)$ 个水平的均值。

对列因素提出假设：

$$\begin{cases} H_{0B}:\mu_1=\mu_2=\cdots=\mu_s & \text{列因素对因变量无显著影响} \\ H_{1B}:\mu_1,\mu_2,\cdots,\mu_s\ \text{不全相等} & \text{列因素对因变量有显著影响} \end{cases}$$

其中，μ_j 为列因素的第 $j(j=1,2,\cdots,s)$ 个水平的均值。

和单因素方差分析一样，双因素方差分析也是通过对数据误差来源的分解进行的。

令

$$S_{\mathrm{T}}^2=\sum_{i=1}^{r}\sum_{j=1}^{s}(x_{ij}-\overline{x_{\cdot\cdot}})^2 \tag{5.1.16}$$

$$S_{A}^2=s\sum_{i=1}^{r}(\overline{x_{i\cdot}}-\overline{x_{\cdot\cdot}})^2 \tag{5.1.17}$$

$$S_{B}^2=r\sum_{j=1}^{s}(\overline{x_{\cdot j}}-\overline{x_{\cdot\cdot}})^2 \tag{5.1.18}$$

$$S_{\mathrm{E}}^2=\sum_{i=1}^{r}\sum_{j=1}^{s}(x_{ij}-\overline{x_{i\cdot}}-\overline{x_{\cdot j}}+\overline{x_{\cdot\cdot}})^2 \tag{5.1.19}$$

可以证明以下等式成立：

$$S_T^2 = S_A^2 + S_B^2 + S_E^2 \tag{5.1.20}$$

其中，S_T^2 为总离差平方和，S_A^2 为因素 A 效应平方和，S_B^2 为因素 B 效应平方和，S_E^2 为随机误差平方和。

S_T^2、S_A^2、S_B^2、S_E^2 的简捷计算方法为

$$
\begin{aligned}
S_T^2 &= \sum_{i=1}^{r} \sum_{j=1}^{s} (x_{ij} - \overline{x..})^2 \\
&= \sum_{i=1}^{r} \sum_{j=1}^{s} x_{ij}^2 - \frac{1}{rs} \left(\sum_{i=1}^{r} \sum_{j=1}^{s} x_{ij} \right)^2
\end{aligned} \tag{5.1.21}
$$

$$
\begin{aligned}
S_A^2 &= s \sum_{i=1}^{r} \left(\overline{x_{i.}} - \overline{x..} \right)^2 \\
&= \frac{1}{s} \sum_{i=1}^{r} \left(\sum_{j=1}^{s} x_{ij} \right)^2 - \frac{1}{rs} \left(\sum_{i=1}^{r} \sum_{j=1}^{s} x_{ij} \right)^2
\end{aligned} \tag{5.1.22}
$$

$$
\begin{aligned}
S_B^2 &= r \sum_{j=1}^{s} \left(\overline{x_{.j}} - \overline{x..} \right)^2 \\
&= \frac{1}{r} \sum_{j=1}^{s} \left(\sum_{i=1}^{r} x_{ij} \right)^2 - \frac{1}{rs} \left(\sum_{i=1}^{r} \sum_{j=1}^{s} x_{ij} \right)^2
\end{aligned} \tag{5.1.23}
$$

$$S_E^2 = S_T^2 - S_A^2 - S_B^2 \tag{5.1.24}$$

整个计算过程可以在表格上进行，具体可见表 5.1.5。

表 5.1.5　无重复双因素试验数据计算表

因素水平		B_1	B_2	...	B_s	$\sum\limits_{j=1}^{s} x_{ij}$	$\left(\sum\limits_{j=1}^{s} x_{ij}\right)^2$	$\sum\limits_{j=1}^{s} x_{ij}^2$	$\sum\limits_{j=1}^{s}\left(\sum\limits_{i=1}^{r} x_{ij}^2\right)$
因素水平	A_1	x_{11}	x_{12}	...	x_{1s}	$\sum\limits_{j=1}^{s} x_{1j}$	$\left(\sum\limits_{j=1}^{s} x_{1j}\right)^2$	$\sum\limits_{j=1}^{s} x_{1j}^2$	
	A_2	x_{21}	x_{22}	...	x_{2s}	$\sum\limits_{j=1}^{s} x_{2j}$	$\left(\sum\limits_{j=1}^{s} x_{2j}\right)^2$	$\sum\limits_{j=1}^{s} x_{2j}^2$	
	...	...	...	...	...	...	...	...	
	A_r	x_{r1}	x_{r2}	...	x_{rs}	$\sum\limits_{j=1}^{s} x_{rj}$	$\left(\sum\limits_{j=1}^{s} x_{rj}\right)^2$	$\sum\limits_{j=1}^{s} x_{rj}^2$	
$\sum\limits_{i=1}^{r} x_{ij}$		$\sum\limits_{i=1}^{r} x_{i1}$	$\sum\limits_{i=1}^{r} x_{i2}$	...	$\sum\limits_{i=1}^{r} x_{is}$	$\sum\limits_{i=1}^{r}\sum\limits_{j=1}^{s} x_{ij}$			
$\left(\sum\limits_{i=1}^{r} x_{ij}\right)^2$		$\left(\sum\limits_{i=1}^{r} x_{1j}\right)^2$	$\left(\sum\limits_{i=1}^{r} x_{2j}\right)^2$	...	$\left(\sum\limits_{i=1}^{r} x_{sj}\right)^2$				
$\sum\limits_{i=1}^{r} x_{ij}^2$		$\sum\limits_{i=1}^{r} x_{i1}^2$	$\sum\limits_{i=1}^{r} x_{i2}^2$	...	$\sum\limits_{i=1}^{r} x_{is}^2$			$\sum\limits_{i=1}^{r}\sum\limits_{j=1}^{s} x_{ij}^2$	$\sum\limits_{i=1}^{r}\left(\sum\limits_{j=1}^{s} x_{ij}^2\right)$
						$\sum\limits_{i=1}^{r}\left(\sum\limits_{j=1}^{s} x_{ij}\right)^2$	$\sum\limits_{i=1}^{r}\left(\sum\limits_{j=1}^{s} x_{ij}^2\right)$		

可以证明，在原假设成立时，存在

$$\frac{S_T^2}{\sigma^2} \sim \chi^2(rs-1) \tag{5.1.25}$$

$$\frac{S_A^2}{\sigma^2} \sim \chi^2(r-1) \tag{5.1.26}$$

$$\frac{S_B^2}{\sigma^2} \sim \chi^2(s-1) \tag{5.1.27}$$

$$\frac{S_E^2}{\sigma^2} \sim \chi^2((r-1)(s-1)) \tag{5.1.28}$$

根据 F 分布的定义，有

$$\frac{S_A^2/(r-1)}{S_E^2/(r-1)(s-1)} \sim F(r-1,(r-1)(s-1)) \tag{5.1.29}$$

$$\frac{S_B^2/(s-1)}{S_E^2/(r-1)(s-1)} \sim F(s-1,(r-1)(s-1)) \tag{5.1.30}$$

对于给定的显著性水平 α，若

$$\frac{S_A^2/(r-1)}{S_E^2/(r-1)(s-1)} > F_{1-\alpha}(r-1,(r-1)(s-1))$$

则拒绝假设 H_{0A}，即认为因素 A 对试验结果有显著性影响；若

$$\frac{S_B^2/(s-1)}{S_E^2/(r-1)(s-1)} > F(s-1,(r-1)(s-1))$$

则拒绝假设 H_{0B}，即认为因素 B 对试验结果有显著性影响。表 5.1.6 给出具体的方差分析情况。

表 5.1.6　无重复双因素方差分析

方差来源	平方和	自由度	均方	均方比	显著性
因素 A 影响	S_A^2	$r-1$	$\overline{S_A^2}$	$\dfrac{\overline{S_A^2}}{\overline{S_E^2}}$	
因素 B 影响	S_B^2	$s-1$	$\overline{S_B^2}$	$\dfrac{\overline{S_B^2}}{\overline{S_E^2}}$	
误差影响	S_E^2	$(r-1)(s-1)$	$\overline{S_E^2}$		
总离差	S_T^2	$rs-1$			

更多因素的方差分析方法类似，不再赘述。

在数学建模过程中，需要熟悉方差分析的原理和适用场景，具体的计算过程可以借助有关的软件实现，例 5.1.1 给出了方差分析在数学建模中应用的具体情况。

例 5.1.2　例 4.1.1 续。

分析附件中两组评酒员的评价结果有无显著性差异。

问题分析　要求对两组评酒员评价结果有无差异性进行分析，通过绘制每个样品酒的均值评分差异图，对每个样品酒的两组评酒员在各个指标的均值进行比较；发现对于红葡萄酒的评价，两组评酒员还是存在着显著性的差异的，而对于白葡萄酒的评价，两组评酒

员的差异性并不是很明显。下面列举部分红、白葡萄酒评分差异，如图 5.1.1～图 5.1.4 所示。

注：（1）系列 1 为第二组评酒员打分均值，系列 2 为第一组评酒员打分均值。

（2）横坐标为 10 个指标变量，包括澄清度、色调、香气纯正度、香气浓度、香气质量、口感纯正度、口感浓度、口感质量以及整体评价。

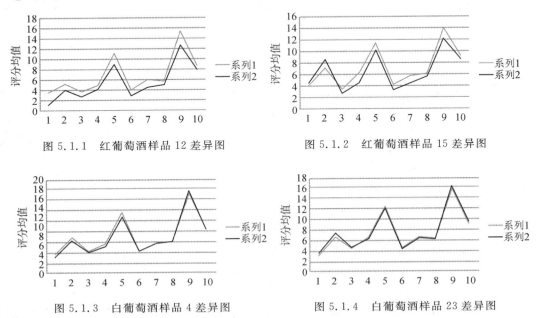

图 5.1.1　红葡萄酒样品 12 差异图　　　　　图 5.1.2　红葡萄酒样品 15 差异图

图 5.1.3　白葡萄酒样品 4 差异图　　　　　图 5.1.4　白葡萄酒样品 23 差异图

针对在各差异图中表现出的两组评酒员对红、白葡萄酒的评价存在差异，对红、白葡萄酒分开进行显著性检验。

利用每个样品酒都具有两组评酒员的评价结果，对两组结果进行双因素可重复方差分析，得出题中给出的 27 种葡萄样品酒的各分析结果。比较 27 个显著性检验的结果，若具有显著性差异的样品酒占总样品酒的比例高于置信度 β，那么就有足够的把握认定两组评酒员的评价结果具有显著性差异。

模型建立　在进行双因子多重分析和可信性分析之前，需要对原先的数据进行如下处理。

（1）对于附件 1 给出的数据，先将两组评酒员的评价结果按样品酒进行统一划分，每一种样品酒对应着两种评价结果。将每一种样品酒的评价结果组成评价矩阵，矩阵以葡萄酒的评价指标为列，共 10 列；以每个评酒员作为行，共 20 行。

（2）针对 4 号评酒员对红葡萄酒样品 20 色调的评分缺失，利用同组评酒员对红葡萄酒样品 20 色调评分的平均值作为 4 号评酒员的评分值。

随后对评酒员的评价结果是否服从正态分布、正态分布的方差是否一致进行检验。由第 4 章例 4.1.1 可知，评酒员的评价结果服从正态分布。

采用 F 检验法对总体方差的齐次性进行检验：

原假设 $H_0: \sigma_1^2 = \sigma_2^2$

备选假设 $H_1: \sigma_1^2 \neq \sigma_2^2$

其中检验统计量为

$$F = \frac{S_1^2}{S_2^2}$$

拒绝域为

$$F \geqslant F_{\alpha/2}(n_1 - 1, n_2 - 1) \text{ 或 } F \leqslant F_{1-\alpha/2}(n_1 - 1, n_2 - 1)$$

取显著性水平为 $\alpha = 0.05$，则拒绝域为 $F \geqslant 1.2706$ 或 $F \leqslant 0.7870$，根据样本数据得检验统计量 $F = 2.910 \geqslant 1.2706$。对于两组评酒员对白葡萄酒的评价结果，取显著性水平 $\alpha = 0.05$，则拒绝域为 $F \geqslant 1.2651$ 或 $F \leqslant 0.7904$，根据样本数据得到的检验统计量 $F = 2.1447 \geqslant 1.2651$。

由上述可知：由于两组评酒员对两类葡萄酒评价结果的方差均不满足齐次性要求，尽管方差分析的条件不满足，但在实际使用过程中，只要在两水平下方差比均在 3 以内，仍旧可以用统计软件 SPSS 进行方差分析，且结果是稳健的。

两组评酒员对两类葡萄酒评价结果的方差分析是一个双因素等重复方差分析，其数据结构表中共有 $r \times l + s$ 个数据。由于因素 A 是评酒员，有两个水平；因素 B 是葡萄酒，有 10 个水平；因而 $r = 2$，$s = 10$，$l = 10$。表 5.1.7 给出了因素 B（葡萄酒）10 个水平所对应的各个指标。

表 5.1.7　因素 B（葡萄酒）10 个水平所对应的各个指标

B	B_1	B_2	B_3	B_4	B_5	B_6	B_7	B_8	B_9	B_{10}
水平	外观澄清度	外观色调	香气纯正度	香气浓度	香气质量	口感纯正度	口感浓度	口感持久性	口感质量	整体得分

给出双因子等重复方差分析的原假设和备择假设：

H_{01}：两组评酒员的评价结果不存在差异 $\Leftrightarrow H_{02}$：两组评酒员的评价结果存在差异

H_{11}：因素 B 的各水平对评价结果不存在影响 $\Leftrightarrow H_{12}$：因素 B 的各水平对评价结果存在影响

利用式(5.1.17)~式(5.1.19)可以计算组间误差平方和 S_A^2、S_B^2，以及组内误差平方和 S_E^2。等重复方差分析有行检验统计量：

$$F_A = \frac{S_A^2/(r-1)}{S_E^2/(rsl-r-s+1)} \sim F(r-1, rsl-r-s+1)$$

列检验统计量：

$$F_B = \frac{S_B^2/(s-1)}{S_E^2/(rsl-r-s+1)} \sim F(s-1, rsl-r-s+1)$$

当显著性水平为 α 时，如果 $F_A > F_{1-\alpha}(r-1, rsl-r-s+1)$，拒绝 H_{01}，说明两组评酒员的评价结果存在显著性差异；等价的 P 值检验是，当 P_A 值小于 α 时，拒绝原假设 H_{01}；综合来讲，当 $F_A > F_{1-\alpha}(r-1, rsl-r-s+1)$，或 P_A 值小于 α 时，拒绝原假设 H_{01}。

由于有 27 个红葡萄、28 个白葡萄酒，对每个葡萄酒进行上述方差分析后都有一个相应的 P_A 值，它只能说明两组评酒员对该种酒的评价有无差异，无法给出评酒员整体的评价。因而引入 0-1 数据分析，在给定 $\alpha^* = 0.05$ 条件下，对 m 个样品酒（红葡萄酒 $m = 27$，白葡萄酒 $m = 28$），定义函数

$$Y_i = \begin{cases} 1 & p_i \leqslant 0.05 \\ 0 & p_i > 0.05 \end{cases} \quad i = 1, 2, \cdots, m \tag{5.1.31}$$

其中，p_i 为每个样品酒的 P_A 值。

给定置信度

$$\beta = \frac{\sum Y_i}{m} \tag{5.1.32}$$

对 m 个样品酒的双因素可重复方差检验后，得出 β 值，则认为在置信水平 β 下，两组评酒员的评价结果存在着显著性差异。

利用统计软件 SPSS，得到红、白葡萄酒的各个样品酒的 p_i 值，见表 5.1.8。

表 5.1.8　红、白葡萄酒的 p_i 值以及 Y_i 值

红葡萄酒 p_i 值以及 Y_i 值，得到 $\beta=0.703$														
p_i	0.18971	0.00001	0.00040	0.00212	0.16314	0.00138	0.00486	0.00334	0.02476	0.00000	0.00002	0.00011	0.36479	0.21870
Y_i	0	1	1	1	0	1	1	1	1	1	1	1	0	0
p_i	0.00046	0.80100	0.00021	0.56414	0.17544	1.00000	0.00002	0.04686	0.01131	0.00017	0.00086	0.00112	0.00045	
Y_i	1	0	1	0	0	0	1	1	1	1	1	1	1	
白葡萄酒 p_i 值以及 Y_i 值，得到 $\beta=0.535$														
p_i	0.00103	0.00001	0.10777	0.31115	0.50613	0.01060	0.34940	0.67936	0.00329	0.00460	0.00008	0.08585	0.00011	0.20310
Y_i	1	1	0	0	0	1	0	0	1	1	1	0	1	0
p_i	0.01714	0.03333	0.01381	0.19476	0.00339	0.44078	0.00034	0.00005	0.68334	0.46710	0.00031	0.16632	0.13648	0.00001
Y_i	1	1	1	0	1	0	1	1	0	0	1	0	0	1

分析表 5.1.8 中的结果可知，对于红葡萄酒来说，27 个葡萄酒样品的评分检验中有 70.3% 的评价结果显示两组评酒员的评价结果存在着显著性差异（置信度水平为 95%）。对于白葡萄酒的 28 个葡萄酒样品评分的检验中，只有 53% 的评价结果显示两组评酒员的评价结果存在显著性检验（置信度水平为 95%）。这样的结果符合之前问题分析中各组对样品酒的评分均值差异图，即：两组评酒员对红葡萄酒的评分结果更具有显著性差异，而对于白葡萄酒的评分，两组评酒员的评价差异性不太明显。

注　从这个例子可以再一次看出，数学建模过程绝不是数学方法的简单套用，如果在上述例子中仅仅进行方差分析的话，并不能很好地解决要回答的问题，创造性地引入 0-1 数据分析才能较好地解决问题。

5.2　主成分分析法

在现实生活或科学研究过程中，影响某一事物的特征或该事物发展规律的因素是多元化的，这些影响因素常常称为自变量，该事物的某一特征就是统计学意义上的因变量。为了更加全面地对事物的特征或发展规律进行反映，需要综合与其相关的各种影响因素进行综合分析和评价。然而，多变量大样本资料尽管可以对事物特征或发展规律提供更加全面的信息，但同时也带来了多重共线性等问题，使得影响因素所反映的信息重复，影响统计结果的真实性和科学性。对此，降维思想成为解决这一问题的有效方式。主成分分析法和因子分析法是统计数据处理中常用的降维处理方法，这一节和下一节主要介绍这两种方法。

主成分分析法(简称为主成分分析)是 1901 年由卡尔·皮尔逊对非随机变量引入的，Hotelling 于 1933 年将这一方法推广到随机变量的情形，它是一种多变量统计分析方法，能有效降低数据的维度，在数据挖掘、地理信息分析、分子动力学模拟、人口统计等领域有广泛的应用。主成分分析的基本思想就是将具有一定相关性的多项指标重新组合成一组较少个数的互不相关的综合指标，用综合指标来代替原来的指标，解释多变量的方差-协方差结构。综合指标即为主成分，它既要尽可能多地保留原始变量的信息，又要保证彼此不相关。那么这些综合指标应该如何提取呢？从数学原理上讲，主成分分析是一种矩阵变换的方法，即将给定的变量(原始变量)通过多次线性变换，转换成一组彼此不相关的变量。在这个过程中，变量的方差之和保持不变，方差最大的作为第一主成分变量，依次类推，得到数量较少的、可以涵盖大部分原始变量信息的几个主成分，具体方法如下。

1. 主成分分析的数学模型

设某一问题涉及的指标(变量)为：X_1，X_2，$\cdots$，X_p，这 p 项指标构成 p 维的随机向量 $\boldsymbol{X}=(X_1，X_2，\cdots，X_p)'$，其均值向量和协方差矩阵分别是 $\boldsymbol{\mu}=E\boldsymbol{X}$，$\boldsymbol{\Sigma}$。

对 $\boldsymbol{X}$ 进行线性变换，原来的变量 X_1，X_2，$\cdots$，X_p 的线性组合可以形成新的综合变量 $\boldsymbol{Y}$，其满足

$$\begin{cases} Y_1 = u_{11}X_1 + u_{12}X_2 + \cdots + u_{1p}X_p \\ Y_2 = u_{21}X_1 + u_{22}X_2 + \cdots + u_{2p}X_p \\ \cdots \\ Y_p = u_{p1}X_1 + u_{p2}X_2 + \cdots + u_{pp}X_p \end{cases}$$

用矩阵表示为 $\boldsymbol{Y}=\boldsymbol{U}\boldsymbol{X}$，其中

$$\boldsymbol{Y}=(Y_1，Y_2，\cdots，Y_p)'，\quad \boldsymbol{U}=\begin{bmatrix} u_{11} & u_{12} & \cdots & u_{1p} \\ u_{21} & u_{22} & \cdots & u_{2p} \\ \vdots & \vdots & \vdots & \vdots \\ u_{p1} & u_{p2} & \cdots & u_{pp} \end{bmatrix}，\quad \boldsymbol{X}=(X_1，X_2，\cdots，X_p)'$$

由于不同的线性变换得到的综合变量 $\boldsymbol{Y}$ 的统计特性不同，为了达到较好的效果，我们希望 $Y_i=\boldsymbol{u}'_i\boldsymbol{X}$ 的方差尽可能大且新的综合变量 Y_i 之间相互独立。可由下列原则来确定新的综合变量 Y_i：

(1) $\boldsymbol{u}'_i\boldsymbol{u}_i=u_{i1}^2+u_{i2}^2+\cdots+u_{ip}^2=1(i=1，2，\cdots，p)$；

(2) Y_i 与 Y_j 相互独立，即无重复信息，$\mathrm{cov}(Y_i，Y_j)=0$ $(i\neq j；i，j=1，2，\cdots，p)$；

(3) Y_1 是 X_1，X_2，$\cdots$，X_p 的一切线性组合(系数满足上述方程组)中方差最大的，Y_2 是与 Y_1 不相关的 X_1，X_2，$\cdots$，X_p 的一切线性组合中方差次大的，Y_p 是与 Y_1，Y_2，$\cdots$，Y_p 都不相关的 X_1，X_2，$\cdots$，X_p 的一切线性组合中方差最小的。

在实际应用时，通常挑选前几个方差比较大的主成分。虽然这样做会丢失一部分信息，但它抓住了主要矛盾进行深入分析。这种既减少了变量的个数，又抓住了主要矛盾的做法

有利于问题的分析和处理。

那么到底如何求出满足条件(1)、(2)、(3)的主成分 Y_1，Y_2，$\cdots$，Y_{p-1}，Y_p 呢？人们常常是从原始变量的协方差矩阵或相关矩阵的结构出发求主成分。当然，从协方差矩阵或相关矩阵的结构求解出的主成分是不同的。

2. 从协方差矩阵出发求解主成分

若随机向量 $\boldsymbol{X} = (X_1,\ X_2,\ \cdots,\ X_p)'$ 的协方差矩阵为 $\boldsymbol{\Sigma}$，$\lambda_1 \geqslant \lambda_2 \geqslant \cdots \geqslant \lambda_p$ 为 $\boldsymbol{\Sigma}$ 的特征值，$\boldsymbol{\gamma}_1$，$\boldsymbol{\gamma}_2$，$\cdots\boldsymbol{\gamma}_p$ 为矩阵 $\boldsymbol{\Sigma}$ 各特征值对应的标准正交特征向量，可以证明第 i 个主成分为

$$Y_i = \gamma_{1i}X_1 + \gamma_{2i}X_2 + \cdots + \gamma_{pi}X_p \quad i = 1,\ 2,\ \cdots,\ p$$

此时 $\mathrm{var}(Y_i) = \boldsymbol{\gamma}_i'\boldsymbol{\Sigma}\boldsymbol{\gamma}_i = \lambda_i$，$\mathrm{cov}(Y_i,\ Y_j) = \boldsymbol{\gamma}_i'\boldsymbol{\Sigma}\boldsymbol{\gamma}_j = 0$。

由于无论 $\boldsymbol{\Sigma}$ 的各特征值是否存在相等的情况，对应的标准化特征向量 $\boldsymbol{\gamma}_1$，$\boldsymbol{\gamma}_2$，$\cdots\boldsymbol{\gamma}_p$ 总是存在的，于是可以找到对应各特征值的相互正交的特征向量。这些相互正交的特征向量即是满足要求的主成分，所以主成分的求解实际上就是求解原始变量 $\boldsymbol{X} = (X_1,\ X_2,\ \cdots,\ X_p)'$ 的协方差矩阵 $\boldsymbol{\Sigma}$ 的特征值和特征向量。

$a_k = \dfrac{\lambda_k}{\sum\limits_{i=1}^{p}\lambda_i}\ (k = 1,\ 2,\ \cdots,\ p)$ 为 k 个主成分 Y_k 的方差贡献率，反映主成分 Y_k 提取原始变量总信息的百分比。

$a(k) = \dfrac{\sum\limits_{i=1}^{k}\lambda_i}{\sum\limits_{i=1}^{p}\lambda_i}\ (k \leqslant p)$ 为主成分 Y_1，Y_2，$\cdots$，Y_k 的累积贡献率，反映主成分 Y_1，Y_2，$\cdots$，Y_k 解释原始变量总信息的百分比。

$Y_i = r_{1i}X_1 + r_{2i}X_2 + \cdots + r_{pi}X_p$，其中 $\sum\limits_{j=1}^{p}r_{ji}^2 = 1$，称 r_{ji} 为主成分 Y_i 在原始变量 X_j 上的载荷，它度量了 X_j 对 Y_i 的重要程度。

第 i 个主成分 Y_i 与原始变量 X_i 的相关系数 $\rho(Y_i,\ X_j)$ 称为因子负荷量，表示主成分 Y_i 中包含原始变量 X_i 信息的百分比，它与载荷 r_{ji} 成正比。

3. 从相关矩阵出发求解主成分

为了消除原始变量不同量纲与数量级的影响，对原始变量作标准化变换。令

$$Z_i = \frac{X_i - \mu_i}{\sqrt{\sigma_{ii}}} \quad i = 1,\ 2,\ \cdots,\ p$$

其中，μ_i、σ_{ii} 分别表示原始变量 X_i 的期望和方差。

令

$$\boldsymbol{X} = \begin{pmatrix} X_1 \\ X_2 \\ \vdots \\ X_p \end{pmatrix},\quad \boldsymbol{\mu} = \begin{pmatrix} \mu_1 \\ \mu_2 \\ \vdots \\ \mu_p \end{pmatrix},\quad \boldsymbol{B}^{\frac{1}{2}} = \begin{bmatrix} \sqrt{\sigma_{11}} & 0 & \cdots & 0 \\ 0 & \sqrt{\sigma_{22}} & \cdots & 0 \\ \vdots & \vdots & \vdots & \vdots \\ 0 & 0 & \cdots & \sqrt{\sigma_{pp}} \end{bmatrix}$$

则原始变量进行标准化后变换为 $Z=(B^{\frac{1}{2}})^{-1}(X-\mu)$。

显然有

$$\mathrm{cov}(Z)=(B^{\frac{1}{2}})^{-1}\Sigma(B^{\frac{1}{2}})^{-1}=\begin{bmatrix}1 & \rho_{12} & \cdots & \rho_{1p}\\ \rho_{21} & 1 & \cdots & \rho_{2p}\\ \vdots & \vdots & \vdots & \vdots\\ \rho_{1p} & \rho_{2p} & \cdots & 1\end{bmatrix}=R$$

设已求解出相关矩阵 R 的特征值与对应的标准正交特征向量，则求解出的主成分与原始变量的关系式为

$$Y_i=\gamma'_i Z=\gamma'_i(B^{\frac{1}{2}})^{-1}(X-\mu)\quad i=1,2,\cdots,p;\ i=1,2,\cdots,p$$

在实际问题中，总体协方差矩阵 Σ 与相关矩阵 R 通常是未知的，于是首先需要通过样本数据来估计 Σ 和 R，然后再导出样本主成分。

设有 n 个样本，每个样本有 p 个指标，这样共得到 np 个数据，原始资料矩阵为

$$X=\begin{bmatrix}x_{11} & x_{12} & \cdots & x_{1p}\\ x_{21} & x_{22} & \cdots & x_{2p}\\ \vdots & \vdots & \vdots & \vdots\\ x_{n1} & x_{n2} & \cdots & x_{np}\end{bmatrix}$$

记 $S=(s_{ij})_{p\times p}$，其中：

$$s_{ij}=\frac{1}{n-1}\sum_{k=1}^{n}(x_{ki}-\overline{x_i})(x_{kj}-\overline{x_j})$$

$$\overline{x_i}=\frac{1}{n}\sum_{k=1}^{n}x_{ki}$$

$$R=(r_{ij})_{p\times p},\ r_{ij}=\frac{s_{ij}}{\sqrt{s_{ii}s_{jj}}}\quad i=1,2,\cdots,p$$

样本协方差矩阵 S 是总体协方差阵 Σ 的无偏估计，样本相关矩阵 R 是总体相关矩阵的估计。若原始资料矩阵 X 是经过标准化处理的，则由矩阵 X 求得的协方差矩阵 S 就是相关矩阵 R，可以根据相关矩阵 R 来求解主成分。

4. 主成分分析的主要步骤

（1）将原始变量进行标准化处理：

$$Z_i=\frac{X_i-\mu_i}{\sqrt{\sigma_{ii}}}$$

（2）计算标准化指标的相关系数矩阵 R。

（3）求解相关系数矩阵 R 的特征向量 $U=(u_{ij})_{p\times p}$ 和特征值 $\lambda_1\geqslant\lambda_2\geqslant\cdots\geqslant\lambda_p\geqslant0$。

（4）计算各主成分的方差贡献率 α_k 及累积贡献率 $\alpha(k)$。

（5）确定主成分的个数。

通常根据实际问题的需要由累积贡献率 $\alpha(k)\geqslant85\%$ 的前 k 个主成分来代替原来 p 个变量的信息，或选取所有特征值大于 1 的成分作为主成分，也可根据特征值的变化来确定，即根据 SPSS 软件输出的碎石图的转折点来决定选取主成分的个数。

（6）对确定出的主成分作出符合实际意义的解释。

（7）利用所确定出的主成分的方差贡献率计算综合得分，从而对被评价对象进行排名和比较。

$$综合得分 = \sum（各主成分得分 \times 各主成分所对应的方差贡献率）$$

总而言之，从协方差矩阵出发求主成分和从相关系数矩阵出发求主成分各有优、缺点。一般当单个指标的方差对研究目的起关键作用时，用协方差矩阵进行主成分分析恰到好处。用相关系数矩阵计算主成分，其优势效应体现在相关性大、相关指标数多的一类指标上。实际应用中，应当注意到用协方差矩阵和相关系数矩阵进行主成分分析各自的优点和不足，并根据具体研究目的，灵活地加以选用。

例 5.2.1　　例 5.1.1 续。

利用题目中所给的附件数据，根据酿酒葡萄的理化指标和葡萄酒的质量对这些酿酒葡萄进行分级。

本例的主要目的在于怎么用主成分分析来处理实际问题。

问题分析　　题目要求根据酿酒葡萄的理化指标和葡萄酒的质量对这些酿酒葡萄进行分级。考虑到理化指标种类繁多，处理起来困难较大，可先利用主成分分析对指标进行降维，然后结合其他方法，譬如综合评价、聚类等再进行分级。

以红葡萄样品为例，首先利用 SPSS 软件对其 30 个理化指标进行主成分分析，并进一步得到主成分向量。然后采用基于层次分析法的模糊综合评价来对理化特性进行分级。最后采用在二维平面上对葡萄的总体理化特性和葡萄酒质量加权聚类，完成对酿酒葡萄的等级划分。

模型准备　　（1）因为题中附件 2 中的一级指标包含二级指标，且一级指标对葡萄质量的影响较大，为方便处理，对酿酒葡萄选取的 30 个理化指标只考虑一级指标（将 3 个果皮颜色看作一级指标）。

（2）由于题中附件中 30 项评价指标的量纲不同，数值数量级差异很大，难以直接进行运算，因此在它们各自范围内对它们进行标准化处理，以此获得一个统一的度量供模型评价使用。使用的级差标准化公式如下：

$$S_{ij} = \frac{O_{ij} - (O_{ij})_{min}}{(O_{ij})_{max} - (O_{ij})_{min}}$$

其中，O_{ij} 为指标 i 在第 j 个葡萄样品中的原数据；S_{ij} 为指标 i 在第 j 个葡萄样品中标准化后的数据。

提取理化指标的主成分　　主成分分析能将许多相关的随机变量压缩成少量的综合指标，同时又能反映原来较多因素的信息。由于用于刻画酿酒葡萄质量的理化指标数量较多，所以先通过主成分分析对指标进行简化。按照主成分分析的理论，若前 k 个主成分的累计方差贡献率达到了 85%，则认为这 k 个主成分能反映足够的信息。

下面以红葡萄样品为例，对其 30 个指标进行主成分分析（同理适用于白葡萄）。利用 SPSS 软件计算得出红葡萄成分列表，如表 5.2.1 所示。

表 5.2.1　红葡萄主成分分析列表

成分	特征根	初始特征值贡献率/%	累计方差贡献率/%
1	6.966	23.221	23.221
2	4.940	16.467	39.687
3	3.737	12.457	52.144
4	2.840	9.467	61.611
5	1.999	6.663	68.274
6	1.742	5.808	74.082
7	1.418	4.728	78.810
8	1.270	4.234	83.044
9	0.961	3.203	86.247
10	0.738	2.461	88.708
11	0.691	2.302	91.010
...	...	...	...

从表 5.2.1 中可以看出，前 9 个成分的累计方差贡献率已达到 86.247%，它们能够较全面地反映出酿酒葡萄主要的理化信息。故取前 9 个成分作为主成分，对应 9 个不同的特征值。

为验证主成分提取的结果的正确性，作出红葡萄理化指标特征值的变化曲线，如图 5.2.1 所示。

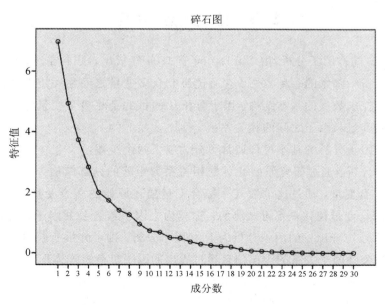

图 5.2.1　红葡萄理化指标特征值变化曲线

由图 5.2.1 可以看出：各理化指标的特征值曲线的变化由陡峭逐渐向平稳过渡，亦说明仅用前 9 个成分就可以替代 30 个指标对葡萄的总体理化特性进行描述。

为了得到主成分向量，将从 SPSS 软件得到的成分矩阵中的每列除以相应特征根的平方根，再根据特征向量给出线性组合：

$$\begin{cases} m_1 = 0.847\ \text{花色苷} + 0.756\text{DPPH 自由基} + 0.863\ \text{总酚} + 0.756\ \text{单宁} \\ m_2 = 0.785\ \text{总糖} + 0.769\ \text{还原糖} + 0.760\ \text{可溶性固形物} \\ m_3 = 0.818\ \text{白藜芦醇} \\ m_4 = -0.707\ \text{褐变度} + 0.696\text{PH 值} - 0.661\ \text{苹果酸} - 0.594\ \text{多酚氧化} \\ m_5 = 0.598\ \text{果穗质量} - 0.546\text{VC 含量} + 0.534\ \text{固酸比} \\ m_6 = -0.501\ \text{黄酮醇} - 0.405\ \text{果梗比} - 0.455\ \text{果皮颜色 b}* \\ m_7 = 0.476\ \text{黄酮醇} + 0.477\ \text{果皮质量} \\ m_8 = -0.516\ \text{酒石酸} - 0.428\ \text{柠檬酸} \\ m_9 = 0.614\text{VC 含量} \end{cases} \tag{5.2.1}$$

其中，花色苷、总糖等项的数值是用标准化后的数据代入，并将式(5.2.1)得出的 $m_1 \sim m_9$ 的结果进行了归一化处理。

由式(5.2.1)可以看出：第一主成分涉及花色苷、DPPH 自由基、总酚、单宁等，与葡萄的香味有主要关系；第二主成分涉及葡萄体内的各种糖分，与葡萄的甜度有主要关系。根据主成分与指标之间的联系，分析出葡萄的甜度主要由 m_2 决定，酸度主要由 m_4、m_5、m_8 决定，香味主要由 m_1、m_7 决定，其他指标(如果实硬度、涩度等)主要由 m_3、m_5、m_6、m_9 决定。

5.3 因子分析法

因子分析法(简称因子分析)由 Thurstone 于 1931 年提出，是主成分分析法的推广和发展，也是统计分析中降维的一种方法。它通过研究众多变量之间相关矩阵和协方差矩阵的内部依赖关系，探求数据的基本结构。因子分析法的目的是将多个变量综合为少数几个因子，以再现原始变量与因子之间的相关关系。

具体来说，因子分析的基本过程通常可分为以下两个步骤：

(1) 主因子分析。通过研究原始变量的相关系数矩阵的内部结构，导出能控制所有变量的少数几个综合变量，通过这少数几个综合变量描述原始的多个变量之间的相关关系。这少数的几个综合变量往往是不可观测的，称其为主因子或者公共因子，人们称这种通过原始变量相关系数矩阵出发的因子分析为 R 型因子分析。因子分析所获得的反映变量间本质联系、变量与公共因子关系的全部信息通过导出的因子负荷矩阵体现。

(2) 因子解释和命名。从因子分析导出的负荷矩阵的结构出发，把变量按与公共因子相关性大小的程度分组，使同组内变量间的相关性较高，不同组变量的相关性较低，按公共因子包含变量的特点(即公因子内涵)对因子进行解释和命名。

1. 因子分析数学模型

设 p 个可能存在相关关系的原始变量 X_1，X_2，$\cdots$，X_p，含有 m 个独立的公共因子 F_1，F_2，$\cdots$，$F_m(p \geqslant m)$，原始变量 X_i 含有特殊因子 $\varepsilon_i(i=1,2,\cdots,p)$，各 ε_i 之间互不相关，且与 $F_j(j=1,2,\cdots,m)$ 之间也互不相关，每个 X_i 可由 m 个公共因子和自身对应的特殊因子 ε_i 线性表示：

$$\begin{cases} X_1 = a_{11}F_1 + a_{12}F_2 + \cdots + a_{1m}F_m + \varepsilon_1 \\ X_2 = a_{21}F_1 + a_{22}F_2 + \cdots + a_{2m}F_m + \varepsilon_2 \\ \quad\quad\quad\quad\quad \cdots \\ X_p = a_{p1}F_1 + a_{p2}F_2 + \cdots + a_{pm}F_m + \varepsilon_p \end{cases} \quad (5.3.1)$$

用矩阵表示：

$$\begin{bmatrix} X_1 \\ X_2 \\ \vdots \\ X_p \end{bmatrix} = (a_{ij})_{p \times m} \begin{bmatrix} F_1 \\ F_2 \\ \vdots \\ F_m \end{bmatrix} + \begin{bmatrix} \varepsilon_1 \\ \varepsilon_2 \\ \vdots \\ \varepsilon_p \end{bmatrix}$$

简记为

$$\boldsymbol{X}_{(p \times 1)} = \boldsymbol{A}_{(p \times m)} \boldsymbol{F}_{(m \times 1)} + \boldsymbol{\varepsilon}_{(p \times 1)}$$

且满足：(1) $m \geqslant p$；

(2) $\mathrm{cov}(\boldsymbol{F}, \boldsymbol{\varepsilon}) = \boldsymbol{0}$（即 $\boldsymbol{F}$ 与 $\boldsymbol{\varepsilon}$ 互不相关）；

(3) $E(\boldsymbol{F}) = \boldsymbol{0}$，$\mathrm{cov}(\boldsymbol{F}) = \begin{pmatrix} 1 & \cdots & 0 \\ 0 & \vdots & 0 \\ 0 & \cdots & 1 \end{pmatrix}_{m \times m} = \boldsymbol{I}_m$（即 F_1，F_2，$\cdots$，F_m 互不相关，且方差皆为 1，均值皆为 0）；

(4) $E(\boldsymbol{\varepsilon}) = \boldsymbol{0}$，$\mathrm{cov}(\boldsymbol{\varepsilon}) = \boldsymbol{I}_p$（即 ε_1，ε_2，$\cdots$，ε_p 互不相关，且都是标准化的变量，假定 X_1，X_2，$\cdots$，X_p 也是标准化的，但相互并不独立）。

$\boldsymbol{A}$ 称为因子负荷矩阵，其元素 a_{ij} 表示第 i 个变量(X_i)在第 j 个公共因子 F_j 上的负荷，简称因子负荷，可以证明它是变量 X_i 与因子 F_j 的相关系数，它反映了变量 X_i 对因子 F_j 的依赖程度。如果把 X_i 看成 p 维因子空间的一个向量，则 a_{ij} 表示 X_i 在坐标轴 F_j 上的投影。ε 称作误差或特殊因子。

在矩阵 $\boldsymbol{A}$ 中，第 i 行平方和 $h_i^2 = \sum_{k=1}^{m} a_{ik}^2 = 1 - c_i^2$ 称为变量 X_i 的共同度。共同度表示公共因子对变量 X_i 的方差贡献；共同度越大，说明公共因子包含的 X_i 的信息就越多。变量共同度的最大值为 1，值越接近于 1，说明该变量所包含的原始信息被公共因子所解释的部分越大，用 m 个公共因子描述变量 X_i 就越有效；而当值接近于 0 时，说明公共因子对变量的影响很小，主要由特殊因子来描述。

在 $\boldsymbol{A} = (a_{ij})$ 中，第 j 列的平方和 $S_j^2 = \sum_{k=1}^{p} a_{kj}^2 (j=1,2,\cdots,m)$ 代表公共因子 F_j 的特征值，表示公共因子 F_j 对所有原始变量 X_1，X_2，$\cdots$，X_m 提供的方差贡献总和。

方差贡献率 $S_j^2 \bigg/ \sum\limits_{i=1}^m D(X_i) = \dfrac{S_j^2}{m} \times 100\%$ 表示 F_j 对所有原始变量的方差贡献率，方差贡献率越大，F_j 就越重要。方差贡献率是衡量公共因子相对重要性的指标。一般选择几个公共因子，就看所有公共因子的方差贡献率之和（称为累计方差贡献率）达到预想的百分比的有几个公因子。

因子分析的目的在于确定公共因子的个数 m 和各公共因子的系数 a_{ij}，并依据这些系数来确定公共因子的内涵。

主因子分析的一个核心任务是从众多的变量中抽取若干个公共因子，从而达到减少变量数目的降维目标。抽取公共因子的方法很多，常用的主要有主成分分析法、主轴因子法和极大似然法等等。因子抽取过程中的一个重要步骤确定抽取几个公共因子。确定因子抽取数目的方法也有许多种，包括统计法和代数法。统计法实际操作较为困难，而代数法主要有三种：

（1）通过对相关矩阵秩的估计来确定因子抽取个数；

（2）通过计算公共因子的方差百分比来确定抽取个数；

（3）使用图解法来确定因子抽取个数。

下面主要介绍基于样本相关矩阵的主成分分解法。

2. 因子导出主成分法

现从相关矩阵出发求解主成分，设 p 个变量为 X_1，X_2，$\cdots$，X_p，$\boldsymbol{X} = (X_1,\ X_2,\ \cdots,\ X_p)'$，则可以找出 p 个主成分。将所得的 p 个主成分按其对应的特征值由大到小排列，记为 Y_1，Y_2，$\cdots$，Y_p，$\boldsymbol{Y} = (Y_1,\ Y_2,\ \cdots,\ Y_p)'$，则主成分与原始变量之间有

$$\begin{cases} Y_1 = r_{11}X_1 + r_{12}X_2 + \cdots + r_{1p}X_p \\ Y_2 = r_{21}X_1 + r_{22}X_2 + \cdots + r_{2p}X_p \\ \quad\cdots \\ Y_p = r_{p1}X_1 + r_{p2}X_2 + \cdots + r_{pp}X_p \end{cases}$$

其中，r_{ij} 是随机向量 $\boldsymbol{X}$ 的相关矩阵的特征值所对应的特征向量 $\boldsymbol{\gamma}_i$ 的分量，特征向量之间正交，对 $\boldsymbol{X}$ 到 $\boldsymbol{Y}$ 的转换关系求逆，得到由 $\boldsymbol{Y}$ 到 $\boldsymbol{X}$ 的转换关系：

$$\begin{cases} X_1 = r_{11}Y_1 + r_{21}Y_2 + \cdots + r_{p1}Y_p \\ X_2 = r_{12}Y_1 + r_{22}Y_2 + \cdots + r_{p2}Y_p \\ \quad\cdots \\ X_p = r_{1p}Y_1 + r_{2p}Y_2 + \cdots + r_{pp}Y_p \end{cases}$$

只保留前 m 个主成分，而把后面的 $p-m$ 个主成分用特殊因子 ε_i 代替，即

$$\begin{cases} X_1 = r_{11}Y_1 + r_{21}Y_2 + \cdots + r_{m1}Y_m + \varepsilon_1 \\ X_2 = r_{12}Y_1 + r_{22}Y_2 + \cdots + r_{m2}Y_m + \varepsilon_2 \\ \quad\cdots \\ X_p = r_{1p}Y_1 + r_{2p}Y_2 + \cdots + r_{mp}Y_m + \varepsilon_p \end{cases}$$

为了把 Y_i 转化为合适的公因子，需要把主成分 Y_i 的方差变为 1，故令

$$F_i = \frac{Y_i}{\sqrt{\lambda_i}}, \quad a_{ij} = r_{ji} \sqrt{\lambda_i} \qquad\qquad (5.3.2)$$

则

$$\begin{cases} X_1 = a_{11}F_1 + a_{12}F_2 + \cdots + a_{1m}F_m + \varepsilon_1 \\ X_2 = a_{21}F_1 + a_{22}F_2 + \cdots + a_{2m}F_m + \varepsilon_2 \\ \cdots \\ X_p = a_{p1}F_1 + a_{p2}F_2 + \cdots + a_{pm}F_m + \varepsilon_p \end{cases}$$

设样本相关系数矩阵 $\boldsymbol{R}$ 的特征值为 $\lambda_1 \geqslant \lambda_2 \geqslant \cdots \geqslant \lambda_p \geqslant 0$，其相应的标准正交特征向量为 $\boldsymbol{\gamma}_1$，$\boldsymbol{\gamma}_2$，$\cdots$，$\boldsymbol{\gamma}_p$，设 $m < p$，则因子载荷矩阵 $\boldsymbol{A}$ 的一个估计值为

$$\hat{\boldsymbol{A}} = (\boldsymbol{\gamma}_1 \sqrt{\lambda_1}, \, \boldsymbol{\gamma}_2 \sqrt{\lambda_2}, \, \cdots, \, \boldsymbol{\gamma}_m \sqrt{\lambda_m})$$

共同度的估计为 $\hat{h}_i = \hat{a}_{i1}^2 + \hat{a}_{i2}^2 + \cdots + \hat{a}_{im}^2$。

上面的主成分分解是不唯一的，这种不唯一性表面上看起来是十分不利的。因子分析的目的不仅是抽取公共因子，更重要的是要知道抽取的每个公共因子的实际意义，以便对实际问题进行分析。如果每个公共因子的含义不清，不便于对实际背景进行解释，这时利用因子负荷矩阵的不唯一性，通过适当的因子负载矩阵的旋转变换，使旋转后的因子负载矩阵结构简化，具有更鲜明的实际意义或可解释性。所谓结构简化，就是使每个变量仅在一个公共因子上有较大的负荷，而在其余公共因子上的负荷较小。这种变换因子负荷的方法称为因子旋转。

由于正交变换是一种旋转变换，如果选取方差最大的旋转变换，即将各因子旋转到某个位置，使每个变量在旋转后的因子轴上的投影向最大、最小两极分化，从而使每个因子中的高载荷只能出现在少数的变量上，在最后得到的旋转因子载荷矩阵中，每列元素除几个外，其余的均趋于 0，从而使得因子载荷矩阵结构简化，关系明确。

3. 因子分析的一般步骤

（1）将原始变量数据进行标准化处理：

$$Z_i = \frac{X_i - \mu_i}{\sqrt{\sigma_{ii}}}$$

（2）计算标准化指标的相关系数矩阵 $\boldsymbol{R}$。

（3）求解相关系数矩阵 $\boldsymbol{R}$ 的特征向量 $\boldsymbol{\gamma} = (\gamma_{ij})_{p \times p}$ 和特征值 $\lambda_1 \geqslant \lambda_2 \geqslant \cdots \geqslant \lambda_p \geqslant 0$。

（4）确定公共因子的个数，设为 m 个，即选择特征值 $\geqslant 1$ 的个数 m 或根据累积方差贡献率 $\geqslant 85\%$ 的准则所确定的个数 m 作为公共因子个数。

（5）求解初始因子载荷矩阵 $\boldsymbol{A} = (a_{ij})_{p \times p} = (\gamma_{ji} \sqrt{\lambda_i})_{p \times p}$。

（6）建立因子模型：

$$Z_i = \sum_{j=1}^{m} a_{ij} F_j + \varepsilon_i \quad i = 1, 2, \cdots, p$$

其中 F_1，F_2，$\cdots$，F_m 为公共因子，$\varepsilon = (\varepsilon_1, \varepsilon_2, \cdots, \varepsilon_p)$ 为特殊因子。

（7）对公共因子重新命名，并解释公共因子的实际含义。

（8）对初始因子载荷矩阵进行旋转。

（9）将公共因子变为变量的线性组合，得到因子得分函数：

$$F_i = \sum_{j=1}^{p} \beta_{ij} Z_j = \beta_{i1} Z_1 + \beta_{i2} Z_2 + \cdots + \beta_{ip} Z_p \quad i = 1, 2, \cdots, m$$

系数 $(\beta_{i1}, \beta_{i2}, \cdots, \beta_{ip})(i = 1, 2, \cdots, p)$ 可以通过加权最小二乘法或者回归的方法获得。Z_i、F_i 分别为标准化的原始变量和公共因子。通过回归法得到的因子得分函数的估计值为 $\hat{F} = A' R^{-1} Z$。

（10）求综合评价值，即总因子得分估计值为

$$\hat{Z} = \sum_{i=1}^{m} \omega_i \hat{F}_i$$

其中，$\omega_i = \dfrac{\lambda_i}{\sum\limits_{j=1}^{m} \lambda_j}$ 为第 i 个公共因子 F_i 的归一化权重，即

$$综合得分 = \frac{\sum (各因子得分 \times 分因子所对应的方差贡献率)}{\sum 各因子的方差贡献率}$$

（11）根据总因子得分估计值 $\hat{Z}$ 就可以对每个被评价的对象进行排名，从而进行比较。

从主成分分析法和因子分析法可以看出，两者都依赖于原始变量，也只能反映原始变量的信息，因此原始变量的选择很重要。

主成分分析法和因子分析法也有明显的区别：因子分析是把各变量表示成各因子的线性组合，寻求因子和因子的个数，主成分分析则是把主成分表示成各变量的线性组合，因而主成分分析本质上仅仅是一种变量变换，主成分的个数和变量的个数是相同的，它是把一组具有相关关系的变量变换为一组互不相关的变量（主成分），而因子分析需要构造因子模型，用尽可能少的因子构造一个结构简单的因子模型；主成分分析的重点在于解释各变量的总方差，而因子分析则把重点放在解释各变量之间的协方差上；主成分分析中不需要有假设，而因子分析中则需要一些假设；主成分分析中，当给定的协方差矩阵或者相关矩阵的特征值唯一的时候，获得的主成分一般是独特的，而因子分析中因子不是独特的，可以旋转得到因子；和主成分分析相比，由于因子分析可以使用旋转技术帮助解释因子，所以在解释方面更具有优势。大致说来，当需要寻找潜在的因子，并对这些因子进行解释的时候，更加倾向于使用因子分析，并且借助旋转技术帮助更好地解释。而如果想把现有的变量变成少数几个新的变量（新的变量几乎带有原来所有变量的信息）来进入后续的分析，则可以使用主成分分析。

因子分析法在实际使用中常常借助 SPSS 软件来完成。熟悉因子分析原理后，SPSS 软件使用相对简单。

例 5.3.1 城市表层土壤重金属的污染分析（2011CUMCM A 题）。

随着城市经济的快速发展和城市人口的不断增加，人类活动对城市环境质量的影响日益突出。对城市土壤地质环境异常的查证，以及应用查证获得的海量数据资料开展城市环境质量评价，研究人类活动影响下城市地质环境的演变模式，日益成为人们关注的焦点。

按照功能，城区一般可分为生活区、工业区、山区、主干道路区及公园绿地区等，分别记为 1 类区、2 类区、……、5 类区，不同的区域环境受人类活动影响的程度不同。现对某城市城区土壤地质环境进行调查。为此，将所考察的城区划分为间距 1 km 左右的网格子区域，按照每平方千米 1 个采样点对表层土（0～10 cm 深度）进行取样、编号，并用 GPS 记录

采样点的位置。应用专门仪器测试分析，获得了每个样本所含的多种化学元素的浓度数据。另一方面，按照 2 km 的间距在那些远离人群及工业活动的自然区取样，将其作为该城区表层土壤中元素的背景值。

附件列出了采样点的位置、海拔高度及其所属功能区等信息；列出了 8 种主要重金属元素在采样点处的浓度以及 8 种主要重金属元素的背景值。

通过数据分析，请给出重金属污染的主要原因。

问题分析　由于造成重金属污染的原因可以是人类活动，也可以是自然过程，因此先分析 8 种重金属元素之间的相关性。以 8 种重金属元素浓度为单个因子，利用因子分析法，得到影响土壤整体变异性的 3 个重金属污染主因子。根据主因子的变异特征向量大小，将 8 种重金属元素进行分类。分析其分布特征，从而得出人类活动和自然过程对重金属含量的影响程度。

模型建立　将 8 种重金属元素浓度作为因子分析的各变量因子，建立式(5.3.1)形式的因子分析模型：

$$\begin{cases} X_1 = r_{11}F_1 + r_{12}F_2 + \cdots + r_{1m}F_m + \varepsilon_1 \\ X_1 = r_{21}F_1 + r_{22}F_2 + \cdots + r_{2m}F_m + \varepsilon_2 \\ \qquad\qquad\qquad \cdots \\ X_8 = r_{81}F_1 + r_{82}F_2 + \cdots + r_{8m}F_m + \varepsilon_8 \end{cases}$$

其中，X_1，X_2，$\cdots$，X_8 是可观测的指标，F_1，F_2，$\cdots$，F_m 为公共因子，ε_i 是特殊因子，它与公共因子之间彼此独立。r_{ij} 是指标 X_i 在公共因子 F_j 上的载荷，因子载荷 r_{ij} 的统计含义是指标 X_i 在公共因子 F_j 上的相关系数。r_{i1}，r_{i2}，$\cdots$，r_{im} 说明了指标 X_i 依赖于各公共因子的程度。r_{1j}，r_{2j}，$\cdots$，r_{8j} 说明了公共因子 F_j 与各指标的联系程度。故可以根据该列绝对值较大的因子载荷所对应的指标来解释这个公共因子的实际意义。

为了消除指标量纲和数量级的影响，对原始指标数据进行标准化处理：

$$Z_i = \frac{X_i - \mu_i}{\sqrt{\sigma_{ii}}}$$

从相关矩阵出发，采用主成分分析法来提取公共因子。由 SPSS 软件得出因子分析的输出结果，如表 5.3.1 所示，可知：KMO 统计量是 0.778，且 Bartlett's 球面检验值为905.711，χ^2 统计量的显著性水平为 0.000<0.01，都说明各指标之间存在着较高的相关性，即说明所选取的 8 个指标适合进行因子分析。

表 5.3.1　因子分析检验——KMO 和 Bartlett's 检验

取样足够度的 Kaiser-Meyer-Olkin 度量	0.778
Bartlett's 球形度检验近似卡方	905.711
Df	28
Sig	0.000

用 SPSS 软件画出因子分析的碎石图，如图 5.3.1 所示。

由图 5.3.1 可判定选取 3 个主因子(主成分)进行主成分分析和因子分析比较合适。计算因子载荷矩阵，由于主成分的系数阵的特征向量与因子载荷矩阵存在式(5.3.2)所示的关系，利用主成分的系数矩阵和因子载荷初始矩阵，计算出各个特征值所对应的特征向量，如表 5.3.2 所示。

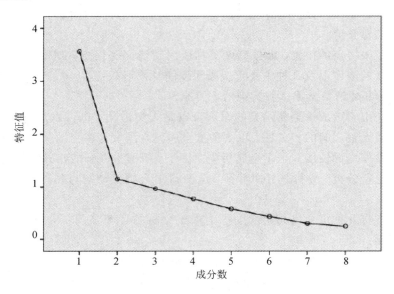

图 5.3.1　因子分析碎石图

表 5.3.2　特　征　向　量

重金属元素	主因子 1	主因子 2	主因子 3
As	0.426	-0.200	0.681
Cd	0.711	0.281	0.282
Cr	0.735	-0.444	-0.303
Cu	0.756	0.125	-0.365
Hg	0.408	0.673	-0.297
Ni	0.723	-0.515	-0.190
Zn	0.699	-0.037	0.123
Pb	0.764	0.314	0.237

于是，可以建立主因子表达式：

$$\begin{cases} Y_1 = 0.426X_1 + 0.711X_2 + \cdots + 0.764X_8 \\ Y_2 = -0.2X_1 + 0.281X_2 + \cdots + 0.314X_8 \\ Y_3 = 0.681X_1 + 0.282X_2 + \cdots + 0.237X_8 \end{cases}$$

同时得出 3 个主因子的累积变异量分别为 44.500%、14.377%、12.064%，3 个主因子可以较好地描述该地区 8 种重金属元素的变异特征，能够解释总变异量的 70.941%。

第一主因子解释了总体变异的 44.500%，Cd、Cr、Cu、Ni、Zn 和 Pb 的因子特征值较高，而 As 和 Hg 具有相对较低的因子特征值，这一现象说明了该城区土壤中 As 和 Hg 的分布受到其他重金属的影响。第二主因子解释了总体变异的 14.377%，且 Hg 的特征向量比较高，而第三主因子解释了总体变异的 12.064%，只有重金属元素 As 的特征向量比较高。综上分析，可将 8 种重金属元素分为三类，第一类为 Cd、Cr、Cu、Ni、Zn 和 Pb，第二类为 Hg 和 Pb，第三类为 As，且这三类重金属元素的来源不同。

由于重金属 As 在 5 个功能区内均没有超过国家二级标准，与土壤背景值相比，相差不大，由此可以分析出该城区内重金属元素 As 总量的影响与该城区的成土作用密切相关，受当地矿物成分、风化作用等影响。土壤中 Pb 和 Hg 的浓度主要受交通工具排放的影响，与此同时大气中 Pb 和 Hg 的浓度在全球范围内正在增加，因此交通污染和大气沉降是土壤中 Pb 和 Hg 混染的最主要因子。Cd、Cr、Cu、Ni、Zn 和 Pb 浓度均严重超出了背景值而且相关性较高，可知人类活动对这些重金属元素总量的增加作用均很明显。

运用同样的方法，可分别对 5 个功能区的土壤重金属浓度进行因子分析，分别分析各功能区污染源的主要原因。

5.4　聚类分析法

通过数据的特征分析，如果数据呈现相似性特点，就需要把数据（变量）分成不同的类别，以便更好地挖掘数据或变量的内在规律。这就是本节要介绍的聚类分析法（简称聚类分析）。事实上，当只有一个分类指标时，分类比较容易；当分类指标比较多时，由于不同指标项的重要程度或依赖关系是相互不同的，要进行分类就不那么容易了。聚类分析就是使用一种定量的方法，从数据分析的角度，给出一种更准确、细致的分类工具。

聚类分析的目的就是将具有相近程度的点或类聚为一类，也就是根据一批样本的多个观测指标，具体找出一些能够度量样本或指标之间相似程度的统计量，以这些统计量为划分类型的依据，把一些相似程度较大的样本（或指标）聚合为一类，把另外一些彼此之间相似程度较大的样本（或指标）聚合为另一类，将关系密切的聚合到一个小的分类单位，关系疏远的聚合到一个大的分类单位，直到把所有的样本（或指标）聚合完毕，这就是聚类的基本思想。

聚类分析根据分类对象的不同，可以分为 R 型和 Q 型两大类，R 型是对变量（指标）进行聚类，Q 型是对样品进行分类。本节主要介绍 Q 型聚类分析问题。

1. 样本距离与相似性

目前用得最多的度量样本或指标之间相似程度的方法有两种：一种方法是将一个样本看作 P 维空间的一个点，并在空间定义距离，距离近的点归为一类，距离较远的点归为不同的类；另一种方法是用相似系数，相似系数的绝对值越接近于 1，样本的性质越接近，样本性质彼此无关的样本，相似系数的绝对值接近零。比较相似的样本归为一类，不怎么相似的样本归为不同的类。

1）欧氏距离

假设有两个 n 维样本 $\boldsymbol{x}_1=(x_{11},x_{12},\cdots,x_{1n})$ 和 $\boldsymbol{x}_2=(x_{21},x_{22},\cdots,x_{2n})$，则它们的欧氏距离为

$$d(\boldsymbol{x}_1,\boldsymbol{x}_2)=\sqrt{\sum_{j=1}^{n}(x_{1j}-x_{2j})^2}$$

2）标准化欧氏距离

假设有两个 n 维样本 $\boldsymbol{x}_1=(x_{11},x_{12},\cdots,x_{1n})$ 和 $\boldsymbol{x}_2=(x_{21},x_{22},\cdots,x_{2n})$，则它们的标

准化欧氏距离为

$$sd(\boldsymbol{x}_1, \boldsymbol{x}_2) = \sqrt{(\boldsymbol{x}_1 - \boldsymbol{x}_2)\boldsymbol{D}^{-1}(\boldsymbol{x}_1 - \boldsymbol{x}_2)^{\mathrm{T}}}$$

其中，$\boldsymbol{D}$ 表示 n 个样本的方差矩阵，$\boldsymbol{D} = \mathrm{diagonal}(\sigma_1^2, \sigma_2^2, \cdots, \sigma_n^2)$，$\sigma_j^2$ 表示第 j 列的方差。

3）马氏距离

假设共有 n 个指标，第 i 个指标共测得 m 个数据（要求 $m > n$）：

$$\boldsymbol{x}_i = \begin{bmatrix} x_{i1} \\ x_{i2} \\ \vdots \\ x_{im} \end{bmatrix}, \quad \boldsymbol{X} = (\boldsymbol{x}_1, \boldsymbol{x}_2, \cdots, \boldsymbol{x}_n) = \begin{bmatrix} x_{11} & x_{21} & \cdots & x_{n1} \\ x_{12} & x_{22} & \cdots & x_{n2} \\ \vdots & \vdots & \cdots & \vdots \\ x_{1m} & x_{2m} & \cdots & x_{nn} \end{bmatrix}$$

于是，我们得到 $m \times n$ 阶的数据矩阵 $\boldsymbol{X} = (\boldsymbol{x}_1, \boldsymbol{x}_2, \cdots, \boldsymbol{x}_n)$，每一行是一个样本数据。$m \times n$ 阶数据矩阵 $\boldsymbol{X}$ 的 $n \times n$ 阶协方差矩阵记作 $\mathrm{cov}(\boldsymbol{X})$。

两个 n 维样本 $\boldsymbol{x}_1 = (x_{11}, x_{12}, \cdots, x_{1n})$ 和 $\boldsymbol{x}_2 = (x_{21}, x_{22}, \cdots, x_{2n})$ 的马氏距离为

$$\mathrm{mahal}(\boldsymbol{x}_1, \boldsymbol{x}_2) = \sqrt{(\boldsymbol{x}_1 - \boldsymbol{x}_2)(\mathrm{cov}(\boldsymbol{X}))^{-1}(\boldsymbol{x}_1 - \boldsymbol{x}_2)^{\mathrm{T}}}$$

马氏距离考虑了各指标量纲的标准化，是对其他几种距离的改进。马氏距离不仅排除了量纲的影响，而且合理地考虑了指标的相关性。

4）布洛克距离

两个 n 维样本 $\boldsymbol{x}_1 = (x_{11}, x_{12}, \cdots, x_{1n})$ 和 $\boldsymbol{x}_2 = (x_{21}, x_{22}, \cdots, x_{2n})$ 的布洛克距离为

$$b(\boldsymbol{x}_1, \boldsymbol{x}_2) = \sum_{j=1}^{n} |x_{1j} - x_{2j}|$$

5）闵可夫斯基距离

两个 n 维样本 $\boldsymbol{x}_1 = (x_{11}, x_{12}, \cdots, x_{1n})$ 和 $\boldsymbol{x}_2 = (x_{21}, x_{22}, \cdots, x_{2n})$ 的闵可夫斯基距离为

$$m(\boldsymbol{x}_1, \boldsymbol{x}_2) = \left(\sum_{j=1}^{n} |x_{1j} - x_{2j}|^p\right)^{\frac{1}{p}}$$

注　$p = 1$ 时是布洛克距离；$p = 2$ 时是欧氏距离。

此外，还可以用样本相关系数和夹角的余弦等指标来度量样本的相似性。

6）余弦距离

两个 n 维样本 $\boldsymbol{x}_1 = (x_{11}, x_{12}, \cdots, x_{1n})$ 和 $\boldsymbol{x}_2 = (x_{21}, x_{22}, \cdots, x_{2n})$ 的余弦距离为

$$d(\boldsymbol{x}_1, \boldsymbol{x}_2) = \left(1 - \frac{\boldsymbol{x}_1 \boldsymbol{x}_2^{\mathrm{T}}}{\sqrt{\boldsymbol{x}_1 \boldsymbol{x}_1^{\mathrm{T}}}\sqrt{\boldsymbol{x}_2 \boldsymbol{x}_2^{\mathrm{T}}}}\right)$$

这是受相似性几何原理启发而产生的一种标准，在识别图像和文字时，常用夹角的余弦为标准。

7）相似距离

两个 n 维样本 $\boldsymbol{x}_1 = (x_{11}, x_{12}, \cdots, x_{1n})$ 和 $\boldsymbol{x}_2 = (x_{21}, x_{22}, \cdots, x_{2n})$ 的相似距离为

$$d(\boldsymbol{x}_1, \boldsymbol{x}_2) = 1 - \frac{(\boldsymbol{x}_1 - \bar{\boldsymbol{x}}_1)(\boldsymbol{x}_2 - \bar{\boldsymbol{x}}_2)^{\mathrm{T}}}{\sqrt{(\boldsymbol{x}_1 - \bar{\boldsymbol{x}}_1)(\boldsymbol{x}_1 - \bar{\boldsymbol{x}}_1)^{\mathrm{T}}}\sqrt{(\boldsymbol{x}_2 - \bar{\boldsymbol{x}}_2)(\boldsymbol{x}_2 - \bar{\boldsymbol{x}}_2)^{\mathrm{T}}}}$$

2. 类与类之间的距离与相似性

像样本点之间可以有不同的定义距离的方法一样，类与类之间的距离也有各种定义。例如可以用两类之间最近样本的距离定义类与类之间的距离，或者用两类之间最远样本的

距离定义类与类之间的距离，等等。类与类之间用不同的方法定义距离，就产生了不同的系统聚类方法。常用的系统聚类方法有最短距离法、最长距离法、重心距离法、类平均法等。系统聚类方法尽管很多，但归类的步骤基本上是一样的，所不同的仅是类与类之间的距离有不同的定义方法，从而有不同的计算距离的公式。

以下用 d_{ij} 表示样本 x_i 与 x_j 之间的距离，用 D_{ij} 表示类 G_i 与 G_j 之间的距离。

1) 最短距离法

定义类 G_i 与 G_j 之间的距离为两类最近样本的距离，即

$$D_{ij} = \min_{x_i \in G_i, \, x_j \in G_j} d_{ij}$$

2) 最长距离法

定义类 G_i 与类 G_j 之间距离为两类最远样本的距离，即

$$D_{ij} = \max_{x_i \in G_i, \, x_j \in G_j} d_{ij}$$

3) 重心法

设 G_p 和 G_q 的重心（即该类样本的均值）分别是 $\bar{x}_p$ 和 $\bar{x}_q$（注意一般它们是 p 维向量），则 G_p 和 G_q 之间的距离是

$$D_{pq} = d_{\bar{x}_p \bar{x}_q}$$

4) 类平均法

定义两类之间的距离为这两类元素两两之间距离的平均，即

$$D_{pq} = \frac{1}{n_p n_q} \sum_{x_i \in G_p} \sum_{x_j \in G_q} d_{ij}$$

式中，n_p、n_q 分别是类 G_p 与类 G_q 中样本点的个数。

聚类分析的一般步骤：

(1) 先对数据进行变换处理，消除量纲对数据的影响；

(2) 各样本点自成一类（即 n 个样本点共有 n 类），计算各样本点之间的距离；

(3) 距离最近的两个样本点并成一类；

(4) 选择并计算类与类之间的距离，并将距离最近的两类合并；

(5) 重复上面的做法，直至所有样本点归为所需类数为止；

(6) 绘制聚类图，按不同的分类标准或不同的分类原则，得出不同的分类结果。

例 5.4.1　例 4.1.2、例 4.2.1 和例 4.3.1 续。

研究附件 1 中项目的任务定价规律，进一步分析任务未完成的原因。

问题分析　通过例 4.1.2 进行数据初步处理，绘制任务完成情况的二维散点图，以观察任务完成情况。从散点图发现未完成任务的分布均在佛山市及东莞市南部地区附近。

接着通过例 4.2.1 进一步挖掘数据，建立任务之间的距离矩阵和会员与任务之间的距离矩阵，采用 Spearman 秩相关检验方法得到以下结论：任务密度与价格之间存在着负相关关系，任务与市中心的距离和价格之间存在着较强的正相关关系，而人员密度对价格的影响很小。因此探究任务的价格规律时排除人员密度因素。

随后通过例 4.3.1 采取逐步回归的方法，将影响价格的因素按照影响程度由大到小的顺序进行线性回归，得到回归模型为

$$\text{price}_i = 0.035\rho_{i1} - 0.399C_i + 71.736$$

　　由此可以看出,任务的地理位置对价格的负相关影响较大,密度对价格的正相关影响较小,因此在分析任务未完成原因时,需要综合考虑这两个因素。

　　为进一步分析任务未完成的原因,下面根据任务的三种属性,即任务密度 ρ_{i1}、用户密度 ρ_{i2} 和任务与市中心的距离 C_i,对所有任务进行 Q 型聚类。

　　聚类过程　先对量化后任务的各因素的数值进行标准化处理。以任务密度 ρ_{i1} 为例。对于 835 个任务密度而言,标准化后的值为

$$\rho_{i1}^* = \frac{\rho_{i1} - \overline{\rho_{i1}}}{s_{\rho_{i1}}} \quad i = 1, 2, \cdots, 835$$

式中,$\overline{\rho_{i1}}$ 为 835 个任务密度的平均值,$s_{\rho_{i1}}$ 是 835 个任务密度的方差。

　　令 x_{ij} 表示第 i 个任务的第 j 个影响因素,令 d_{ij} 表示第 i 个任务和第 j 个任务之间的欧氏距离,表示为

$$d_{ij} = \left[\sum_{k=1}^{p} (x_{ik} - x_{jk})^2 \right]^{1/2}$$

　　首先将 835 个任务中的每个任务看作一类,类间的距离与任务间距相等。采用最短距离法,将距离最小的一对任务合并为一类,并计算出与其他类的距离,再次将距离较小的进行合并,直到所有的任务被合并为一类为止,最终完成分类。

　　Q 型聚类结果及分析　供求比率可以衡量任务与用户的匹配程度。利用任务密度 ρ_{i1} 表征任务的供给量,用户密度 ρ_{i2} 表征需求量,二者比值即为供求比率 P_i。当一定范围内供给量大于需求量时,意味着任务的数目出现了饱和,任务未完成的概率较高;而供给量小于需求量,则说明该范围内会员数目较多,任务的完成率较高;供给量与需求量相等时的情况介于二者之间。

　　根据上述 Q 型聚类的方法,得到如图 5.4.1 所示四种类型的任务。

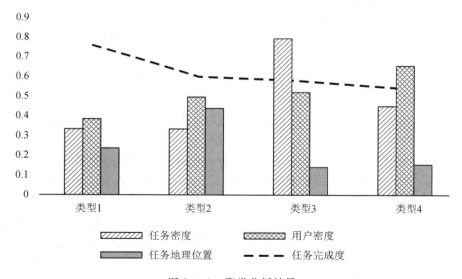

图 5.4.1　聚类分析结果

　　① 类型 1(供求均衡类)中,供求比率几乎为 1,任务密度和用户密度相对平衡,任务地点距离市中心较近,交通较便利。因此该类型的任务完成率是最高的,达到了 76%。

　　② 类型 2(位置偏僻类)中,任务的供求比率小于类型 1,可接受任务的人数相对较多,

然而任务的完成率却不如类型 1。经分析知该类型任务距离市中心是最远的，导致完成任务的难度也较大。从侧面说明任务距离市中心的距离对任务完成程度的影响更大一些。

③ 类型 3（密度集中类）中的任务密度是最大的，距离市中心也较近，该地区交通便利。但此时用户密度与任务密度相差较多，供求比率高，因此任务完成率相对于前两种情况较低一些。

④ 类型 4（价格过高类）中，用户密度的数量最多，供求比率较低，距离市中心也较近，但此时的任务完成率却最低。经分析数据可知，该地区任务的价格相对较低，因此导致任务完成率较低，为 54.01%。

综上所述，任务未完成的原因是多方面的，需要从供求关系、任务的地理位置、任务价格的设置等多方面来分析，得到的结果如图 5.4.2 所示。

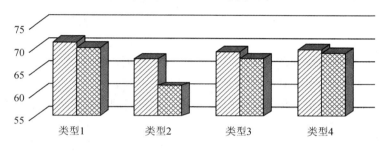

图 5.4.2　已完成任务和未完成任务的平均价格

经过对比，发现已完成任务的价格普遍高于未完成任务的。这说明在其他条件不变的情况下，价格较低会导致任务的完成率较低。

至此，通过数据特征分析、相关分析、逐步回归和聚类分析等多种方法的综合运用，分析出了任务没有完成的原因。从例 5.4.1 也可以看出，单一的一种方法往往并不能很好地解决数学建模中的问题，需要将多种方法有机地结合起来，才能较好地解决实际问题。

5.5　应用案例——小微企业信贷问题（2020CUMCM C 题）

在企业与银行的借贷过程中，由于中小微企业的体量较小、缺乏充足的资产用于抵押，因此银行通常通过信贷政策、企业的交易单据信息、贷款对象的上下游企业还款能力等因素对借贷进行风险评估，再据此确定企业的信贷策略。银行通常选择高信誉、信贷等级高的企业进行贷款。除了决定是否向企业进行贷款外，银行还需要根据相关企业风险评估的信息对准备贷款的企业进行贷款金额、贷款利率和贷款期限等策略的决策。

某个银行对确定需要放贷企业的贷款额度范围为 10～100 万元；贷款年利率为 4%～15%；贷款的期限为 1 年。请对附件 1 中的 123 家企业进行风险量化分析，并给出在银行当年信贷总额一定时的信贷策略。

问题分析　为了对 123 家企业的信贷风险进行量化分析，在例 4.4.1 中得到客户流失率与企业贷款年利率间的关系，本例将继续遵循全面性、系统性、针对性原则，从企业实力、供求关系稳定度、信誉度、行业风险四个角度进行考虑，确定出 10 个指标进行量化分析，并在此基础上，考虑使用主成分分析法对这 10 个指标进行降维。对于降维得到的主成分，再使用熵权法确定这些主成分的权值，从而得到企业信贷风险的计算公式。将 123 家企业的数据代入所获得的公式，最终计算出每家企业的信贷风险得分，并检验模型的合理性。

为了确定银行在年度信贷总额固定时对这些企业的信贷策略，首先根据信誉评级、违约记录、信贷风险和年利润等指标，剔除掉不合格企业。接着考虑各合格企业的还款概率，基于企业信贷风险和贷款额度，给出各企业的还款概率量化值，从而形成企业还款概率矩阵。另一方面，根据附件 3 给出的统计数据，我们选取例 4.4.1 中得到的幂函数拟合贷款利率和客户流失率的关系式，在此基础上，以各企业贷款概率和额度为决策变量，建立"银行盈利最大化"的非线性规划模型。最后，代入银行信贷总额进行求解。

模型假设

(1) 题中所给发票数据为所涉及企业的全部发票数据；

(2) "周期型企业"的进货期长度近似为其周期的一半；

(3) 银行在决策最优信贷策略时，只考虑其自身年利润、信贷风险与突发事件的影响，不考虑其他因素的影响。

模型建立　银行对企业进行借贷时，需要对企业的实力、信用等因素进行量化分析，根据中小微企业能否按期还款确定相关策略。我们将从企业实力、贷款企业上下游企业的稳定度、企业信誉度、企业所属行业风险等方面对企业的信贷风险进行评估。

1. 风险量化的指标

对于附件 1 中企业的发票单据数据，首先对数据进行预处理。在"进项发票信息"表和"销项发票信息"表中，发票的状态分为有效发票和作废发票两种。有效发票为企业在进行正常交易活动时所开具的发票；作废发票是企业在为交易活动开具此发票之后，因故取消了该项交易，使该发票作废。因此，在统计进项发票、销项发票金额信息时，对表中的作废发票进行剔除，再对剔除后的数据进行分析。

基于经过预处理之后的数据，首先对企业的实力进行分析。

(1) 企业实力：对于某家中小微企业，销项发票中出现负数发票可以反映企业的销售实力。因为负数发票是企业在为交易活动开具发票之后，由于购货方因故退货、退款所开具的发票，这多数是由于企业本身实力不足造成的。大量的退货、退款所产生的负数发票可以反映出企业自身的实力。根据企业相关数据，得到在一定时间（如一个月）范围内第 i 家企业的月均负数销项发票数为

$$\bar{n}_{\text{out}, i} = \frac{1}{k} \sum_{j=1}^{k} n_{\text{out}, i, j}$$

其中，$n_{\text{out}, i, j}$ 表示第 i 家企业第 j 月的负数销项发票数，k 表示这一段时间包含的月数。

此外，第 i 家企业在第 k 月的月净利润 $R_{i, k}$ 也是衡量企业盈利实力的重要指标。进项发票和销项发票分别表示企业进货时销售方开具的发票和销售时购货方开具的发票。二者额度的差值表示企业在这一段时间内的盈利。企业在第 k 月的月净利润 $R_{i, k}$ 可表示为

$$R_{i,k} = \sum_{i=1}^{n} n_{\text{in},i,k} - \sum_{i=1}^{n} n_{\text{out},i,k}$$

其中，$n_{\text{in},i,k}$、$n_{\text{out},i,k}$ 分别表示第 i 家企业第 k 月的进项发票金额和销项发票金额，则企业的月均利润为

$$P_k = \frac{1}{k} \sum_{j=1}^{k} R_{i,j}$$

（2）上下游企业稳定度：由于上、下游企业存在向多家企业供货、销货的行为。在衡量企业的实力时，上下游企业的实力也是影响企业实力的一个关键指标。贷款企业上游企业的销售商数量反映上游企业的供货水平与实力；贷款企业下游企业的供货商数量反映下游企业的物资消耗水平与实力。贷款企业的上下游企业实力为

$$S_i = \sum n_{\text{up}} + \sum n_{\text{down}}$$

其中，n_{up}、n_{down} 分别表示上游、下游企业的实力，即上游、下游企业的供货、销货商数量。

此外，企业交易进项、销项的总金额也是衡量企业资金流量大小与实力的重要指标。第 i 家企业第 k 月的总资金流量为

$$P_{i,k} = \sum_{i=1}^{n} n_{\text{in},i,k} + \sum_{i=1}^{n} n_{\text{out},i,k}$$

当银行在向中小微企业进行借贷时，上下游企业供求关系的稳定性也将影响企业的还款能力。当企业在进货时过分依赖某一家厂商的货源时，很有可能因这家上游企业资金链断裂而不能继续生产，进而导致该企业陷入需求紧张的危机；当下游企业无力支付相关费用或需求大幅减少时其销售链断裂，导致贷款企业库存累积、资金无法回流，进而导致无法偿还银行债务。

根据上述分析，在资金流通的过程中，如果过分依赖某一个或某几个上下游企业的资金流入、流出，贷款企业就很有可能在这几家上下游企业出现特殊风险时陷入危机。企业资金过分依赖某几家上下游企业表现为资金分布的不均衡性，因此通过每个月上下游企业入、销项金额的样本方差 ε_{up}、$\varepsilon_{\text{down}}$ 来分别表示贷款企业对上下游企业的依赖程度，即

$$\varepsilon_{\text{up}} = \frac{1}{m_{\text{in}} - 1} \sum_{j=1}^{m_{\text{in}}} (e_{\text{up},i,j} - \bar{e}_{\text{up},i})^2$$

$$\varepsilon_{\text{down}} = \frac{1}{m_{\text{down}} - 1} \sum_{j=1}^{m_{\text{down}}} (e_{\text{down},i,j} - \bar{e}_{\text{down},i})^2$$

其中，$e_{\text{up},i,j}$、$e_{\text{down},i,j}$ 分别表示上游企业 j 流向第 i 家贷款企业的资金记录值与第 i 家贷款企业流向下游企业 j 的资金记录值，其中 m_{in}、m_{down} 分别是上游资金流向贷款企业与贷款企业流向下游企业资金的记录条数。

下面对贷款企业的上游企业质量进行评估。对贷款企业的上游企业的负数发票进行统计，根据企业相关数据，得到企业在一个月的时间范围内第 i 家企业的日均负项入项发票数为

$$\bar{n}_{i,j} = \frac{1}{k} \sum_{j=1}^{k} n_{\text{in},i,j}$$

对贷款企业的下游企业信誉度进行评估。由于作废发票是在为交易活动开具发票后，

因故取消了该项交易而导致作废的。因此，为下游企业开具的作废发票的数目可以反映下游企业的交易信誉度。当下游企业有较高信誉度时，贷款企业 i 所承担的风险较小。贷款企业的月均作废发票数为

$$z_i = \frac{1}{k} \sum_{j=1}^{k} z_{i,j}$$

其中，$z_{i,j}$ 表示第 j 月贷款企业 i 为下游企业开具的作废发票数目。

（3）企业信誉度：根据附件 1 中的企业信誉评级结果，对企业的信誉等级进行赋分。各企业对应信用等级的赋分 Degree_i 可以表示为

$$\mathrm{Degree}_i = \begin{cases} 0 & \text{等级 D} \\ 1 & \text{等级 C} \\ 2 & \text{等级 B} \\ 3 & \text{等级 A} \end{cases} \tag{5.5.1}$$

由于部分企业存在违约记录，对公式（5.5.1）的信用等级进行修正，得到修正后企业的信誉度 Credit_i 表达式为

$$\mathrm{Credit}_i = \mathrm{Degree}_i \cdot \lambda_i$$

其中，当贷款企业有违约记录时，$\lambda_i = 0$；当贷款企业无违约记录时，$\lambda_i = 1$。

（4）企业所属行业风险：由于企业所在行业的不同会造成资金流量、抗风险能力的不同，因此，在贷款过程中，银行还需要对贷款企业所在的行业风险进行评估。根据附件 1 中的企业名称，将相关企业分类为商业贸易、技术行业、工业、商业服务、邮政物流业、生活服务业、文化传媒业、农林牧渔业和个体户等 9 个行业类别。通过各行业的信誉度均值得到行业 s 的风险系数 ρ_s 为

$$\rho_s = \frac{1}{n_s} \sum_{i=1}^{n_s} (\max\{\mathrm{Degree}_j\} - \mathrm{Degree}_i)$$
$$= \frac{1}{n_s} \sum_{i=1}^{n_s} (3 - \mathrm{Degree}_i)$$

其中，n_s 表示 123 家企业中行业 s 的企业数量。

通过从企业实力、贷款企业上下游企业的稳定度、企业信誉度和企业所属行业风险等方面对企业的信贷风险进行评估，得到的 10 个参考指标，如表 5.5.1 所示。

表 5.5.1　企业信贷风险的评估参考指标

统计量	企业的信誉度	月均利润	上下游企业实力	总资金流量
符号	Credit_i	P_k	S_i	$P_{i,k}$
统计量	月内日均负项销项发票数	行业 s 的风险系数	月内日均负项入项发票数	月均作废发票数
符号	$\bar{n}_{\mathrm{out},i}$	ρ_s	$\bar{n}_{\mathrm{in},i}$	z_i
统计量	贷款企业对上游企业的依赖程度		贷款企业对下游企业的依赖程度	
符号	$\varepsilon_{\mathrm{up}}$		$\varepsilon_{\mathrm{down}}$	

根据表 5.5.1 中所确定的相关指标，首先按照式(5.5.2)对所有指标进行归一化处理：

$$\hat{x}_i = \frac{x_i - x_{\min}}{x_{\max} - x_{\min}} \tag{5.5.2}$$

对处理后的数据利用主成分分析法进行降维，以便对数据求解。可通过 SPSS 软件对上述指标进行主成分分析。首先进行 KMO 检验，得到 KMO 检验系数为 0.619＞0.5，其显著性为 0.000＜0.05，适合进行主成分分析。通过主成分分析法，得到 4 个主成分为

$$X_1 = 0.124z_i + 0.672P_k + 0.887S_i - 0.990P_{i,k} + 0.251\bar{n}_{\text{in.}i} +$$
$$0.964\varepsilon_{\text{up}} + 0.459\varepsilon_{\text{down}} - 0.234\text{Credit}_i - 0.050\rho_s \tag{5.5.3}$$

$$X_2 = 0.595z_i - 0.660P_k + 0.297S_i + 0.104P_{i,k} + 0.551\bar{n}_{\text{in.}i} -$$
$$0.245\varepsilon_{\text{up}} + 0.532\varepsilon_{\text{down}} - 0.272\text{Credit}_i - 0.021\rho_s \tag{5.5.4}$$

$$X_3 = -0.348z_i - 0.283P_k + 0.305S_i + 0.026P_{i,k} - 0.547\bar{n}_{\text{in.}i} -$$
$$0.053\varepsilon_{\text{up}} + 0.655\varepsilon_{\text{down}} + 0.465\text{Credit}_i + 0.305\rho_s \tag{5.5.5}$$

$$X_4 = 0.418z_i + 0.109P_k - 0.058S_i - 0.060P_{i,k} - 0.2491\bar{n}_{\text{in.}i} +$$
$$0.067\varepsilon_{\text{up}} - 0.215\varepsilon_{\text{down}} + 0.531\text{Credit}_i + 0.754\rho_s \tag{5.5.6}$$

这里通过熵权法对提取出的 4 个因子确定权重。由于熵权法适用于因变量与自变量正相关的情况，因此首先对于与风险负相关的因子进行正向化，即将与风险负相关的因子 X_i 转化为 $X'_i = -X_i$。对于经过转化后的因子通过熵权法确定权重。利用 Python 计算得到 4 个指标所对应的权重分别为 0.421、0.165、0.335、0.078。从而得到企业信贷风险的量化值为

$$\text{risk}_i = 0.421X_1 + 0.165X_2 + 0.335X_3 + 0.078X_4 \tag{5.5.7}$$

2. 企业的信贷策略

(1) 模型的准备：在银行的利率不断调整过程中，银行的贷款客户可能会因为利率的提高而流失。附件 3 中的数据反映了银行贷款年利率与客户流失率之间的离散关系。

利用最小二乘法，通过 MATLAB 求解得到用户等级分别为 A、B、C 时，客户流失率与银行利率之间的函数关系如式(5.5.8)、式(5.5.9)、式(5.5.10)所示。

$$a(\eta) = 2.856 \cdot (\eta - 0.04)^{\frac{1}{2}} \tag{5.5.8}$$

$$a(\eta) = 2.728 \cdot (\eta - 0.04)^{\frac{1}{2}} \tag{5.5.9}$$

$$a(\eta) = 2.707 \cdot (\eta - 0.04)^{\frac{1}{2}} \tag{5.5.10}$$

其中，$a(\eta)$ 是客户流失率，η 是银行利率。

注　式(5.5.8)、式(5.5.9)、式(5.5.10)的详细求解过程见例 4.4.1。

(2) 银行是否对企业放贷：银行在面对企业的贷款需求时，首先需要确定企业的信誉等级，由于信用为 D 等级的企业有为银行带来较大风险的可能，因此原则上银行对信誉等级为 D 的企业不予放贷。故首先将信誉等级为 D 的企业筛除，不予放贷。同样地，对于有失信记录的企业，银行同样不予放贷。

此外，还可以通过式(5.5.7)确定的企业风险等级对是否放贷进行筛选。首先选取合适的阈值 $r_0 = \min\{\text{risk}_i \mid \text{Degree}_i = 0 \text{ 或 } \lambda_i = 0\}$ 作为判断的准则，若第 i 家企业的风险 $\text{risk}_i > r_0$，则不允许该企业进行贷款；否则，允许该企业进行贷款。

（3）放贷利率与贷款额度决策：

① 建立基于信誉分级的还款概率矩阵模型。

对于已经剔除过不予放贷企业后的剩余企业，将建立"基于信誉分级的还款概率矩阵模型"以研究如何确定合适的放贷利率和贷款额度。在现实生活中，银行给予企业的贷款额度通常是整数数额且贷款金额的范围为 10～100 万元。因此，建立的企业贷款模型金额为分级贷款（即 10 万元，20 万元，…，90 万元，100 万元），对应的分级符号用 u_1，u_2，…，u_{10} 表示（分别对应 10 万元，20 万元，…，90 万元，100 万元的额度）。

首先建立企业还款概率矩阵 $\boldsymbol{R}_{m \times 10}$（$m$ 表示银行决定放贷的企业数），在矩阵 $\boldsymbol{R}_{m \times 10}$ 中第 i 行第 j 列的元素表示第 i 家企业在贷款金额为 u_j 时的还款概率 $r_{i,j}$。因为企业的利润决定了企业的还款实力，因此认为企业的还款概率 $r_{i,j}(x)$ 是企业年利润 x 的函数。对信用等级为 s 的贷款企业，当企业年度贷款额度为 u_j、企业年利润为 x 时，若二者比值 $u_j/x \geqslant \omega_s$，则该条件下的企业还款概率为

$$r_{i,j}(x) = r_{\max}^{(s)} \tag{5.5.11}$$

其中 $r_{\max}^{(s)}$ 表示信用等级为 s 的贷款企业的最大还款概率。在企业年度贷款额度与企业年利润的比值为 $u_j/x < \omega_s$ 时，构建改造后的 Sigmoid 函数，对企业还款概率 $r_{i,j}(x)$ 进行描述：

$$r_{i,j}(x) = \frac{a_s}{1 + \exp(u_j - \omega_s \cdot x)} \tag{5.5.12}$$

其中，a_s、ω_s 是需要确定的参数。

由于 A、B、C 三种信誉等级企业的信誉递减，相同年利润下的还款意愿也随之递减，因此令 $\omega_A = 0.8$，$\omega_B = 1.0$，$\omega_C = 1.2$。不同信誉等级的贷款企业的最大还款概率 $r_{\max}^{(s)}$ 也不同，令 $r_{\max}^{(A)} = 1.0$，$r_{\max}^{(B)} = 0.9$，$r_{\max}^{(C)} = 0.8$。此外，还需要确定不同信誉等级的参数 a_s，为了确保在 $u_j/x = \omega_s$ 的连续性，得到 $a_A = 2$，$a_B = 1.8$，$a_C = 1.6$。这样 $r_{i,j}(x)$ 的参数都得到确定，故可以由企业的年利润与贷款额度确定其还款概率。

② 建立银行信贷策略模型。银行的收益期望由两部分决定，一方面是银行的利息盈利 $u_j \cdot \eta_i$（η_i 是利率），另一方面是由于坏账（企业未按时归还贷款）导致的亏损金额 u_j，根据企业还款概率 $r_{i,j}(x)$，得到银行的收益期望为

$$E = \sum_{i=1}^{m} \left[r_{i,j} \cdot u_j \cdot \eta_i - (1 - r_{i,j}) u_j \right] \cdot (1 - \alpha_i)$$

其中，α_i 是由式（5.5.8）、式（5.5.9）和式（5.5.10）给出的客户流失率。当企业 i 的风险是 risk_i 时，建立银行期望利益最大的单目标优化模型为

$$\max \sum_{i=1}^{m} \left[r_{i,j} \cdot u_j \cdot \eta_i - (1 - r_{i,j}) u_j \right] \cdot (1 - \alpha_i) \tag{5.5.13}$$

$$\text{s. t.} \begin{cases} \sum u_j \leqslant U \\ 100\,000 \leqslant u_j \leqslant 1\,000\,000 \quad j = 1, 2, \cdots, 10 \\ 4\% \leqslant \eta_i \leqslant 15\% \quad i = 1, 2, \cdots, m \end{cases}$$

③ 银行信贷策略模型的求解。将银行的年度信贷总额固定为 5000 万元，通过 MATLAB 对公式（5.5.13）的单目标优化方程组进行求解，得到在题设条件下银行所投资企业的年利率与贷款额度，如表 5.5.2 所示。

表 5.5.2　企业的年利率与贷款额度统计

企业代号	E1	E2	E3	…	E104	E105	E106	E110
利率	0.09968	0.14958	0.07133	…	0.06529	0.06686	0.06077	0.06626
贷款额度/万元	10	10	100	…	20	120	90	10

从这个实际案例可以看出，需要多种方法的巧妙结合才能解决实际问题。本案例首先对贷款风险的各级指标进行量化，结合数学建模中的评价方法和主成分分析法给出企业信贷风险的量化值；其次通过拟合客户流失率与银行利率之间的函数关系，分析银行的放贷策略，获得信誉分级的还款概率矩阵；最后建立银行期望利益最大的单目标优化模型，获得银行对不同企业的贷款利率和贷款金额，比较完满地解决了问题。

注　优化模型的知识见第 7 章内容。

习　题　5

1. 为研究广告的效果，考察 4 种广告方式，即当地报纸、当地广播、店内销售员和店内展示。共设有 144 个销售点，每种广告随机抽取 36 个销售点记录销售额，分布在 6 个地区的 144 个销售点的销售情况生成的数据集 ADS 见表 5.1。数据集 ADS 中有 3 个变量，即 AD 表示广告的类型、AREA 表示地区、SALES 表示销售额（单位：千元）。请完成以下问题：

（1）进行单因素方差分析：检验 4 种广告方式下销售量数据是否服从正态分布、方差是否相等；检验 4 种广告方式下的销售量是否有显著差异（$\alpha = 0.01$）；若 4 种广告方式下的销售量有显著差异，指出哪些类型的广告效果有显著的不同。

（2）在设计广告效果的试验时，虽然地区差异对销售量的影响并不是我们感兴趣的，但仍希望排除这一因素的影响。数据集 ADS 记录了各销售点所在的地区 AREA。试用双因素方差分析法分析销售数据，并指出广告方式和地区对销售量是否有显著影响（α 分别为 0.01、0.1）。广告类型（AD）与地区（AREA）之间有无交互效应？

表 5.1　ADS 数据集中的数据

广告类型 （变量 AD）	销售额（单位：千元）（变量 SALES）					
	地区 1	地区 2	地区 3	地区 4	地区 5	地区 6
当地报纸（paper）	75 57 76 68 75 83	77 75 72 66 66 76	76 81 63 70 86 62	94 54 70 88 56 86	87 65 65 84 77 78	79 62 75 80 62 70
当地广播 （radio）	69 51 100 54 78 79	90 77 60 83 74 69	33 79 73 6875 65	100 61 68 70 53 73	68 63 83 79 66 65	76 73 74 81 57 65
店内销售员 （people）	63 67 85 58 82 78	80 87 62 87 70 77	70 75 40 68 61 55	64 40 67 76 70 77	51 61 75 42 71 65	64 50 62 78 37 83
店内展示 （display）	52 61 61 41 44 86	76 57 52 75 75 63	33 69 60 52 61 43	61 66 41 69 43 51	65 58 50 60 52 55	44 45 58 52 45 60

2. 对 2011 年全国各地城镇居民家庭平均每人全年家庭设备及用品支出进行了统计，具体数据见表 5.2，试分析对家庭设备及用品支出影响最大的因素。

表 5.2　全国各地城镇居民家庭平均每人全年家庭设备及用品支出数据

	耐用消费品	室内装饰品	床上用品	家庭日杂用品	家具材料	家庭服务
北京	737.15	43.98	123.67	532.68	12.69	112.38
天津	616.71	46.98	88.29	355.55	6.76	60.34
河北	385.79	24.05	62.72	288.97	8.45	39.85
山西	431.25	25.15	72.97	265.68	6.56	43.13
内蒙古	534.49	49.72	99.65	394.48	31.67	52.8
辽宁	320.74	31.43	91.83	410.17	8.74	66.46
吉林	315.00	17.10	70.16	377.46	5.08	54.51
黑龙江	295.15	18.51	55.18	311.36	6.43	36.95
上海	743.85	43.18	162.33	714.98	1.97	157.94
江苏	475.03	21.99	105.04	485.33	3.67	102.75
浙江	395.30	21.55	110.88	446.35	6.10	129.24
安徽	339.24	32.30	83.51	191.91	6.63	37.18
福建	494.47	19.69	97.25	448.41	6.37	113.65
江西	379.17	20.94	78.66	376.51	16.28	43.32
山东	499.49	30.81	76.69	356.39	14.44	36.00
河南	458.19	29.69	111.69	339.15	6.72	32.07
湖北	317.76	16.79	59.74	369.48	15.08	35.96
湖南	362.01	17.93	87.36	396.18	8.71	68.61
广东	464.92	27.63	96.56	589.79	10.33	181.07
广西	388.63	30.97	84.73	334.86	2.10	43.56
海南	261.39	7.78	48.59	375.00	6.84	30.25
重庆	483.89	36.96	118.33	373.41	14.29	52.40
四川	421.00	22.86	95.21	419.74	9.92	51.43
贵州	366.57	15.94	64.00	360.95	5.40	44.69
云南	230.55	15.55	49.13	231.21	3.67	40.35
西藏	76.01	19.04	98.08	212.82	12.02	10.06
陕西	365.93	21.22	75.71	397.72	5.79	47.89
甘肃	267.14	27.35	46.91	272.75	9.86	36.46
青海	295.37	36.21	64.83	299.60	8.79	18.43
宁夏	369.99	41.69	65.99	366.32	4.62	36.75
新疆	279.89	44.21	52.40	376.02	4.55	34.37

3. 用主成分分析法探讨城市工业主体结构。表 5.3 是某城市工业部门 13 个行业 8 项指标的数据。

表 5.3　某城市工业部门 13 个行业 8 项指标的数据

指标值　行业 \ 指标	年末固定资产净值 X_1/万元	职工人数 X_2/人	工业总产值 X_3/万元	全员劳动生产率 X_4/(元/人年)	百元固定原值产值实现产值 X_5/元	资金利税率 X_6/%	标准燃料消费量 X_7/吨	能源利用效率 X_8/(万元/吨)
1.冶金	90342	52455	101091	19272	82.000	16.100	197535	0.172
2.电力	4903	1973	2035	10313	34.200	7.100	592077	0.003
3.煤炭	6735	21139	3767	1780	36.100	8.200	726396、	0.003
4.化学	49454	36241	81557	22504	98.100	25.900	348226、	0.985
5.机械	139190	203505	215898	10609	93.200	12.600	139572、	0.628
6.建材	12215	16219	10351	6382	62.500	8.700	145818、	0.066
7.森工	2372	6572	8103	12329	184.400	22.200	20921	0.152
8.食品	11062	23078	54935	23804	370.400	41.000	65486	0.236
9.纺织	17111	23907	52108	21796	221.500	21.500	63806	0.276
10.服装	1206	3930	6126	15586	330.400	29.500	1840	0.437
11.皮革	2150	5704	6200	10807	184.200	12.000	8913	0.274
12.造纸	5251	6155	10383	16875	146.400	27.500	78796	0.151
13.文教艺术用品	14341	13203	19396	14691	04.600	17.800	6354	1.574

（1）试用主成分分析法确定 8 项指标的主成分；若要求损失信息不超过 15%，应取几个主成分？并对这几个主成分进行解释。

（2）利用主成分得分对 13 个行业进行排序。

4. 在我国山区某大型化工厂厂区及邻近地区挑选有代表性的 8 个大气取样点，每日 4 次同时抽取大气样品，测定其中包含的 6 种气体浓度，前后共测了 4 天，每个样品中的每种气体实测 16 次，并计算出了每个取样点每种气体的平均浓度，数据见表 5.4。使用主成分分析和因子方法分析处理表 5.4 中的数据。

表 5.4　8 个大气采样点数据

取样点 \ 气体名　平均浓度	氯	硫化氢	SO_2	C_4	环氧氯丙烷	环乙烷
1	0.056	0.084	0.031	0.038	0.0081	0.0220
2	0.049	0.055	0.100	0.110	0.0220	0.0073
3	0.038	0.130	0.079	0.170	0.0580	0.0430
4	0.034	0.095	0.058	0.160	0.2000	0.0290
5	0.084	0.066	0.029	0.320	0.120	0.0410
6	0.064	0.072	0.100	0.210	0.0280	1.3800
7	0.048	0.089	0.062	0.260	0.0380	0.0360
8	0.069	0.087	0.027	0.050	0.0890	0.0210

5. 某年级学生的期末考试中，有的课程闭卷考试，有的课程开卷考试，44 名学生的成

绩如表5.5所示。

表5.5　44名学生的成绩

闭卷		开卷			闭卷		开卷		
力学	物理	代数	分析	统计	力学	物理	代数	分析	统计
X_1	X_2	X_3	X_4	X_5	X_1	X_2	X_3	X_4	X_5
77	82	67	67	81	63	78	80	70	81
75	73	71	66	81	55	72	63	70	68
63	63	65	70	63	53	61	72	64	73
51	67	65	65	68	59	70	68	62	56
62	60	58	62	70	64	72	60	62	45
52	64	60	63	54	55	67	59	62	44
50	50	64	55	63	65	63	58	56	37
31	55	60	57	76	60	64	56	54	40
44	69	53	53	53	42	69	61	55	45
62	46	61	57	45	31	49	62	63	62
44	61	52	62	45	49	41	61	49	64
12	58	61	63	67	49	53	49	62	47
54	49	56	47	53	54	53	46	59	44
44	56	55	61	36	18	44	50	57	81
46	52	65	50	35	32	45	49	57	64
30	69	50	52	45	31	42	48	54	68
40	27	54	61	61	46	49	53	59	37
36	59	51	45	51	56	40	56	54	5
46	56	57	49	32	45	42	55	56	40
42	60	54	49	33	40	63	53	54	25
23	55	59	53	44	48	48	49	51	37
41	63	49	46	34	46	52	53	41	40

试用因子分析法分析这组数据。

6. 某校从高中二年级女生中随机抽取16名，测得身高和体重数据如表5.6所示。试根据不同聚类方法对学生进行聚类，画出聚类图，并比较不同方法下聚类结果之间的差异。

表5.6　16名高中二年级女生身高和体重数据

序号	身高/cm	体重/kg	序号	身高/cm	体重/kg
1	160	49	9	160	45
2	159	56	10	160	44
3	160	41	11	157	43
4	169	49	12	163	50
5	162	50	13	151	51
6	165	48	14	158	45
7	165	52	15	159	48
8	154	43	16	161	48

7. 表 5.7 中数据是 20 种啤酒的相关数据，试进行聚类分析。

表 5.7　20 种啤酒的相关数据

名　　称	热　　量	钠含量	酒　　精	价　　格
Budweise	144.00	19.00	4.70	0.43
Schlitz	181.00	19.00	4.90	0.43
Ionenbra	157.00	15.00	4.90	0.48
Kronenso	170.00	7.00	5.20	0.73
Heineken	152.00	11.00	5.00	0.77
Old-miln	145.00	23.00	4.60	0.26
Aucsberg	175.00	27.00	4.70	0.40
Strchs-b	149.00	19.00	4.90	0.42
Miller-l	99.00	10.00	4.30	0.43
Sudeiser	113.00	6.00	3.70	0.44
Coors	140.00	16.00	4.60	0.44
Coorslic	102.00	15.00	4.10	0.46
Michelos	135.00	11.00	4.20	0.50
Secrs	150.00	19.00	4.70	0.76
Kkirin	149.00	6.00	5.00	0.79
Pabst-ex	68.00	15.00	2.30	0.36
Hamms	136.00	19.00	4.40	0.43
Heileman	144.00	24.00	4.90	0.43
Olympia	72.00	6.00	2.90	0.46
Schlite light	97.00	7.00	4.20	0.47

第6章　随机过程建模方法

在现实世界中，不确定现象是普遍存在的。比如在任一时刻到商场的顾客人数、夏天的降雨量、股票的涨落等等都是不确定的。按照随机规律是否随时间的变化而变化，随机建模方法可分为静态建模方法和动态建模方法两类，前者只涉及随机变量（向量）的概率分布及其数字特征，后者则要处理随机过程和随机微分方程。本章主要介绍三种随机过程建模方法，分别是马尔可夫链建模方法、排队论建模方法和时间序列建模方法。

6.1　马尔可夫链建模方法

考察一个熟知的例子：电话交换台在 t 时刻之前（时间 $[0, t]$ 内）接收到的呼叫次数记为 X_t，t 固定，X_t 是一个随机变量，随着时间 t 的变化，X_t 构成一族随机变量，这一族随机变量描述电话交换台来到的呼叫次数与时间的关系，称 $\{X_t, t \geqslant 0\}$ 是随机过程。进一步分析可知，未来 $t(t > t_0)$ 时刻之前到来的呼唤次数仅与 t_0 时刻之前到来的呼唤次数有关，而与 $t(t < t_0)$ 时刻之前到来的呼叫次数无关，这种特性称为随机过程 X_t 具有无后效性。如果把 t_0 时刻作为"现在"，把 t_0 时刻之后的时刻作为"将来"，把 t_0 时刻之前的时刻作为"过去"，那么无后效性也可解释为过程在已知现在状态的条件下，将来所处状态的条件分布仅与现在的状态有关，而与过去的状态无关。

具有无后效性的随机过程可以用马尔可夫（Markov）过程来描述。它在近代物理、生物学、管理科学、信息与计算科学等领域都有广泛的应用。马尔可夫过程按其状态和时间参数是离散还是连续的，可以分成三类：

（1）时间和状态都是离散的马尔可夫过程，称为马尔可夫链（简称马氏链），记为 $\{X_n, n = 1, 2, \cdots\}$；

（2）时间连续、状态离散的马尔可夫过程，称为连续时间的马尔可夫链，记为 $\{X_t, t \in T\}$；

（3）时间和状态都连续的马尔可夫过程，记为 $\{X_t, t \in T\}$。

本节主要介绍马尔可夫链建模的方法。

1. 马尔可夫链基本概念

按照随机过程的发展，时间离散化为 $n = 0, 1, 2, \cdots$，对每个 n，随机过程的状态用随机变量 X_n 的取值表示，设 X_n 可以取 k 个离散值 $X_n = 1, 2, \cdots, k$，且 $X_n = i$ 的概率 $P(X_n = i)$ 记作 $a_i(n)$，称之为状态概率。从 $X_n = i$ 到 $X_{n+1} = j$ 的概率记作 $p_{ij} = P(X_{n+1} = j \mid X_n = i)$，称其为转移概率。如果 X_{n+1} 的取值只取决于 X_n 的取值及转移概率，而与 $X_{n-1}, X_{n-2}, \cdots$ 的取值无关，即

$$P(X_{n+1} = i_{n+1} \mid X_0 = i_0, X_1 = i_1, \cdots, X_n = i_n) = P(X_{n+1} = i_{n+1} \mid X_n = i_n)$$

其中，$i_0, i_1, \cdots, i_n, i_{n+1}$ 在 $\{1, 2, \cdots, k\}$ 中取值，这种随机过程称为马尔可夫链（也称为

系统)。

记 $X_n = i$ 经 m 步转移到状态 $X_{n+m} = j$ 的概率为 $p_{ij}^{(m)} = P(X_{n+m} = j \mid X_n = i)$,称之为 m 步转移概率。若该转移概率与发生转移的时刻 n 无关,称马尔可夫链是齐次马尔可夫链。下面介绍齐次马尔可夫链的概率规律。

由状态转移的无后效性和全概率公式可以写出马氏链的基本方程为

$$a_i(n+1) = \sum_{j=1}^{k} a_j(n) p_{ji} \quad i = 1, 2, \cdots, k \tag{6.1.1}$$

其中,$a_i(n)$ 和 p_{ij} 应当满足

$$\sum_{i=1}^{k} a_i(n) = 1 \quad n = 0, 1, 2, \cdots$$

$$p_{ij} \geqslant 0$$

$$\sum_{j=1}^{k} p_{ij} = 1 \quad i = 1, 2, \cdots, k$$

引入状态概率向量和转移概率矩阵:

$$\boldsymbol{a}(n) = (a_1(n), a_2(n), \cdots, a_k(n)), \quad \boldsymbol{P} = (p_{ij})_{k \times k}$$

则基本方程(6.1.1)可以表为

$$\boldsymbol{a}(n+1) = \boldsymbol{a}(n)\boldsymbol{P} \tag{6.1.2}$$

由此还可得到

$$\boldsymbol{a}(n) = \boldsymbol{a}(0)\boldsymbol{P}^n \tag{6.1.3}$$

若某矩阵的行和为 1,则称该矩阵为随机矩阵,显然马氏链的转移概率矩阵是随机矩阵。

利用全概公式可以获得转移概率之间的关系为

$$p_{ij}^{(n+k)} = \sum_k p_{ik}^{(n)} p_{kj}^{(k)}$$

容易看出,对于马氏链建模方法,最基本的问题是构造状态 X_n 和写出转移概率矩阵 $\boldsymbol{P}$。一旦有了 $\boldsymbol{P}$,那么给定初始状态概率 $\boldsymbol{a}(0)$,就可以利用式(6.1.2)和式(6.1.3)计算任意时间 n 的状态概率 $\boldsymbol{a}(n)$。

实际中常见的马氏链有两类:正则链和吸收链。

2. 正则链

正则链表示的一类马尔可夫链的特点是,从任意状态出发经过有限次转移都能到达其他的任意状态。下面给出正则链的定义及相关定理。

定义 6.1.1　一个有 k 个状态的马尔可夫链,如果存在正整数 N,使从任意状态 i 经 N 次转移都以大于零的概率到达状态 $j(i, j = 1, 2, \cdots, k)$,则称该马尔可夫链为正则链。

定理 6.1.1　若马氏链的转移概率矩阵为 $\boldsymbol{P}$,则它是正则链的充要条件是存在正整数 N,使 $\boldsymbol{P}^N > 0$(即 P^N 的每一元素大于零)。

定理 6.1.2　正则链存在唯一的极限状态概率 $\boldsymbol{\omega} = (\omega_1, \omega_2, \cdots, \omega_k)$,使得当 $n \to \infty$ 时,状态概率 $\boldsymbol{a}(n) \to \boldsymbol{\omega}$,$\boldsymbol{\omega}$ 与初始状态概率 $\boldsymbol{a}(0)$ 无关。$\boldsymbol{\omega}$ 又称为稳态概率,满足

$$\boldsymbol{\omega}\boldsymbol{P} = \boldsymbol{\omega} \tag{6.1.4}$$

$$\sum_{i=1}^{k} \omega_i = 1 \tag{6.1.5}$$

从状态 i 出发经 n 次转移，第一次到达状态 j 的概率称为 i 到 j 的首达概率，记作 $f_{ij}(n)$，于是 $\mu_{ij} = \sum\limits_{n=1}^{\infty} n f_{ij}(n)$ 为由状态 i 首次到达状态 j 的平均转移次数。特别地，μ_{ii} 是状态 i 首次返回 i 的平均转移次数，它与稳态概率 $\boldsymbol{\omega}$ 有着密切关系。

定理 6.1.3　对于正则链，有

$$\mu_{ii} = \frac{1}{\omega_i}$$

3. 吸收链

定义 6.1.2　转移概率 $p_{ii} = 1$ 的状态称为吸收状态。如果马尔可夫链至少包含一个吸收状态，并且从每一个非吸收状态出发能以正的概率经有限次转移到达某个吸收状态，那么这个马尔可夫链称为吸收链。

吸收链的转移概率矩阵可以写成简单的标准形式。若有 r 个吸收状态、$k-r$ 个非吸收状态，则转移矩阵 $\boldsymbol{P}$ 可表为

$$\boldsymbol{P} = \begin{bmatrix} \boldsymbol{I}_{r \times r} & \boldsymbol{0} \\ \boldsymbol{R} & \boldsymbol{Q} \end{bmatrix} \tag{6.1.6}$$

其中，$k-r$ 阶方阵 $\boldsymbol{Q}$ 的特征值 $\lambda(\boldsymbol{Q})$ 满足 $|\lambda(\boldsymbol{Q})| < 1$。这要求矩阵 $\boldsymbol{R}_{(k-r) \times r}$ 中必含有非零元素，以满足从任一非吸收状态出发经有限次转移可到达某吸收状态的条件，这样 $\boldsymbol{Q}$ 就不是随机矩阵，它至少存在一个小于 1 的行和，且如下定理成立。

定理 6.1.4　对于吸收链 $\boldsymbol{P}$ 的标准形式 $(6.1.6)$，$(\boldsymbol{I} - \boldsymbol{Q})$ 可逆，即

$$\boldsymbol{M} = (\boldsymbol{I} - \boldsymbol{Q})^{-1} = \sum_{i=0}^{\infty} \boldsymbol{Q}^i$$

记元素全为 1 的列向量 $\boldsymbol{e} = (1, 1, \cdots, 1)^{\mathrm{T}}$，则 $\boldsymbol{y} = \boldsymbol{M}\boldsymbol{e}$ 的第 i 个分量是从第 i 个非吸收状态出发，被某个吸收状态吸收的平均转移次数。

设状态 i 是非吸收状态，j 是吸收状态，那么首达概率 $f_{ij}(n)$ 实际上是 i 经 n 次转移被 j 吸收的概率，而 $f_{ij} = \sum\limits_{n=1}^{\infty} f_{ij}(n)$ 则是从非吸收状态 i 出发终将被吸收状态 j 吸收的概率。记 $\boldsymbol{F} = (f_{ij})_{(k-r) \times r}$，定理 6.1.5 给出了计算 f_{ij} 的方法。

定理 6.1.5　设吸收链的转移矩阵 $\boldsymbol{P}$ 可表示为标准形式 $(6.1.6)$，则

$$\boldsymbol{F} = \boldsymbol{MR}$$

下面通过例 6.1.1 给出马尔可夫链的一个实际应用，供读者领会马尔可夫链的相关结论以及如何在实践中使用它。

例 6.1.1　假设现在有一个家用汽车销售商店，在销售某款轿车时采用如下的库存策略：当一周结束时，如果存货降到 s 或者更少，就要订购足够的产品使得存货的数量回到 S。为了简单起见，假定补充的货物发生在第二周的开始。用 X_n 表示第 n 周结束时商店的存货量，D_{n+1} 为第 $n+1$ 周的需求量。由库存策略知道，如果 $X_n > s$，则不需要订货，下一周以 X_n 辆轿车开始销售，如果需求量 $D_{n+1} \leqslant X_n$，则当周结束时 $X_{n+1} = X_n - D_{n+1}$；如果需求量 $D_{n+1} > X_n$，则当周结束时 $X_{n+1} = 0$。如果 $X_n \leqslant s$，则第二周的存货量以 S 辆的轿车开始，对 X_{n+1} 可以类似分析。假定采用 $s = 1$，$S = 5$ 的库存控制策略，且需求量的分布律为

k	0	1	2	3
$P(D_{n+1}=k)$	0.3	0.4	0.2	0.1

问：X_n 是不是马尔可夫链？其一步转移概率矩阵是多少？

由问题显然可知 X_n 是齐次马尔可夫链，它的一步转移概率矩阵为

$$\begin{bmatrix} 0 & 0 & 0.1 & 0.2 & 0.4 & 0.3 \\ 0 & 0 & 0.1 & 0.2 & 0.4 & 0.3 \\ 0.3 & 0.4 & 0.3 & 0 & 0 & 0 \\ 0.1 & 0.2 & 0.4 & 0.3 & 0 & 0 \\ 0 & 0.1 & 0.2 & 0.4 & 0.3 & 0 \\ 0 & 0 & 0.1 & 0.2 & 0.4 & 0.3 \end{bmatrix}$$

另外，如果 $S=3$，假设当每一辆轿车被售出时可以获得 12000 元的利润，否则每周需花费 2000 元的存储费用，那么长期来看，这种库存策略平均每天的利润是多少？为了获得最大利润，应该如何选择 s？

当 $S=3$，s 的选择只有 2、1、0 三种情况，分别计算就可以获得最佳的 s。假设采用 2、3 库存策略，即当库存小于等于 2 辆轿车时补货，使得第二周开始时有三辆轿车的库存。在这种情况下总是以 3 辆轿车开始一天的销售，此时转移概率矩阵每行对应元素都相等，为

$$\begin{bmatrix} 0.1 & 0.2 & 0.4 & 0.3 \\ 0.1 & 0.2 & 0.4 & 0.3 \\ 0.1 & 0.2 & 0.4 & 0.3 \\ 0.1 & 0.2 & 0.4 & 0.3 \end{bmatrix}$$

此种情形下的平稳分布是 $\pi_0=0.1$，$\pi_1=0.2$，$\pi_2=0.4$，$\pi_3=0.3$。

此策略下的平均销售额为 $0.1\times3\times12000+0.2\times2\times12000+0.4\times12000=13200$。

平均库存费用为 $0.2\times2000+0.4\times2\times2000+0.3\times3\times2000=3800$，即每周的净利润为 9400 元。

假设采用 1、3 库存策略，此时转移概率矩阵为

$$\begin{bmatrix} 0.1 & 0.2 & 0.4 & 0.3 \\ 0.1 & 0.2 & 0.4 & 0.3 \\ 0.3 & 0.4 & 0.3 & 0 \\ 0.1 & 0.2 & 0.4 & 0.3 \end{bmatrix}$$

此种情形下的平稳分布是 $\pi_0=\dfrac{19}{110}$，$\pi_1=\dfrac{30}{110}$，$\pi_2=\dfrac{40}{110}$，$\pi_3=\dfrac{21}{110}$。

此策略下如果货源充足，那么每周的平均销售额为 13200 元。然而，当 $X_n=2$，需求量为 3 时，错失了销售 1 辆轿车，该事件发生的概率为 $\dfrac{40}{110}\times0.1=0.03636$，因此长期来看，获得的利润为 $13200-0.036\times12000=12768$ 元。

新策略下平均库存费用为

$$\frac{30}{110}\times2000+\frac{40}{110}\times2\times2000+\frac{21}{110}\times3\times2000=3145.5\ 元$$

即每周的净利润为 9622.5 元。

假设采用 0、3 库存策略，此时转移概率矩阵为

$$\begin{bmatrix} 0.1 & 0.2 & 0.4 & 0.3 \\ 0.7 & 0.3 & 0 & 0 \\ 0.3 & 0.4 & 0.3 & 0 \\ 0.1 & 0.2 & 0.4 & 0.3 \end{bmatrix}$$

此种情形下的平稳分布是 $\pi_0 = \dfrac{343}{1070}$，$\pi_1 = \dfrac{300}{1070}$，$\pi_2 = \dfrac{280}{1070}$，$\pi_3 = \dfrac{147}{1070}$。

此策略下如果货源充足，那么每周的平均销售额为 13200 元。长期来看，获得的利润为

$$13200 - \frac{280}{1070} \times 12000 \times 0.1 + \frac{300}{1070}(0.1 \times 2 \times 12000 + 0.2 \times 1 \times 12000) = 11540 \text{ 元}$$

新策略下平均库存费用为

$$\frac{300}{1070} \times 2000 + \frac{280}{1070} \times 2 \times 2000 + \frac{147}{1070} \times 3 \times 2000 = 2430 \text{ 元}$$

即每周的净利润为 9110 元。

这三种策略中，1、3 策略是最优的。

如果 S 和 s 均未知，大家可以思考该如何确定最优的库存策略。

6.2 排队论建模方法

排队是日常生活和工作中常见的现象，例如：人们上下班时等待公共汽车形成的排队、顾客到商场购物形成的排队、病人到医院候诊形成的排队、路口红灯下面的汽车或自行车形成的排队、故障的机器等待维修形成的排队等等。排队论也称随机服务系统理论，它主要研究与排队有关的数量指标的概率统计规律，研究排队系统的参数的优化和统计推断问题，从而为系统的最优设计与最优控制提供决策依据。

1. 排队系统的基本概念

任何一个排队，都有一些共同特征：

(1) 有请求服务的人或物，如候诊的病人、请求着陆的飞机等，他们被称为"顾客"。

(2) 有为顾客提供服务的人或物，如医生、飞机跑道等，他们被称为"服务员"。顾客和服务员组成服务系统。

(3) 顾客到来的时刻及需要服务的时间均是随机的，正是这些随机性造成系统内出现有时顾客排长队、有时服务员空闲无事可做的现象。

(4) 为了获得某种服务，到达的顾客如果不能立即得到服务，允许按一定的规则进入队列。

根据这些特征，排队系统可以分为以下三个方面：输入、输出过程，排队规则，服务机构。

输入过程描述顾客来源及顾客是按怎样的规律到达排队系统的，它包括三个方面的含义，其一是顾客总体数，即顾客的来源是有限的还是无限的；其二是到达的类型，即顾客是单个到达还是成批到达的；其三是顾客以怎样的概率规律到达的，也就是顾客来到服务台的概率分布及其参数是什么，到达的时间参数是否独立。一般排队问题首先要根据原始资料，由顾客到达的规律给出经验分布函数，然后按照统计学的方法（如 χ^2 检验法）确定服从哪种理论分布，并估计它的参数值。

输出过程是指顾客从得到服务到离开服务机构的分布规律。

经典的排队系统是指顾客的到达服从 Poisson 流的情形，即在时间区间 $[t_1, t_2]$ 内有 n 个顾客到达的概率 $p_n(t_1, t_2)$ 满足以下三个条件：

（1）平稳性，即在 $[t_1, t_2]$ 内到达的顾客数仅与时间间隔长度 $t_2 - t_1$ 有关，而与时间起点 t_1 无关。

（2）无后效性，即在不相交的时间区间内顾客到达数是相互独立的。

（3）普通性，即在充分小的时间间隔 Δt 中，有 2 个或 2 个以上顾客到达的概率可以忽略，可用公式表达为

$$\sum_{n \geqslant 2} p_n(t, t + \Delta t) = o(\Delta t)$$

又由于平稳性，可简记为

$$p_n(0, t) = p_n(t)$$

根据上述三个条件可以推出，存在参数 $\lambda > 0$，使得

$$p_n(t) = \frac{(\lambda t)^n}{n!} e^{-\lambda t} \quad t > 0; \; n = 0, 1, 2, \cdots$$

即在长度为 t 的时间内到达的顾客数服从参数为 λt 的 Poisson 分布。

排队规则即顾客排队和等待的规则，也就是服务允不允许排队，顾客是否愿意排队，在排队等待的情况下服务的顺序是什么。排队规则一般有即时制和等待制两种。所谓即时制，就是服务台被占用时顾客便离去；等待制就是服务台被占用时，顾客便排队等候服务。等待制服务的服务顺序有先到先服务、后到先服务、随机服务、有优先权的先服务等。

服务机构刻画的主要方面为服务员或服务台的数目。在多个服务台的情况下，各服务台是串联还是并联的？顾客所需的服务时间服从什么样的概率分布？每个顾客所需的服务时间是否相互独立？是成批服务还是单个服务？若以 ξ_n 表示服务员为第 n 个顾客提供服务所需的时间，则服务时间构成的序列 $\{\xi_n, n = 1, 2, \cdots\}$ 所服从的概率分布表达了排队系统的服务机制。常见的顾客的服务时间分布有定长分布、负指数分布、超指数分布、k 阶埃尔朗分布、几何分布、一般分布等。

由于输入过程、排队规则和服务机构的复杂多样性，形成了各种各样的排队系统模型。根据排队系统的这些特征，为了简明起见，在排队系统中常采用 3～7 个英文字母如 $X/Y/Z/A/B/C$ 表示一个排队系统，字母之间用斜线隔开：X 表示输入分布类型，Y 表示服务时间的分布类型，Z 表示服务台的数目，A 表示系统的容量，B 表示顾客源中的顾客数目，C 表示服务规则。比如 $M/M/C/N/m$ 表示顾客相继到达时间间隔为负指数分布，服务时间为负指数分布，C 个服务台，系统容量为 N，顾客源数为 m，先到先服务。一般 X 和 Y 的取值有以下几种情况：M 表示负指数分布；D 表示确定型分布；E_k 表示 k 阶爱尔朗分布；GI 表示一般相互独立的时间间隔分布；G 表示一般服务时间的分布。

排队论主要是研究排队系统运行的效率，估计服务质量，确定系统参数的最优值，以决定系统结构是否合理，并研究设计改进措施。因此，研究排队问题时，首先要确定用以判断系统运行优劣的基本量化指标，然后求出这些指标的概率分布和数字特征。要研究的系统运行指标主要有：

（1）队长：在系统中的顾客数，其期望值记作 L_s。

（2）排队长（队列长）：在系统中排队等待服务的顾客数，其期望值记作 L_q，即 $L_s =$

$L_q + L_n$，其中 L_n 为正在接受服务的顾客数。

（3）逗留时间：一个顾客在系统中的停留时间，其期望值记作 W_s。

（4）等待时间：一个顾客在系统中排队等待的时间，其期望值记作 W_q，即 $W_s = W_q + \tau$，其中 τ 为服务时间。

（5）忙期：服务机构连续工作的时间长度，记作 T_b。

（6）损失率：由于系统的条件限制，顾客被拒绝服务而使服务部门受到损失的概率，用 P_{sun} 表示。

（7）绝对通过能力 A：单位时间内被服务完的顾客数的均值，或称为平均服务率；同理，相对通过能力 Q 表示单位时间内被服务完的顾客数与请求服务的顾客数之比。

系统状态是求解运行指标的基础，它是指系统中顾客的数量，如果系统中有 n 个顾客，则说系统的状态为 n；一般来说，状态的取值与时间 t 有关，因此，在时刻 t 系统状态取值为 n 的概率记作 $P_n(t)$，如果 $\lim_{t \to \infty} P_n(t) = P_n$，则称其为稳态（或统计平衡状态）解。稳态的物理含义是，当系统运行了无限长的时间之后，初始状态的概率分布的影响将消失，而且系统的状态概率分布不再随时间变化。

最简单的排队系统是指输入时间、服务时间均为负指数分布的排队系统，这种排队系统被研究得较为透彻，对于队长、等待时间等指标都有相应的公式。当排队系统的输入时间分布和服务时间分布比较复杂时，需要计算机模拟获得相应的参数指标。数学建模中用到的排队系统建模方法大多采用经典排队系统的思想和计算机模拟相结合的方法。

2. 经典的排队系统

1）标准型 $M/M/1$ 系统

$M/M/1$ 系统表示顾客源为无限的，顾客的到达相互独立，到达规律服从参数为 λ 的 Poisson 分布，单服务台，队长无限，先到先服务；各顾客的服务时间相互独立，且同服从于参数为 μ 的负指数分布。

$M/M/1$ 排队模型的假定：单位时间内顾客到达数服从参数为 λ 的 Poisson 分布。每位顾客的服务时间服从参数为 μ 的负指数分布，于是在 $[t, t+\Delta t]$ 时间区间内有以下结论：

（1）顾客到达数服从参数为 $\lambda \Delta t$ 的 Poisson 分布，故在该区间内有一位顾客到达的概率为 $\lambda \Delta t e^{-\lambda \Delta t} = \lambda \Delta t + o(\Delta t)$；设没有顾客到达的概率是 $1 - \lambda \Delta t - o(\Delta t)$。

（2）设顾客接受服务的时间为 T，则在该区间内有一位顾客接受完服务离去的概率为

$$P(T \leqslant \tau + \Delta T / T > \tau) = 1 - P(T > \tau + \Delta t / T > \tau)$$
$$= 1 - P(T > \Delta t) = P(T \leqslant \Delta t) = 1 - e^{-\mu \Delta t}$$
$$= \mu \Delta t + o \Delta t$$

没有顾客离去的概率为 $1 - \mu \Delta t - o(\Delta t)$。多于一个顾客离去或到达的概率为 $o(\Delta t)$，可被忽略。因此在 $t + \Delta t$ 时刻，系统中有 n 个顾客的概率为 $P_n(t + \Delta t)$，满足

$$P_n(t + \Delta t) = P_n(t)(1 - \lambda \Delta t)(1 - \mu \Delta t) + P_n(t)\lambda \Delta t \cdot \mu \Delta t +$$
$$P_{n+1}(t)(1 - \lambda \Delta t)\mu \Delta t + P_{n-1}(t)\lambda \Delta t(1 - \mu \Delta t)$$
$$= P_n(t)(1 - \lambda \Delta t - \mu \Delta t) + P_{n+1}(t)\mu \Delta t + P_{n-1}(t)\lambda \Delta t + o(\Delta t)$$
$$\Rightarrow \frac{P_n(t + \Delta t) - P_n(t)}{\Delta t} = \lambda P_{n-1}(t) + \mu P_{n+1}(t) - (\lambda + \mu)P_n(t) + \frac{o(\Delta t)}{\Delta t}$$

令 $\Delta t \rightarrow 0$，得到方程

$$\frac{\mathrm{d}P_n(t)}{\mathrm{d}t} = \lambda P_{n-1}(t) + \mu P_{n+1}(t) - (\lambda + \mu)P_n(t) \quad n = 1, 2, \cdots \quad (6.2.1)$$

当 $n = 0$ 时，

$$P_0(t + \Delta t) = P_0(t)(1 - \lambda \Delta t) + P_1(t)(1 - \lambda \Delta t)\mu \Delta t$$

$$\Rightarrow \frac{\mathrm{d}P_0(t)}{\mathrm{d}t} = -\lambda P_0(t) + \mu P_1(t) \quad (6.2.2)$$

对于稳态情形，$P_n(t)$ 与 t 无关，其导数为零，因此由(6.2.1)、(6.2.2)两式得差分方程：

$$\begin{cases} \lambda P_{n-1} + \mu P_{n+1} - (\lambda + \mu)P_n = 0 & n \geqslant 1 \\ -\lambda P_0 + \mu P_1 = 0 \end{cases} \quad (6.2.3)$$

解方程(6.2.3)，得到

$$P_n = \left(\frac{\lambda}{\mu}\right)^n P_0$$

设 $\rho = \dfrac{\lambda}{\mu} < 1$（否则队列将排至无穷远），由于 $\sum\limits_{n=0}^{\infty} P_n = 1$，故

$$P_0 = 1 - \frac{\lambda}{\mu} = 1 - \rho$$

从而得到

$$\begin{cases} P_0 = 1 - \rho \\ P_n = (1 - \rho)\rho^n & n = 1, 2, \cdots \end{cases} \quad (6.2.4)$$

式(6.2.4)中 ρ 称为服务强度，表示平均到达率 λ 与平均服务率 μ 之比；同时，它也是一个顾客的平均服务时间($1/\mu$)与平均到达间隔时间($1/\lambda$)之比。

下面以式(6.2.4)为基础计算系统的运行指标。

$$L_s = \sum_{n=0}^{\infty} n P_n = \sum_{n=1}^{\infty} n(1 - \rho)\rho^n = \frac{\rho}{1 - \rho} = \frac{\lambda}{\mu - \lambda}$$

$$L_q = \sum_{n=1}^{\infty} (n - 1)P_n = \sum_{n=1}^{\infty} (n - 1)\rho^n(1 - \rho) = \frac{\rho^2}{(1 - \rho)} = \rho \frac{\lambda}{\mu - \lambda}$$

可以证明，在 $M/M/1$ 系统条件下，顾客在系统中的逗留时间服从参数为 $\mu - \lambda$ 的负指数分布。因此有

$$W_s = \frac{1}{\mu - \lambda}$$

$$W_q = W_s - \frac{1}{\mu} = \frac{\rho}{\mu - \lambda}$$

将各项指标归纳如下：

$$\begin{cases} L_s = \dfrac{\lambda}{\mu - \lambda}, & L_q = \rho \dfrac{\lambda}{\mu - \lambda} \\ W_s = \dfrac{1}{\mu - \lambda}, & W_q = \dfrac{\rho}{\mu - \lambda} \end{cases} \quad (6.2.5)$$

它们之间有如下关系：

$$
\begin{cases}
L_s = \lambda W_s, \quad L_q = \lambda W_q \\
L_s = L_q + \dfrac{\lambda}{\mu} \\
W_s = W_q + \dfrac{1}{\mu}
\end{cases}
\tag{6.2.6}
$$

2）$M/M/1/N$ 系统

系统容量为 N，即排队等待的顾客数最多为 $N-1$。在某顾客到达时，如果系统中已有 N 个顾客，那么这个顾客就被拒绝进入系统。

与 $M/M/1$ 系统类似，可列出状态概率的稳态方程为

$$
\begin{cases}
\mu P_1 = \lambda P_0 \\
\mu P_{n+1} + \lambda P_{n-1} = (\lambda + \mu) P_n \quad 1 \leqslant n \leqslant N-1 \\
\mu P_N = \lambda P_{N-1}
\end{cases}
\tag{6.2.7}
$$

仍令 $\rho = \dfrac{\lambda}{\mu}$，解式（6.2.7），得到

$$
\begin{cases}
P_0 = \dfrac{1-\rho}{1-\rho^{N+1}} \\
P_n = \dfrac{1-\rho}{1-\rho^{N+1}} \rho^n \quad 1 \leqslant n \leqslant N
\end{cases}
\tag{6.2.8}
$$

这里要求 $\rho \neq 1$。

在容量无限的情形下，我们曾假设 $\rho < 1$，这不仅是实际问题的需要，也是无穷级数收敛所必需的。在容量有限的情况下，这一假设就没必要了，不过当 $\rho > 1$ 时，因顾客被拒绝而造成的损失是很大的。

根据式（6.2.8）可以导出系统的各项指标。

队长：

$$
L_s = \sum_{n=0}^{N} n P_n = \frac{\rho}{1-\rho} - \frac{(N+1)\rho^{n+1}}{1-\rho^{N+1}} \quad \rho \neq 1
$$

队列长：

$$
L_q = \sum_{n=1}^{N} (n-1) P_n = L_s - (1-P_0)
$$

逗留时间：

$$
W_s = \frac{L_s}{\mu(1-P_0)}
$$

排队时间：

$$
W_q = W_s - \frac{1}{\mu}
$$

在求 W_s 的计算公式时，仍利用了关系式（6.2.6），但是其中的平均到达率 λ 被有效到达率 $\lambda_e = \lambda(1-P_N)$ 所代替，可以验证

$$
P_0 = 1 - \frac{\lambda_e}{\mu}
$$

对于 $M/M/m/\infty/K$ 系统，我们将计算公式列出，推导从略：

$$P_0 = \frac{1}{k!}\left[\sum_{i=0}^{m}\frac{1}{i!\,(k-i)!}\left(\frac{m\rho}{k}\right)^i + \frac{m^m}{m!}\sum_{i=m+1}^{k}\frac{1}{(k-i)!}\left(\frac{\rho}{k}\right)^i\right]^{-1} \tag{6.2.9}$$

其中

$$\rho = \frac{k\lambda}{m\mu}$$

$$P_n = \begin{cases} \dfrac{k!}{(k-n)!\,n!}\left(\dfrac{\lambda}{\mu}\right)^n P_0 & 0 \leqslant n \leqslant m \\[3mm] \dfrac{k!}{(k-n)!\,m!\,m^{n-m}}\left(\dfrac{\lambda}{\mu}\right)^n P_0 & m+1 \leqslant n \leqslant k \end{cases}$$

$$L_s = \sum_{k=1}^{n} nP_k, \quad L_q = L_s - \frac{\lambda\rho}{\mu}$$

$$W_s = \frac{L_{xi}}{\lambda_e}, \quad W_q = \frac{L_q}{\lambda\rho}$$

其中 $\lambda\rho = \lambda(k - L_s)$。

例 6.2.1　考虑某种产品的库存问题。如果进货过多,则会带来过多的保管费;如果库存不足,则缺货时影响生产造成经济损失。最好的办法是能及时供应,但由于生产与运输等方面的因素,往往难以满足,因此希望找到一种合理的库存量 s,使得库存费与缺货损失费的总和达到最小。假设需求是参数 λ 的 Poisson 流,生产是一件一件产品生产的,每生产一件产品所需时间为参数 μ 的负指数分布。库存一件产品的单位时间费用为 c 元,缺一件产品造成的损失费为 h 元,寻找一个最优库存量 s,使得库存费与损失费之和达到最小。(不考虑产品的运输时间)

解　把生产产品的工厂看成是服务机构,需求看作输入流,于是问题变成 $M/M/1/\infty$ 系统,需求量表示队长,p_k 表示生产厂有 k 个订货未交的概率,设库存量为 s,则缺货时的平均缺货数为

$$E_q = \sum_{n=s}^{\infty}(n-s)p_n = \sum_{n=s}^{\infty}n(1-\rho)\rho^n - s\sum_{n=s}^{\infty}(1-\rho)\rho^n = \sum_{n=s}^{\infty}n(1-\rho)\rho^n - s\rho^s$$

平均库存量为

$$E_c = \sum_{n=0}^{s-1}(s-n)p_n = s\sum_{n=0}^{s-1}(1-\rho)\rho^n - \sum_{n=0}^{s-1}n(1-\rho)\rho^n = s(1-\rho^s) - \frac{\rho}{1-\rho} + \sum_{n=s}^{\infty}n(1-\rho)\rho^n$$

因此单位时间的期望总费用为

$$f(s) = c\left[s(1-\rho^s) - \frac{\rho}{1-\rho} + \sum_{n=s}^{\infty}n(1-\rho)\rho^n\right] + h\left[\sum_{n=s}^{\infty}n(1-\rho)\rho^n - s\rho^s\right]$$

$$= cs - \frac{c\rho(1-\rho^s)}{1-\rho} + h\,\frac{\rho^{s+1}}{1-\rho}$$

用边际分析法求解上式,使上式最小的 s 满足

$$f(s-1) \geqslant f(s), \quad f(s+1) \geqslant f(s)$$

由 $f(s+1) \geqslant f(s)$,得 $\rho^{s+1} \leqslant \dfrac{c}{c+h}$,于是 $s \geqslant [\ln\dfrac{c}{c+h}/\ln\rho] - 1$。由 $f(s-1) \geqslant f(s)$,得 $\rho^s \geqslant \dfrac{c}{c+h}$。于是 $s \leqslant \ln\dfrac{c}{c+h}/\ln\rho$,这样有 $\left[\ln\dfrac{c}{c+h}/\ln\rho\right] - 1 \leqslant s \leqslant \ln\dfrac{c}{c+h}/\ln\rho$。取最佳 s^* 为最靠

近 $\left(\ln \dfrac{c}{c+h}\right) \cdot (\ln\rho)^{-1}$ 的正整数即可。

模仿系统 $M/M/1$ 和 $M/M/1/N$ 的分析法，可以获得 $M/M/C/N$ 的相应指标。

数学建模过程中的排队模型往往没有像上文陈述的那么标准，有时可以套用经典的排队论的公式，有时需要通过仿真排队系统来获得某些需要的指标，然后再结合其他数学建模方法才能较好地解决实际问题。比如 2019 年国赛 B 题，可以利用 $M/M/C/N$ 排队论模型来衡量机场出租车的滞留时间，结合建立的收益计算模型来给出出租车司机的选择策略。

6.3　时间序列建模方法

经济领域中遇到的每年的产值、国民收入、股票的价格等，社会领域中某地区的人口数、医院患者人数、铁路客流量等，自然领域的太阳黑子数、月降水量、河流流量等等都是时间序列。所谓时间序列，是指离散参数的随机变量序列 $\{X_n, n=0, \pm 1, \pm 2, \cdots, \pm N, \cdots\}$，其参数一般指的是时间参数，称 $\{x_n, n=0, \pm 1, \pm 2, \cdots, \pm N, \cdots\}$ 是 X_n 的实现，或者是 X_n 的观察值或实验值。

时间序列的变化受许多因素的影响，有些因素起着长期的、决定性的作用，使其呈现出某种趋势和一定的规律性；有些因素则起着短期的、非决定性的作用，使其呈现出某种不规律性。

影响时间序列的构成因素通常可归纳为以下四种：

（1）趋势性因素，该因素的影响会导致序列呈现出明显的长期趋势（递增或递减）。

（2）周期性因素，该因素会导致序列呈现出从低到高，再由高到低的反复循环波动。

（3）季节性因素，该因素会导致序列呈现出和季节变化相关的、稳定的周期波动。

（4）随机波动因素，除了趋势性、周期性和季节性变化之外，序列还会受到各种其他因素的综合影响，而这些影响导致了序列呈现出一定的随机波动。

时间序列一般是以上几种变化形式的叠加或组合。时间序列分析方法（简称时序分析）是通过获得的数据描述和探索现象随时间发展变化的规律性，即估计 $\{X_n\}$ 的概率特性，也就是建立时间序列 $\{X_n\}$ 的数学模型，用它来近似实际时间序列，从而找到规律，作出对未来的预测。时间序列分析法有两类：

（1）确定性时间序列分析方法：不考虑随机性因素，通过移动平均、拟合、平滑等方法来分析时间序列中的长期趋势，预测未来的发展。

（2）随机性时间序列分析方法：通过分析不同时刻变量的相关关系，揭示其相关结构，利用这种相关结构建立自回归、滑动平均、自回归滑动平均模型，来对时间序列进行预测。

下面分别介绍这两类时间序列的分析方法。

1. 确定性时间序列分析方法

在进行确定性时序分析时，总是假定序列会受到趋势性、周期性、季节性和随机波动这四个因素的全部或部分影响，呈现出不同的波动特征。在实际中，常常假定这四个因素主要有两种相互作用模式：加法模型和乘法模型。

加法模型：
$$x_t = T_t + C_t + S_t + I_t$$

乘法模型：
$$x_t = T_t \cdot C_t \cdot S_t \cdot I_t$$

其中，T_t、C_t、S_t、I_t 分别表示趋势性、周期性、季节性和随机波动。

四大因素的综合影响会导致序列显现出各种不同的情况。而确定性时序分析的目的主要是两类：一是克服其他因素的影响，单纯测量出某一个确定性因素对序列的影响；二是推断出各种确定性因素彼此之间的相互作用以及它们对序列的综合影响。

趋势分析就是通过平滑、拟合等方法分析时间序列的变化规律。平滑法利用修匀技术，削弱随机波动对序列的影响，使序列平滑，从而显示出变化的规律。根据所用的平滑技术，平滑法又分为移动平均法和指数平滑法。趋势拟合就是把时间作为自变量，相应的序列观察值作为因变量，建立序列值随时间变化的回归模型的方法。拟合法又可以具体分为线性拟合和曲线拟合。

移动平均法是用一组最近的实际数据的平均值作为预测值的一种方法。移动平均法适用于短期预测，它对时间序列边移动、边平均，从而排除偶然因素对原序列的影响，进而测定长期趋势。其 n 期预测的简单计算公式为

$$\text{预测值}\ \tilde{x}_t = \frac{1}{n}(x_t + x_{t-1} + \cdots + x_{t-n+1})$$

采用移动平均法分析时间序列时期数 n 的选择非常重要，因为 n 取值的大小对所计算的平均数的影响较大。越重视近期观测值对预测的作用，n 值就越小，此时预测的修匀程度就较低，估计值的精度也就可能降低；反之，n 值越大，对数据变化的反映程度越慢，预测值的修匀程度越高。

指数平滑法是对过去的观测值加权平均进行预测，一次指数平滑法预测公式为

$$\tilde{x}_{t+1} = \alpha x_t + (1-\alpha)\tilde{x}_t \tag{6.3.1}$$

其中，$\tilde{x}_{t+1}$ 是第 t 期预测值；x_t 是第 t 期的实际观测值；α 是平滑系数，且 $0 < \alpha < 1$。将 $\tilde{x}_{t-1} = \alpha x_{t-2} + (1-\alpha)\tilde{x}_{t-2}$，$\tilde{x}_{t-2} = \alpha x_{t-3} + (1-\alpha)\tilde{x}_{t-3}$ 代入式(6.3.1)中，可得

$$\tilde{x}_t = \sum_{i=0}^{t} \alpha(1-\alpha)^i x_{t-i} \tag{6.3.2}$$

可以说 $\tilde{x}_t$ 是 t 期以及以前各期观察值的指数加权平均值，观察值的权数按递推周期以几何级数递减，各期的数据离第 t 期越远，它的系数愈小，因此它对预测值的影响也越小，可见指数平滑法是移动平均法的修正。

同样，α 的取值对平滑效果影响很大，α 越小，平滑效果越显著。

线性趋势拟合能拟合时间序列长期趋势所显现出的线性特征。其一般模型为

$$\begin{cases} x_t = a + bt + \varepsilon_t \\ E(\varepsilon_t) = 0, \quad D(\varepsilon_t) = \sigma^2 \end{cases} \tag{6.3.3}$$

其中，ε_t 是随机波动，$x_t = a + bt$ 则是消除随机波动的影响之后该序列的长期趋势。

如果长期趋势呈现出非线性的特征，那么可以用曲线模型来拟合它。对曲线模型进行参数估计时，能转换成线性模型的都转换成线性模型，用最小二乘法估计进行参数估计；实在不能转换成线性模型的，则用迭代法进行参数估计。常用的曲线模型和对应的参数估

计方法见表 6.3.1。

表 6.3.1　曲线模型参数估计转换表

模　型	变　换	参数估计方法
二次型： $T_t = a + bt + ct^2$	令 $t_2 = t^2$，原模型变为 $T_t = a + bt + ct_2$	线性最小二乘法
指数型： $T_t = ab^t$	对原模型求对数，再令 $T'_t = \ln T_t$，$a' = \ln a$，$b' = \ln b$ 原模型变为 $T'_t = a' + b't$	用线性最小二乘法求出 a'、b'，再作变换 $a = e^{a'}$，$b = e^{b'}$

例 6.3.1　澳大利亚政府 1981—1990 年每季度的消费支出数据（单位：百万澳元）如表 6.3.2 所示。

表 6.3.2　澳大利亚政府 1981—1990 年每季度的消费支出数据

8444	9215	8879	8990	8115	9457	8590	9294	8997
9574	9051	9724	9120	10143	9746	10074	9578	10817
10116	10779	9901	11266	10686	10961	10121	11333	10677
11325	10698	11624	11052	11393	10609	12077	11376	11777
11225	12231	11884	12109					

解　该时序图呈现显著的线性递增趋势，考虑用模型(6.3.3)拟合序列的这种趋势。

使用最小二乘法估计得到模型的参数估计值 $\hat{a} = 8498.69$，$\hat{b} = 89.12$。

对拟合的模型进行检验，检验结果显示方程显著成立，且参数显著非零。拟合效果如图 6.3.1 所示。图中星号表示序列观察值，虚直线为线性趋势拟合线。

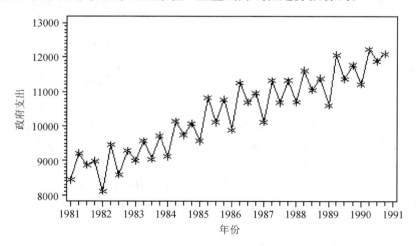

图 6.3.1　澳大利亚政府季度消费支出序列线性拟合效果

从总体上来说，确定性时间序列分析用来刻画序列的主要趋势直观简单、便于计算，但是比较粗略，不能严格反映实际的变化规律；为了严格反映时间序列的变化，必须结合随机时序分析法以便进行科学决策。

2. 随机性时间序列分析方法

在随机性时间序列分析中，主要有平稳时序分析和非平稳时序分析两大部分。平稳时序分析主要通过建立自回归模型（AutoRegressive models，AR）、滑动平均模型（Moving Average models，MA）和自回归滑动平均模型（AutoRegressive Moving Average models，ARMA）来分析平稳时间序列的规律。非平稳时间序列的分析比较复杂，不同情况可以用不同的模型来处理。本节主要介绍平稳时间序列的建模方法。

首先需要弄清楚何为平稳序列。

定义 6.3.1　设有时间序列 $\{X_t, t \in T\}$，对 $\forall t \in T$，X_t 是随机变量，若 $F_t(x)$ 是其分布函数，且 $\int_{-\infty}^{+\infty} x \, \mathrm{d}F_t(x) < \infty$，则称 $\mu_t = EX_t = \int_{-\infty}^{+\infty} x \, \mathrm{d}F_t(x) (t \in T)$ 是时间序列 X_t 的均值函数；若 $\int_{-\infty}^{+\infty} x^2 \, \mathrm{d}F_t(x) < \infty$，则称 $\sigma_t^2 = DX_t = \int_{-\infty}^{+\infty} (x - \mu_t)^2 \, \mathrm{d}F_t(x) (t \in T)$ 是时间序列 X_t 的方差函数；对 $\forall s, t \in T$，称 $\gamma(s, t) = E(X_s - \mu_s)(X_t - \mu_t)$ 是时间序列 X_t 的自协方差函数，称 $\rho(s, t) = \dfrac{\gamma(s, t)}{\sqrt{DX_s} \sqrt{DX_t}}$ 是自相关系数（ACF）。

定义 6.3.2　如果时间序列 $\{X_t, t \in T\}$ 满足：均值函数是常数，即对 $\forall t \in T$，有 $\mu_t = \mu$；自协方差函数是时间间隔的函数，即对 $\forall s, t \in T$，有 $\gamma(s, t) = \gamma(t - s)$，则称时间序列 $\{X_t, t \in T\}$ 是平稳时间序列。

定义 6.3.3　如果时间序列 $\{X_t, t \in T\}$ 满足：

(1) 对 $\forall t \in T$，$EX_t = \mu_t = \mu$；

(2) 对 $\forall s, t \in T$，

$$\gamma(s, t) = \begin{cases} \sigma^2 & t = s \\ 0 & t \neq s \end{cases}$$

则称时间序列 $\{X_t, t \in T\}$ 是纯随机序列，或者白噪声序列。

定义 6.3.4　设平稳序列 $\{X_t, t \in T\}$，$\forall t, t + k \in T$，称 $\gamma(k) = \gamma(t, t + k)$ 是平稳序列 $\{X_t, t \in T\}$ 的延迟 k 期（或者称延迟 k 阶）自协方差函数。显然，对 $\forall t \in T$，有 $\gamma(0) = \gamma(t, t) = DX_t$。对样本观察值 x_t，$\forall t \in T$，延迟 k 期自协方差函数的估计值（也称为样本协方差函数）为

$$\hat{\gamma}(k) = \frac{\sum_{t=1}^{n-k} (x_t - \bar{x})(x_{t+k} - \bar{x})}{n - k} \quad \forall 0 < k < n$$

其中，

$$\bar{x} = \frac{\sum_{i=1}^{n} x_i}{n}$$

延迟 k 期自相关系数的估计值（样本自相关系数）为

$$\hat{\rho}_k = \frac{\hat{\gamma}(k)}{\hat{\gamma}(0)} \quad \forall 0 < k < n$$

当延迟阶数 k 远远小于样本容量 n 时，有

$$\hat{\rho}_k \approx \frac{\sum\limits_{t=1}^{n-k}(x_t-\bar{x})(x_{t+k}-\bar{x})}{\sum\limits_{t=1}^{n}(x_t-\bar{x})^2} \qquad \forall\, 0 < k < n \tag{6.3.4}$$

随机性时间序列分析的第一步就是对时间序列进行平稳性检验。对序列的平稳性检验有两种方法，一种是根据时序图和自相关图显示的特征作出判断的图检验法。该方法操作简便，运用广泛；缺点是判别结论有较强的主观色彩。另一种是构造检验统计量进行假设检验。该方法客观严谨，需要一定的理论基础，具体可以参考文献[43]。

所谓的时序图，就是一个平面二维坐标图，通常横轴表示时间，纵轴表示序列取值。时序图可以直观地帮助我们掌握时间序列的一些基本分布特征，比如序列有没有明显的递增、递减趋势；再根据平稳时间序列均值、方差为常数的性质，可以很容易地判断具有递增、递减趋势的序列肯定是非平稳序列。如果时序图显示该序列始终在一个常数值附近随机波动，而且波动的范围是有界的，则可以判断该序列是平稳序列。

北京市 1949—1998 年最高气温的时序图如图 6.3.2 所示，可以看出没有明显的趋势和周期，围绕 37 ℃附近波动，所以基本可以断定这是平稳序列。

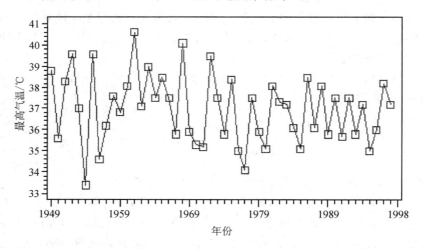

图 6.3.2　北京市 1949—1998 年最高气温时序图

所谓的自相关图，是一个平面二维坐标悬垂线图，一个坐标轴表示延迟时期数，另一个坐标轴表示自相关系数，通常以悬垂线表示自相关系数的大小。

可以证明，平稳序列具有短期相关性。该性质用自相关系数来描述就是随着延迟期数 k 的增加，平稳序列的自相关系数 $\hat{\rho}_k$ 会很快衰减为零；反之，非平稳序列的自相关系数 $\hat{\rho}_k$ 衰减为零的速度通常比较慢。

北京市 1949—1998 年最高气温的自相关图如图 6.3.3 所示，可以看出该序列的自相关系数一直比较小，始终在 2 倍的标准差范围以内，可以认为该序列始终在零附近波动，这是随机性非常强的平稳序列所具有的自相关图特征。

如果序列是平稳序列，情况就比较容易了，因为已经有一套非常成熟的平稳序列的建模方法。但是，并不是所有的平稳序列都值得建模。只有那些序列值之间有密切的相关关系，且历史数据对未来的发展有一定影响的序列，才值得建模挖掘历史数据中的有效信息，

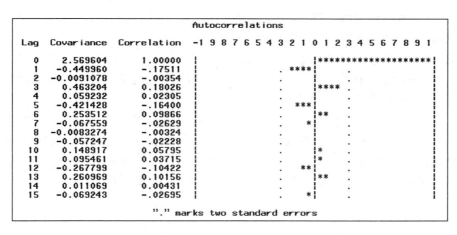

图 6.3.3　北京市 1949—1998 年最高气温自相关图

用来预测序列的未来发展。如果序列之间彼此没有相关关系，那么意味着该序列过去的行为对将来的发展没有丝毫的影响，这种序列就是纯随机序列。从统计角度而言，纯随机序列没有任何分析价值，因此还需要对平稳序列进行纯随机性检验。

Barlett 证明　设 $\{x_t, t=1, 2, \cdots, n\}$ 是来自纯随机序列的一个观察期数为 n 的观察序列，那么该序列的延迟非零期的样本自相关系数将近似服从均值为零、方差为序列观察期数倒数的正态分布，即 $\hat{\rho}_k \sim N\left(0, \dfrac{1}{n}\right)$，$\forall k \neq 0$，从而可以得到如下的原假设。

原假设：延迟期数小于或等于 m 期的序列值之间相互独立。

备择假设：延迟期数小于或等于 m 期的序列值之间有相关性。

为了检验这个假设，Box 和 Ljung 推导得到 LB 统计量为

$$\mathrm{LB} = n(n+2) \sum_{k=1}^{m} \left(\frac{\hat{\rho}_k^2}{n-k}\right) \sim \chi^2(m)$$

当统计量 LB 大于 $\chi_{1-\alpha}^2(m)$ 分位点，或 LB 的 P 值小于 α 时，则以 $1-\alpha$ 的置信水平拒绝原假设，认为该序列是非白噪声序列；否则接受原假设，认为该序列是纯随机序列。

对北京市 1949—1998 年最高气温的时间序列作纯随机性检验，取 $\alpha=0.05$，结果如表 6.3.3 所示。

表 6.3.3　纯随机性检验结果

延　迟	LB 统计量检验	
	LB 统计量值	P 值
延迟 6 期	5.58	0.4713
延迟 12 期	6.71	0.8760

根据这个检验结果，不能拒绝原假设，因而可以认为北京市最高气温的变化属于纯随机性波动。

如果一个序列经过上述处理后被识别为平稳非纯随机序列，那么就说明该序列是一个蕴涵着相关信息的平稳序列。在建模过程中，通常的做法是建立一个线性模型来拟合该序列的发展，借此提取该序列中的有用信息。AR、MA 和 ARMA 模型是目前最常用的拟合

模型，为了方便拟合模型的选择，下面只介绍 AR、MA 和 ARMA 模型的特点和常用的建模步骤，理论证明部分读者可以参阅相关的参考文献[43]。

自回归模型 AR(p)　　如果时间序列 $X_t(t=1,2,\cdots)$ 是平稳的非随机序列，即 X_t 与 X_{t-1}，X_{t-2}，$\cdots$，X_{t-p} 有关，具有 p 阶的记忆，那么描述这种关系的数学模型就是 p 阶自回归模型。其数学表达式为

$$X_t = \varphi_0 + \varphi_1 X_{t-1} + \varphi_2 X_{t-2} + \cdots + \varphi_p X_{t-p} + \varepsilon_t \tag{6.3.5}$$

其中，φ_1，φ_2，$\cdots$，φ_p 是自回归系数；ε_t 为白噪声，它类似于回归分析中的随机误差干扰项，其均值为零、方差为 σ_t^2。当 $\varphi_0 = 0$ 时，称其为中心化 AR(p) 模型；对非中心化 AR(p) 模型，通过变换 $y_t = x_t - \mu$ 就可以转化成中心化 AR(p) 模型，其中

$$\mu = \frac{\varphi_0}{1 - \varphi_1 - \cdots - \varphi_p}$$

因而不失一般性，这里只讨论中心化 AR(p) 模型。

对 AR(p) 模型式(6.3.5)，虽然它的表达式 X_t 只受随机误差和最近 p 期序列值 X_{t-1}，X_{t-2}，$\cdots$，X_{t-p} 的影响，但是由于 X_{t-1} 的值又依赖于 X_{t-1-p}，所以实际上 X_{t-1-p} 对 X_t 也有影响，依次类推，X_t 之前的每一个序列值 X_{t-1}，$\cdots$，X_{t-k}，$\cdots$ 都会对 X_t 构成影响。自回归模型的这种特性体现在自相关系数上就是自相关系数的拖尾性，同时随着时间的推移，ρ_k 会迅速呈指数衰减，也就是平稳 AR(p) 模型的自相关系数有两个显著的特点：一是拖尾性，二是呈指数衰减性。

实际上，对于一个平稳 AR(p) 模型而言，所求出的自相关系数 ρ_k，并没有单纯地度量了 X_t 和 X_{t-k} 的相关关系。因为 X_t 同时还会受到中间 $k-1$ 个随机变量 X_{t-1}，X_{t-2}，$\cdots$，X_{t-k+1} 的影响，而这 $k-1$ 个随机变量又都和 X_{t-k} 具有相关关系，所以自相关系数 ρ_k 实际上掺杂了其他变量对 X_t 和 X_{t-k} 的影响。为了能单纯度量 X_{t-k} 对 X_t 的影响，引入偏自相关系数的概念。

定义 6.3.5　　对于平稳序列 $\{X_t\}$，滞后 k 期偏自相关系数(PACF)就是在给定中间 $k-1$ 个随机变量 X_{t-1}，X_{t-2}，$\cdots$，X_{t-k+1} 的条件下，X_{t-k} 对 X_t 相关影响的度量，即相应的数学表达式为

$$\rho_{X_t, X_{t-k} \mid X_{t-1}, X_{t-2}, \cdots, X_{t-k+1}} = \frac{E[(X_t - \hat{E} X_t)(X_{t-k} - \hat{E} X_{t-k})]}{E[(X_{t-k} - \hat{E} X_{t-k})^2]} \triangleq \varphi_{kk} \tag{6.3.6}$$

其中，$\hat{E} X_t = E[X_t \mid X_{t-1}, X_{t-2}, \cdots, X_{t-k+1}]$，$\hat{E} X_{t-k} = E[X_{t-k} \mid X_{t-1}, X_{t-2}, \cdots, X_{t-k+1}]$

实际建模过程中，往往根据观察序列的取值求出自相关系数 $\hat{\rho}$ 和偏自相关系数 $\hat{\varphi}_{kk}$ 的估计值(或者称为样本偏自相关系数)。其计算公式如下：

$$\begin{cases} \hat{\rho}_k = \dfrac{\sum\limits_{l=1}^{n-k}(x_l - \bar{x})(x_{l+k} - \bar{x})}{\sum\limits_{l=1}^{n}(x_l - \bar{x})^2} & \forall\, 0 < k < n \\[4mm] \hat{\varphi}_{kk} = \dfrac{\hat{D}_k}{\hat{D}} & \forall\, 0 < k < n \end{cases} \tag{6.3.7}$$

其中，

$$\hat{D} = \begin{vmatrix} 1 & \hat{\rho}_1 & \cdots & \hat{\rho}_{k-1} \\ \hat{\rho}_1 & 1 & \cdots & \hat{\rho}_{k-2} \\ \vdots & \vdots & \cdots & \vdots \\ \hat{\rho}_{k-1} & \hat{\rho}_{k-2} & \cdots & 1 \end{vmatrix}, \quad \hat{D}_k = \begin{vmatrix} 1 & \hat{\rho}_1 & \cdots & \hat{\rho}_1 \\ \hat{\rho}_1 & 1 & \cdots & \hat{\rho}_2 \\ \vdots & \vdots & \cdots & \vdots \\ \hat{\rho}_{k-1} & \hat{\rho}_{k-2} & \cdots & \hat{\rho}_k \end{vmatrix}$$

平稳 AR(p) 模型的偏自相关系数具有 p 阶截尾的特点。

滑动平均模型 MA(q) 如果时间序列 $X_t(t=1,2,\cdots)$ 是平稳的序列，且 X_t 与 X_{t-1}，X_{t-2}，$\cdots$，X_{t-p} 无关，但与以前时刻进入系统的扰动（白噪声）有关，具有 q 阶的记忆，描述这种关系的数学模型就是 q 阶滑动平均模型。其数学表达式为

$$X_t = \mu + \varepsilon_t - \theta_1 X_{t-1} - \theta_2 X_{t-2} - \cdots - \theta_q X_{t-q}$$

当 $\mu=0$ 时，称其为中心化 MA(q) 模型，对非中心化 MA(q) 模型，通过变化 $y_t = x_t - \mu$ 就可以转化成中心化 MA(q) 模型。滑动平均模型 MA(q) 的自相关系数具有 q 阶截尾的特点，而偏自相关系数是拖尾的。

自回归滑动平均模型 ARMA(p,q) 如果时间序列 X_t ($t=1,2,\cdots$) 是平稳的序列，且 X_t 与 X_{t-1}，X_{t-2}，$\cdots$，X_{t-p} 有关，也与以前时刻进入系统的扰动（白噪声）有关，描述这种关系的数学模型就是自回归滑动平均模型，其数学表达式为

$$X_t = \varphi_1 X_{t-1} + \varphi_2 X_{t-2} + \cdots + \varphi_p X_{t-p} + \varepsilon_t - \theta_1 X_{t-1} - \theta_2 X_{t-2} - \cdots - \theta_q X_{t-q}$$

自回归滑动平均模型 ARMA(p,q) 的自相关系数和偏自相关系数都是拖尾的。

在平稳时间序列建模过程中就是利用 AR、MA 和 ARMA 模型自相关系数和偏自相关系数的特点进行模式识别，一般的建模过程可用图 6.3.4 表示。

计算出样本值相关系数（ACF）和偏自相关系数（PACF）的值之后，就要根据 AR、MA 和 ARMA 模型的特性，选择适当的模型拟合观察值序列。这个过程就是要根据样本自相关系数和偏自相关系数的性质估计自相关阶数 $\hat{p}$ 和移动平均的阶数 $\hat{q}$，该过程称为模式识别过程，也称为模型定阶过程。ARMA 模型的定阶基本原则如表 6.3.4 所示。

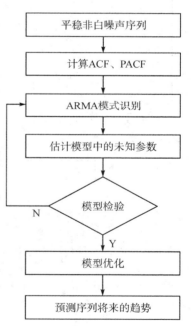

图 6.3.4　平稳序列建模步骤

表 6.3.4　ARMA 模型的定阶基本原则

$\hat{\rho}$	$\hat{\varphi}_{kk}$	模型定阶
拖尾	p 阶截尾	AR(p) 模型
q 阶截尾	拖尾	MA(q) 模型
拖尾	拖尾	ARMA(p,q) 模型

但在实际中，这个定阶原则在操作上具有一定的困难。由于样本的随机性，样本的相关系数不会呈现出理论截尾的完美情况，本应截尾的样本自相关系数或偏自相关系数仍然

会出现小值振荡。同时，由于平稳时序的短期相关性，随着延迟阶数 $k \to \infty$，$\hat{\rho}_k$ 和 $\hat{\varphi}_{kk}$ 都会衰减至零附近作小值波动。那么这种小值波动什么情况下可以看作相关系数截尾？什么情况下该看成相关系数在延迟若干阶之后正常衰减到零值附近的拖尾波动？这没有绝对的标准，很大程度上取决于建模人员的主观经验。因此对同一个序列，不同的分析人员可能会建立不同的拟合模型，故而需要按照一定的标准确定哪一个拟合模型比较好，这一步就是模型优化。一般的评判标准是 AIC 和 SBC 准则，通过计算 AIC 和 SBC 值，值越小则认为模型越好。AIC 和 SBC 的计算公式分别为

AIC＝－2ln（模型的极大似然函数值）＋2（模型中未知参数的个数）

SBC＝－2ln（模型的极大似然函数值）＋ln(n)（模型中未知参数的个数）

下面通过例子具体说明平稳时间序列的建模过程。

例 6.3.2　　等时间间隔地连续读取 70 个某次化学反应的过程数据，构成一个时间序列，如表 6.3.5 所示，试拟合该序列（$\alpha=0.05$）。

表 6.3.5　　连续 70 个化学反应数据

47	64	23	71	38	64	55	41	59	48	71	35	57	40
58	44	80	55	37	74	51	57	50	60	45	57	50	45
25	59	50	71	56	74	50	58	45	54	36	54	48	55
45	57	50	62	44	64	43	52	38	59	55	41	53	49
34	35	54	45	68	38	50	60	39	59	40	57	54	23

解　　（1）序列预处理：时序图如图 6.3.5 所示，显示化学反应过程无明显趋势和周期，波动稳定。

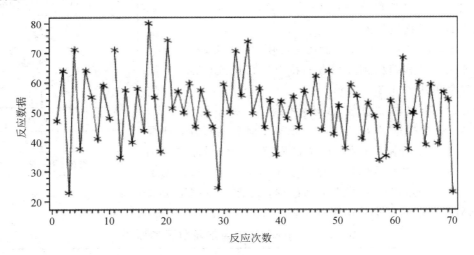

图 6.3.5　　化学反应时序图

如图 6.3.6(a) 和图 6.3.6(b) 所示，自相关系数具有明显的短期相关及 2 阶截尾的特点。

序列随机性检验显示序列是非纯随机序列。

综合时序图、自相关图、偏自相关图和随机序列检验结果，可判定该序列是平稳非随机序列，可以考虑用 AR、MA 和 ARMA 模型进行拟合。

```
                                        Autocorrelations
    Lag    Covariance    Correlation   -1 9 8 7 6 5 4 3 2 1 0 1 2 3 4 5 6 7 8 9 1
     0       139.798      1.00000       |                         |*******************|
     1      -54.504114    -.38988       |            *******|                          |
     2       42.553609    0.30439       |                   |******                     |
     3      -23.144178    -.16555       |                 ***|                          |
     4        9.886402    0.07072       |                   .|*                         |
     5      -13.565875    -.09704       |                  **|                          |
     6       -6.578560    -.04706       |                   *|                          |
     7        4.945082    0.03537       |                   .|*                         |
     8       -6.075359    -.04346       |                   *|                          |
     9       -0.670493    -.00480       |                   .|                          |
    10        2.012128    0.01439       |                   .|                          |
    11       15.366178    0.10992       |                   .|**                        |
    12       -9.615079    -.06878       |                   *|                          |
    13       20.694889    0.14803       |                   .|***                       |
    14        5.000367    0.03577       |                   .|*                         |
    15       -0.933542    -.00668       |                   .|                          |
    16       24.185609    0.17300       |                   .|***                       |
    17      -15.565443    -.11134       |                  **|                          |
    18        2.791872    0.01997       |                   .|                          |

                        "." marks two standard errors
```

（a）化学反应自相关图

```
                       Partial Autocorrelations
    Lag    Correlation   -1 9 8 7 6 5 4 3 2 1 0 1 2 3 4 5 6 7 8 9 1
     1     -0.38988       |            *******|                         |
     2      0.17971       |                   .|****                     |
     3      0.00226       |                   .|                         |
     4     -0.04428       |                   .|*                        |
     5     -0.06941       |                   .|*                        |
     6     -0.12062       |                   .|**                       |
     7      0.01968       |                   .|                         |
     8      0.00489       |                   .|                         |
     9     -0.05650       |                   .|*                        |
    10      0.00371       |                   .|                         |
    11      0.14280       |                   .|***                      |
    12     -0.00941       |                   .|                         |
    13      0.09196       |                   .|**                       |
    14      0.16693       |                   .|***                      |
    15     -0.00129       |                   .|                         |
    16      0.22069       |                   .|****                     |
    17      0.05281       |                   .|*                        |
    18     -0.10519       |                  **|                         |
```

（b）化学反应偏自相关图

图 6.3.6　例 6.3.2 图

（2）模型定阶：根据自相关图 6.3.6(a)显示的自相关系数的 2 阶截尾性质，尝试拟合 MA(2)模型。

偏自相关图 6.3.6(b)显示该序列的偏自相关系数 1 阶截尾性质，尝试拟合 AR(1)模型。

（3）参数估计：利用条件最小二乘估计，确定的 MA(2)模型为

$$x_t = 51.17301 + \varepsilon_t + 0.32286\varepsilon_{t-1} + 0.31009\varepsilon_{t-2}$$

$$\mathrm{var}(\varepsilon_t) = 119.5653$$

利用条件最小二乘估计确定的 AR(1)模型为

$$x_t = 73.03817 - 0.42481x_{t-1} + \varepsilon_t$$
$$\mathrm{var}(\varepsilon_t) = 120.0735$$

（4）模型检验：对 MA(2)模型残差随机序列的检验显示延迟 6 阶、12 阶、18 阶 LB 检验统计量的 P 值均显著大于 0.05，所以 MA(2)模型显著有效。

对 MA(2)模型参数显著性的检验结果显示三参数 t 统计量的 P 值均小于 0.05，即三参数均显著。因此 MA(2)模型是该序列的有效拟合模型。

同理，对 AR(1)模型残差随机序列的检验显示拟合模型显著有效。对 AR(1)模型参数显著性的检验结果显示两个参数均显著。因此 AR(1)模型也是该序列的有效拟合模型。

（5）模型优化：计算这两个模型的 AIC 和 SBC 值，见表 6.3.6。

表 6.3.6　模型的 AIC 和 SBC 值

模　　型	AIC	SBC
MA(2)	536.4556	543.2011
AR(1)	535.7896	540.2866

可知 AR(1)模型要优于 MA(2)模型。

非平稳时间序列的分析比较复杂，不同情况可以用不同的方法来处理。可以通过差分运算把非平稳序列转化成平稳序列，然后用上面的方法处理即可。

6.4　应用案例——优化机场安全检查站中的乘客吞吐量（2017 美赛 D 题）

众所周知，乘客乘飞机必须在机场进行安全检查。在安全检查站会检查乘客及其行李是否有爆炸物和其他危险物品，这些安全措施是为了防止乘客劫持或摧毁飞机，并在旅行期间保证所有乘客的安全。然而在 2016 年，美国运输安全局(TSA)因极长线路问题受到严厉批评，特别是对芝加哥的奥黑尔国际机场的尖锐批评，其在安全性和乘客的出行方便之间存在着较大矛盾。除了在奥黑尔机场外，其他机场包括通常排队等待时间较短的机场，也会出现不明原因和不可预测的排队拥挤情况。检查点排队状况的这种高度变化性对于乘客来说可能是极其不利的，因为他们面临着不必要的早到达或可能赶不上他们预订航班的风险。

为了解决此矛盾，需要建立一个或多个模型，通过分析安全检查点的乘客流，找到瓶颈，明确地指出当前安全检查过程中导致拥挤的区域，从而对当前安全检查流程进行调整，以提高旅客吞吐量并减少等待时间。美国机场安全检查的流程如图 6.4.1 所示。

区域 A：乘客随机到达检查站，并排队等待安全人员检查他们的身份证明和登机文件。

区域 B：乘客移动到检查队列，一旦乘客到达这个队列的最前面，他们就会准备好将所有的物品置于 X 射线下检查。乘客必须脱掉鞋子、皮带、夹克，取出金属物体、电子产品和带液体容器，将它们放置在单独的 X 射线箱中；笔记本电脑和一些医疗设备也需要从其袋中取出并放置在单独的容器中。

他们的所有物品，包括包含上述物品的箱子，通过传输带在 X 射线机中移动，其中一些物品被标记，供安全人员（D 区）进行额外的搜索或筛选；同时乘客排队通过毫米波扫描仪或金属探测器检查。未能通过此步骤的乘客接受安全官员(D 区)的检查。

区域 C：乘客前进到 X 射线扫描仪另一侧的传送带，收集他们的物品并离开检查区域。

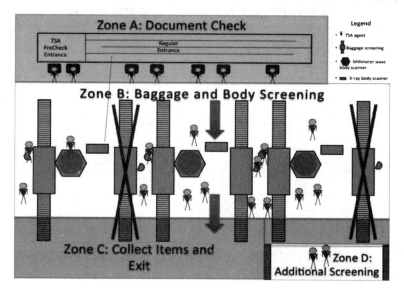

图 6.4.1　机场安检流程

为了快速完成安全检查，大约 45% 的乘客会报名参加一个称为预检查信任旅行者的计划。这些乘客支付 85 美元，接受背景调查，并享受五年的独立筛查通道。实际上更多的乘客使用预检查筛查通道，一般每三条常规通道通常有一个预检查通道打开。预检查乘客和他们的行李经过相同的检查流程，但经过了一些修改，以加快安全检查的速度。预检查乘客仍须取出金属和电子物品以及任何液体，但不需要脱鞋子、皮带，他们也不需要取出他们的电脑。

问题分析　该问题需要找出安全检查过程中的瓶颈，以缩短乘客的排队等待时间。首先应该利用附件数据分析乘客到达的分布情况，由于有两种类别的乘客：预检查乘客和常规乘客，他们的安全检查时间是不同的，因此针对这两类乘客分别估计其到达分布和服务时间分布，根据此分布建立排队模型来模拟仿真乘客安全检查的过程，然后通过分析结果找到安全检查的瓶颈，进而给出相应的改进措施。

问题假设　(1)用于安全检查的设施都能正常工作且型号一样；

(2)安全检查的人员是充足的，能满足安全检查的需要，且他们的效率相同；

(3)每个通道的安检时间是一样的；

(4)5% 的乘客带有可疑物品；

(5)B 区 6 个安全检查通道中有 4 个是开放的，最左边的两个用于预检查乘客的安全检查，其余的用于常规乘客的安全检查；

(6)A 区有 7 个检查点，其中 2 个用于预检查乘客，其余 5 个用于常规乘客。

模型建立　首先进行数据处理，估计预检查乘客、常规乘客的到达率和各类乘客通过安全检查的服务率。设 λ_{pre} 表示预检查乘客的到达率，λ_{reg} 是常规乘客的到达率；μ_1 表示预检查乘客身份证件检查服务率；μ_2 表示常规乘客身份证件检查服务率；μ_3 表示预检查乘客行李和身体扫描服务率；μ_4 表示常规乘客行李和身体扫描服务率。

利用题目中给定表格的 A 区数据,可以计算预检查乘客到达 A 区的时间区间。我们以 4 min 为计数单位统计到达的预检查乘客数,结果见表 6.4.1。

表 6.4.1　到达 A 区的预检查乘客时间区间

时间/min	预检查乘客数
0~4	26
4~8	8
8~12	6
12~16	4
16~20	5
20~24	3
24~28	4
28~32	1

用 MATLAB 软件拟合上述数据,发现到达 A 区身份检查点的预检查乘客的到达率服从负指数分布。其拟合结果见图 6.4.2。

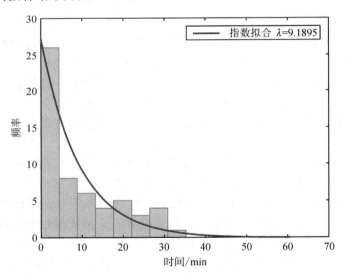

图 6.4.2　负指数分布拟合结果

由此可知预检查乘客的到达服从 Poisson 过程,预检查乘客的到达率 $\lambda_{pre} = 9.19$。同理可得其他参数:$\lambda_{reg} = 12.9$,$\mu_1 = 11.26$,$\mu_2 = 12.33$,$\mu_3 = 20.59$,$\mu_4 = 27.9$。

由于乘客按 Poisson 过程到达,因此可以用经典的排队模型对机场安全检查过程建模。

假定机场安全检查流程如图 6.4.3 所示。预检查乘客和常规乘客按 Poisson 过程到达,首先进行身份证件检查,由题目中图表信息,我们假定共有 7 个通道用于身份证件的查验,其中 2 个通道用于预检查乘客的身份证件查验,其余 5 个通道用于常规乘客的查验。预检查乘客查验身份证件的服务率为 μ_1,常规乘客查验身份证件的服务率是 μ_2。到达的乘客随机选择服务窗口完成身份证件的检查。

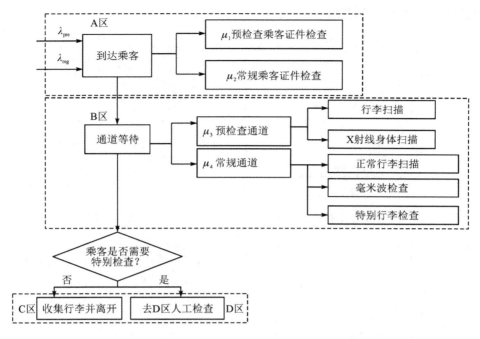

图 6.4.3　机场安全检查流程

在 B 区，预检查乘客和常规乘客都有自己的专用通道，预检查乘客使用最左边的通道进行简化的安全检查，预检查乘客的行李和身体扫描完成的服务率是 μ_3。对常规乘客，使用右边的四个安全检查通道进行安检，其行李和身体扫描完成的服务率是 μ_4。

携带可疑物品的乘客，会进入 D 区接受进一步的人工检查。

由于 A 区和 B 区有队长的限制，尽管到达过程是 Poisson 过程，仍然不能用经典的排队模型获得想要的结果，因而采用仿真的办法。

仿真过程如下：

服务时间(i)＝max$\{$到达时间(i)，min(空闲时间)$\}$

服务(i)＝k

空闲时间(k)＝空闲时间$_{\min}$

离开时间(i)＝服务时间(i)＋服务周期(i)

空闲时间(k)＝离开时间(i)

等待周期(i)＝离开时间(i)－到达时间(i)

其中，相关符号的含义如下：

服务时间(i)：第 i 个乘客开始接受服务的时间；

到达时间(i)：第 i 个乘客到达的时间；

空闲时间(k)：第 k 个服务台开始空闲的时间；

服务(i)：正在使用的服务台的数量；

离开时间(i)：第 i 个乘客离开的时间；

服务周期(i)：第 i 个乘客接受服务的时间；

等待周期(i)：第 i 个乘客等待服务所花费的时间。

借助 MATLAB 软件对其进行仿真，结果见图 6.4.4。

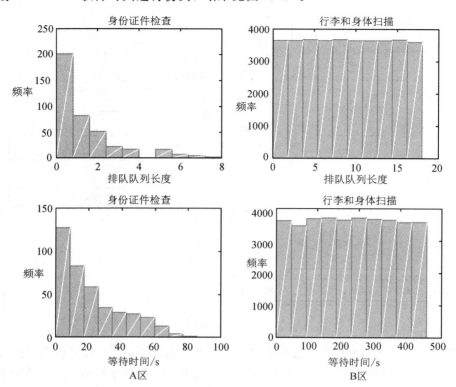

图 6.4.4　仿真结果

由图 6.4.4 可知，B 区的队列长度和等待时间远大于 A 区，也就是安全检查的瓶颈在 B 区，具体数据见表 6.4.2。

表 6.4.2　A 区和 B 区的平均等待时间和平均队列长度

		A 区	B 区
平均等待时间/s	预检查	17.21	225.88
	常规	13.25	74.7
平均队列长度/人	预检查	0.81	9.024
	常规	131.47	148.42

从表 6.4.2 可以看出，B 区的平均等待时间和平均队列长度大于 A 区，也就是安全检查的瓶颈在 B 区，所以应在 B 区增加检查设备和人力来解决等待时间长的问题。

习　题　6

1. 社会学的某些调查表明，儿童受教育的水平依赖于他们父母受教育的水平。调查过程中将人受教育的程度划分为三类，即 E 类、S 类和 C 类。E 类，这类人具有初中或初中以下文化程度；S 类，这类人具有高中文化程度；C 类，这类人受过高等教育。当父母（指父母中文化程度较高者）是这三类人中的某一类时，其子女将属于这三类人中的任一类的概率如表 6.1 所示。

表 6.1　子女教育水平受父母教育水平影响的转移概率

父母＼子女	E	S	C
E	0.6	0.3	0.1
S	0.4	0.4	0.2
C	0.1	0.2	0.7

试回答下列问题：

（1）属于 S 类的人中，其第三代将接受高等教育的百分比是多少？

（2）假设不同的调查结果表明，如果父母之一受过高等教育，那么他们的子女总是可以进入大学，请修改上面的概率转移矩阵。

（3）根据（2），每一类人的后代平均要经过多少代，最终都可以接受高等教育？

2. 在钢琴销售模型中，将存贮策略修改为：

（1）当周末库存量为 0 或 1 时，则订购钢琴使下周初的库存量达到 3 架；否则，不订购。建立马氏链模型，计算稳态下失去销售机会的概率和每周的平均销售量。

（2）当周末库存量为 0 时，订购量为本周销售量加 2 架；否则，不订购。建立马氏链模型，计算稳态下失去销售机会的概率和每周的平均销售量。（钢琴销售模型见姜启源《数学模型》（高等教育出版社，2003）第 338 页）

3. 一个加油站的服务员每天工作 8 小时，工资为一天 15 元。要求加油的汽车按每小时 20 辆强度的泊松流到达。每个服务员分别为 1 辆汽车加油，且每服务 1 辆汽车后，加油站盈利 1 元。设每辆汽车的加油时间服从参数为 8 min 的负指数分布，如果等待加油的汽车超过两辆，则后来的汽车就不会再排队而离去，试确定该加油站合理的服务员人数。

4. 税收作为政府财政收入的主要来源，是地方政府实行宏观调控、保证地区经济稳步增长的重要因素之一。各级政府每年均需要预测来年的税收收入以安排财政预算。现有某地多年的税收收入（单位：亿元）数据，如表 6.2 所示，t 表示年份，x_t 表示第 t 年的税收收入。试预测该地区 2003 年税收收入并将其与实际值进行比较。

表 6.2　某地 14 年税收收入数据

t	1990	1991	1992	1993	1994	1995	1996	1997
x_t	15.2	15.9	18.7	22.4	26.9	28.3	30.5	33.8
t	1998	1999	2000	2001	2002	2003		
x_t	40.4	50.7	58	66.8	81.2	83.4		

5. 有一个 20 期的观察值序列 $\{x_t\}$：10，11，12，10，11，14，12，13，11，15，12，14，13，12，14，12，10，10，11，13。

（1）使用 5 期移动平均法预测 $\hat{x}_{22}$；

（2）使用指数平滑法确定 $\hat{x}_{22}$，其中平滑系数为 $\alpha=0.4$；

（3）假设 a 为 5 期移动平均法预测 $\hat{x}_{22}$ 中 x_{20} 的系数，b 为平滑系数为 $\alpha=0.4$ 的指数平滑法预测 $\hat{x}_{22}$ 中 x_{20} 的系数，求 $b-a$。

6. 我国 1949—2008 年年末人口总数（单位：万人）序列如表 6.3 所示。

表 6.3　我国 1949—2008 年年末人口总数数据

54167	55196	56300	57482	58796	60266	61465	62828
64653	65994	67207	66207	65859	67295	69172	70499
72538	74542	76368	78534	80671	82992	85229	87177
89211	90859	92420	93717	94974	96259	97542	98705
100072	101654	103008	104357	105851	107507	109300	111026
112704	114333	115823	117171	118517	119850	121121	122389
123626	124761	125786	126743	127627	128453	129227	129998
130756	131448	132129	132802				

选择适当的模型拟合该序列的长期趋势。

7. 1975—1980 年夏威夷岛莫纳罗亚火山每月释放的二氧化碳数据如表 6.4 所示（单位：ppm）。

表 6.4　1975—1980 年夏威夷岛莫纳罗亚火山每月释放的二氧化碳数据

330.45	330.97	331.64	332.87	333.61	333.55
331.90	30.05	328.58	328.31	329.41	330.63
331.63	332.46	333.36	334.45	334.82	334.32
333.05	330.87	329.24	328.87	330.18	331.50
332.81	333.23	334.55	335.82	336.44	335.99
334.65	332.41	331.32	330.73	332.05	333.53
334.66	335.07	336.33	337.39	337.65	337.57
336.25	334.39	332.44	332.25	333.59	334.76
335.89	336.44	337.63	338.54	339.06	338.95
337.41	335.71	333.68	333.69	335.05	336.53
337.81	338.16	339.88	340.57	341.19	340.87
339.25	337.19	335.49	336.63	337.74	338.36

试：(1) 绘制该序列的时序图，并判断该序列是否平稳；

(2) 计算该序列的样本自相关系数 $\hat{\rho}_k(k=1,2,\cdots,24)$；

(3) 绘制样本自相关图并解释该图形。

8. 1945—1950 年费城月度降雨量数据如表 6.5 所示（单位：mm）。

表 6.5　1945—1950 年费城月度降雨量数据

69.3	80.0	40.9	74.9	84.6	101.1	225.0	95.3	100.6	48.3	144.5	128.3
38.4	52.3	68.6	37.1	148.6	218.7	131.6	112.8	81.8	31.0	47.5	70.1
96.8	61.5	55.6	171.7	220.5	119.4	63.2	181.6	73.9	64.8	166.9	48.0
37.7	80.5	105.2	89.9	174.8	134.0	86.4	136.9	31.5	35.3	112.3	143.0
60.8	97.0	80.5	62.5	158.5	7.6	165.9	106.7	92.2	63.2	26.2	77.0
52.3	105.4	144.3	49.5	116.1	54.1	148.6	159.3	85.3	67.3	112.8	59.4

试：（1）计算该序列的样本自相关系数 $\hat{\rho}_k(k=1, 2, \cdots, 24)$；

（2）判断该序列的平稳性；

（3）判断该序列的纯随机性。

9. 某地区连续 74 年的谷物产量（单位：千吨）如表 6.6 所示。

表 6.6　某地区连续 74 年的谷物产量

0.97	0.45	1.61	1.26	1.37	1.43	1.32	1.23	0.84	0.89	1.18
1.33	1.21	0.98	0.91	0.61	1.23	0.97	1.10	0.74	0.80	0.81
0.80	0.60	0.59	0.63	0.87	0.36	0.81	0.91	0.77	0.96	0.93
0.95	0.65	0.98	0.70	0.86	1.32	0.88	0.68	0.78	1.25	0.79
1.19	0.69	0.92	0.86	0.86	0.85	0.90	0.54	0.32	1.40	1.14
0.69	0.91	0.68	0.57	0.94	0.35	0.39	0.45	0.99	0.84	0.62
0.85	0.73	0.66	0.76	0.63	0.32	0.17	0.46			

试：（1）判断该序列的平稳性和纯随机性；

（2）选择适当的模型拟合该序列。

第 7 章　数学规划建模方法

在生产管理和经营活动中，经常会碰到求使某一项"指标"最优的问题，例如下料问题，某厂使用某种圆钢下料，制造直径相同而长度不等的三种机轴，采用什么样的下料方案可以使余料最少？又如物资调运问题，某种产品有几个产地和销地，物资部门应该如何合理组织调运，从而既满足销地需要，又不使某个产地物资过分积压，同时还使运输费用最省？在派载、营养、地质勘探、环境保护等方面也存在类似的问题。这些实际问题中要求的"最好""最大""最小""最省""最高""最少"等等，统称为优化问题。数学规划建模方法就是研究此类优化问题的有效方法。

数学规划建模方法，也称为优化建模方法（简称规划模型或优化方法），一般有三个要素：

(1) 每个问题都有一组变量，通常是该问题需要求解的未知量，称其为决策变量；

(2) 都有一个关于决策变量的函数，即该函数是要优化的那个目标的数学表达式，称之为目标函数；

(3) 每个问题都有一组决策变量需满足的限制条件，即决策变量允许取值的范围，称之为约束条件，也称为可行域。

当约束条件及目标函数都是决策变量的线性函数时，该优化问题称为线性规划问题；当约束条件及目标函数至少有一个是非线性函数时，该优化问题称为非线性规划问题；若决策变量至少有一个只取整数值，则此优化问题称为整数规划问题；当目标函数多于一个时，该优化问题称为多目标规划问题。

本章着重从数学建模的角度，介绍若干实际优化问题的数学规划建模方法。

7.1　线性规划建模方法

线性规划建模方法（简称线性规划，简记为 LP）是数学规划建模方法的一个重要分支。求解线性规划的单纯形方法由 G. B. Dantzig 于 1947 年提出，目前线性规划的理论成熟，在实际中得到广泛深入的应用。下面由例 7.1.1 引入线性规划的一般建模方法。

例 7.1.1　某电机厂生产甲、乙两种型号的电动机，每台销售后的利润分别为 4000 元与 3000 元。生产甲型电动机需用 A、B 机器加工，加工时间分别为每台 2 小时和 1 小时；生产乙型电动机需用 A、B、C 三种机器加工，加工时间为每台各 1 小时。若每天可用于加工的电动机时数分别为 A 机器 10 小时、B 机器 8 小时和 C 机器 7 小时，问：该厂应该生产甲、乙电动机各几台，才能使总利润最大？

解　设该厂生产 x_1 台甲型电动机和 x_2 台乙型电动机时总利润最大，则 x_1、x_2 应满足

$$（目标函数）\max z = 4000x_1 + 3000x_2 \tag{7.1.1}$$

$$（约束条件）\text{ s. t. } \begin{cases} 2x_1 + x_2 \leqslant 10 \\ x_1 + x_2 \leqslant 8 \\ x_2 \leqslant 7 \\ x_1,\ x_2 \geqslant 0 \end{cases} \tag{7.1.2}$$

这里变量 x_1、x_2 是决策变量，式(7.1.1)被称为问题的目标函数，式(7.1.2)中的几个不等式是问题的约束条件，记为 s. t.（即 subject to）。

显然，上例的目标函数及约束条件均为线性函数，因此这是线性规划问题。简而言之，线性规划建模方法是在一组线性约束条件的限制下，求一个线性目标函数最大值或最小值的问题。实际中，资源的合理利用、投资的风险与利用问题、合理下料问题、合理配料问题、运输问题、作物布局问题、公交车调度安排等问题常常可以用线性规划求解。建立线性规划问题的数学模型时，人们往往按以下几步来进行：

（1）确定问题的决策变量；

（2）确定问题的目标，并表示为决策变量的线性函数；

（3）找出问题的所有约束条件，并表示为决策变量的线性方程或不等式。线性规划模型建立得是否恰当，直接影响到求解，因而选取适当的决策变量，是建立有效模型的关键之一。

抛开具体问题，线性规划模型的一般形式为

$$\max(\min)z = \sum_{j=1}^{n} c_j x_j$$

$$\text{s. t. } \begin{cases} \sum\limits_{j=1}^{n} a_{ij}x_j \leqslant (\geqslant, =)b_i & i=1,\ 2,\ \cdots,\ m \\ x_j \geqslant 0 & j=1,\ 2,\ \cdots,\ n \end{cases}$$

也可以表示成矩阵形式：

$$\max(\min)z = \boldsymbol{C} \cdot \boldsymbol{X}$$

$$\text{s. t. } \begin{cases} \boldsymbol{A} \cdot \boldsymbol{X} \leqslant (\geqslant, =)\boldsymbol{b} \\ \boldsymbol{X} \geqslant 0 \end{cases}$$

或向量形式：

$$\max(\min)z = \boldsymbol{C} \cdot \boldsymbol{X}$$

$$\text{s. t. } \begin{cases} \sum\limits_{j=1}^{n} \boldsymbol{P}_j x_j \leqslant (\geqslant, =)\boldsymbol{b} \\ \boldsymbol{X} \geqslant 0 \end{cases}$$

目标函数和约束条件在内容和形式上的差别，使线性规划问题有多种表达式，因此为了便于讨论和制定统一的算法，规定其标准形式如下：

（1）目标函数极大化；

（2）约束条件为等式且右端项大于等于 0；

（3）决策变量非负。

一般线性规划问题的标准型为

$$\max z = \boldsymbol{C} \cdot \boldsymbol{X} \qquad\qquad (7.1.3)$$

$$\text{s. t.} \begin{cases} \boldsymbol{A} \cdot \boldsymbol{X} = \boldsymbol{b} \\ \boldsymbol{X} \geqslant \boldsymbol{0} \end{cases} \qquad\qquad (7.1.4)$$

非标准的线性规划模型都可以转化为标准型,一般方法为:

(1) 目标函数为最小值问题:令 $z' = -z$,则 $\max z' = -\min z = -\boldsymbol{C} \cdot \boldsymbol{X}$。

(2) 约束条件为不等式:对于不等号"$\leqslant$($\geqslant$)"的约束条件,可以在"$\leqslant$($\geqslant$)"的左端加上(或减去)一个非负变量(称为松弛变量),使其变为等式。

(3) 对于无约束的决策变量:譬如 $x \in (-\infty, +\infty)$,可以令 $x = x' - x''$,使得 x',$x'' \geqslant 0$,代入模型即可。

(4) 变量 $x_j \leqslant 0$,可令 $x'_j = -x_j$,显然 $x'_j \geqslant 0$。

例 7.1.2   将下列线性规划模型转化为标准形式:

$$\min z = x_1 + 2x_2 + 3x_3$$

$$\text{s. t.} \begin{cases} -2x_1 + x_2 + x_3 \leqslant 9 \\ -3x_1 + x_2 + 2x_3 \geqslant 4 \\ 3x_1 - 2x_2 - 3x_3 = -6 \\ x_1 \leqslant 0, \ x_2 \geqslant 0, \ x_3 \in \mathbf{R} \end{cases}$$

解   令 $z' = -z$,$x_3 = x'_3 - x''_3$,$x'_3 \geqslant 0$,$x''_3 \geqslant 0$,$x'_1 = -x_1$,按上述转化规则进行转化,可得线性规划的标准形式为

$$\max z' = x'_1 - 2x_2 - 3x'_3 + 3x''_3 + 0x_4 + 0x_5$$

$$\text{s. t.} \begin{cases} 2x'_1 + x_2 + x'_3 - x''_3 + x_4 = 9 \\ 3x'_1 + x_2 + 2x'_3 - 2x''_3 - x_5 = 4 \\ 3x'_1 + 2x_2 + 3x'_3 - 3x''_3 = -6 \\ x'_1, \ x_2, \ x'_3, \ x''_3, \ x_4, \ x_5 \geqslant 0 \end{cases}$$

对于线性规划,还有以下概念及性质:

(1) 可行解。满足约束条件(7.1.4)的解 $x = (x_1, x_2, \cdots, x_n)$ 称为线性规划问题的可行解。

(2) 最优解。使目标函数(7.1.3)达到最小值的可行解叫最优解。

(3) 可行域。所有可行解构成的集合称为问题的可行域,记为 R。

(4) 凸集。对区域 D 中的任意两个元素 x、y 和任意的非负数 $0 \leqslant \alpha \leqslant 1$,若 $\alpha x + (1-\alpha)y$ 也在 D 中,则称 D 为凸集。

性质 7.1.1   线性规划的可行域是凸集。

性质 7.1.2   线性规划的最优解在凸集的顶点上取得。

求解线性规划问题就是在其可行域内找到一个最优解的过程,通常可以通过图解法和单纯形法求解线性规划的最优解。图解法直观性强、计算简便,但只适于问题中有两个变量的情况。通过图解法,便于建立 n 维空间中线性规划问题的概念以及一般线性规划模型的单纯形法的思路。

例 7.1.3   用图解法求解线性规划问题:

$$\max z = 2x_1 + 3x_2$$

$$\text{s. t.} \begin{cases} 2x_1 + 2x_2 \leqslant 12 \\ x_1 + 2x_2 \leqslant 8 \\ 4x_1 \leqslant 16 \\ 4x_2 \leqslant 12 \\ x_1, x_2 \geqslant 0 \end{cases}$$

解　图解法的步骤说明如下：

（1）确定可行域。绘制约束等式直线，确定由约束等式直线决定的两个区域中哪个区域对应着由约束条件所定义的正确的不等式。通过画出指向正确区域的箭头来说明这个正确区域，进而确定可行域。例 7.1.3 中的可行域是以 $O(0，0)$、$A(0，3)$、$B(2，3)$、$C(4，2)$、$D(0，4)$ 为顶点的凸 5 边形，如图 7.1.1 所示。

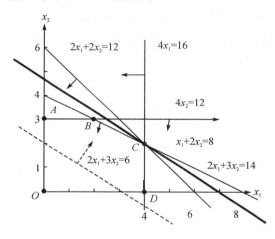

图 7.1.1　线性规划可行域

（2）画出一条目标函数的等值线 $2x_1 + 3x_2 = 6$，如图 7.1.1 中的虚线所示，标出目标值改进的方向。

（3）确定最优解。目标函数的等值线朝着不断改进的目标函数值的方向移动时（向上），目标函数值增大（如图 7.1.1 中粗实线所示）。由于问题的解要满足全部约束条件，因此目标函数的等值线要与可行域有交点。当目标函数的等值线移动到 $2x_1 + 3x_2 = 14$ 时，它与可行域只有一个交点，再往上移动时，与可行域不再有交点。这表明最优解为 $x_1 = 4$，$x_2 = 2$，最优目标函数值为 14。

例 7.1.1 求解得到的问题的最优解是唯一的，但对一般线性规划问题，求解结果还可能出现以下几种情况：① 唯一最优解；② 多重最优解；③ 无界解；④ 无可行解。

当线性规划问题的求解结果出现③、④两种情况时，一般说明线性规划问题建模有错误。前者缺乏必要的约束条件，后者是有矛盾的约束条件，建模时应注意。

对 n 个变量的线性规划，单纯形法是求解该问题的最常用、最有效的算法之一。单纯形法的思想是：从一个可行域的某个顶点（基本可行解）出发，转化到另一个更好的顶点（使目标函数值有所改善的基本可行解），通过不断改善基本可行解，最终达到目标函数最优的顶点（求得问题的最优解）。这里不具体介绍单纯形法，有兴趣的读者可以参看其他线性规划书籍。一般而言，在解决实际问题的过程中，往往问题的规模较大，通常使用 LINGO 或 MATLAB 软件求解。

　　MATLAB 软件中规定线性规划的标准形式为

$$\min_{x} c' x$$

$$\text{s. t.} \begin{cases} Ax \leqslant b \\ Aeq \cdot x = beq \\ lb \leqslant x \leqslant ub \end{cases}$$

其中，c 和 x 为 n 维列向量，A、Aeq 为适当维数的矩阵，b、beq 为适当维数的列向量。lb、ub 是 x 的上、下界。

　　基本函数形式为 linprog(c，A，b)，它的返回值是向量 x 的值。此外，其他的一些函数调用形式（在 MATLAB 指令窗口中运行 help linprog，可以看到所有的函数调用形式），如

$$[x, \text{fval}] = \text{linprog}(c, A, b, Aeq, beq, lb, ub, x_0, \text{OPTIONS})$$

这里 fval 返回目标函数的值，x_0 是 x 的初始值，OPTIONS 是控制参数。

　　例 7.1.4　求解下列线性规划问题：

$$\max z = 2x_1 + 3x_2 - 5x_3$$

$$\begin{cases} x_1 + x_2 + x_3 = 7 \\ 2x_1 - 5x_2 + x_3 \geqslant 10 \\ x_1, x_2, x_3 \geqslant 0 \end{cases}$$

　　解　（1）编写 M 文件：

$c = [2; 3; -5];$

$a = [-2, 5, -1]; b = -10;$

$Aeq = [1, 1, 1];$

$beq = 7;$

$x = \text{linprog}(-c, a, b, Aeq, beq, \text{zeros}(3, 1))$

$\text{value} = c' * x$

（2）将 M 文件存盘，并命名为 example1. m。

（3）在 MATLAB 指令窗口中运行 example1. m，即可得所求结果。

LINGO 求解线性规划方法类似，不再赘述。

7.2　整数规划建模方法

　　整数规划建模方法（简称为整数规划）是一类要求至少有一个变量取值为整数的数学规划建模方法。若规划中的变量全部限制为整数，则称其为纯整数规划，否则是混合整数规划。若整数规划中目标函数和约束条件都是线性的，则称之为整数线性规划。对于整数线性规划，大致可分为三类：

（1）变量全限制为整数时，称为纯（完全）整数线性规划；

（2）变量部分限制为整数时，称为混合整数线性规划；

（3）变量只能取 0 或 1 时，称之为 0-1 线性规划。下面通过例子来了解整数线性规划

的解的情况。

例 7.2.1　求下列整数线性规划的解：

$$\max Z = 4x_1 + 3x_2$$

$$\begin{cases} 1.2x_1 + 0.8x_2 \leqslant 10 \\ 2x_1 + 2.5x_2 \leqslant 25 \\ x_1, x_2 \geqslant 0,\text{且均取整数} \end{cases}$$

如果不考虑 x_1、x_2 取整数的约束（称为上式的松弛问题），线性规划的可行域如图 7.2.1 中的阴影部分所示。

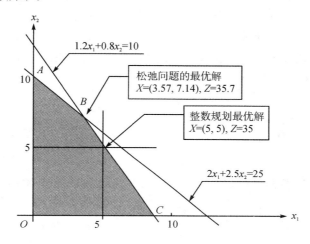

图 7.2.1　整数线性规划的可行域

用图解法求得点 B 为最优解：$X = (3.57, 7.14)$，$Z = 35.7$。由于 x_1、x_2 必须取整数值，整数规划问题的可行解集只能是图中可行域内的那些整数点。用凑整法求解时需要比较四种组合，但 $(4,7)$、$(4,8)$、$(3,8)$ 都不是可行解，$(3,7)$ 虽属可行解，但代入目标函数得 $Z = 33$，并非最优。实际上问题的最优解是 $(5,5)$，$Z = 35$。由图 7.2.1 知，点 $(5,5)$ 不是可行域的顶点，直接用图解法或单纯形法都无法求出整数规划问题的最优解，因此求解整数规划问题的最优解需要采用其他特殊方法。

常规的整数规划求解的基本思想是：由松弛问题中的约束条件（譬如去掉整数约束条件），得到易于求解的新问题——松弛问题（A），如果这个问题（A）的最优解是原问题的可行解，则就是原问题的最优解；否则，在保证不改变松弛问题的可行性的条件下，修正松弛问题（A）的可行域（增加新的约束），变成新的问题（B），再求问题（B）的解，重复这一过程，直到修正问题的最优解在原问题的可行域内为止，即得到原问题的最优解。常用的求纯或混合整数线性规划的方法有分枝定界法、割平面法，求 0 - 1 整数规划的隐枚举法，解决指派问题的匈牙利法等等。

1. 分枝定界法

分枝定界法是 20 世纪 60 年代初由 Land Doig 和 Dakin 等人提出的。由于该方法灵活且便于用计算机求解，所以现在它已经是解整数规划的重要方法。分枝定界法解整数规划的主要思想是：把全部可行解空间反复地分割为越来越小的子集，称为分枝；并且对每个子集内的解集计算一个目标上界（对于最大值问题），这称为定界。在每次分枝后，凡是界限不优于已知可行解集目标值的那些子集不再进一步分枝，这样，许多子集可不予考虑，这个过程称为剪枝。如此不断分枝定界，直到求得最优解。

分枝定界法的步骤为：

（1）求整数规划的松弛问题最优解；

（2）若松弛问题的最优解满足整数要求，得到整数规划的最优解，否则转下一步。

（3）任意选一个非整数解的变量 x_i，在松弛问题中加上约束 $x_i \leqslant [x_i]$ 及 $x_i \geqslant [x_i] + 1$，组成两个新的松弛问题，称为分枝。新的松弛问题具有如下特征：当原问题是求最大值时，目标值是分枝问题的上界；当原问题是求最小值时，目标值是分枝问题的下界。

（4）检查所有分枝的解及目标函数值，若某分枝的解是整数并且目标函数值大于等于其他分枝的目标值，则将其他分枝剪去不再计算；若还存在非整数解并且目标值大于整数解的目标值，需要继续分枝，再检查，直到得到最优解。下面用例子说明这个过程。

例 7.2.2　用分枝定界法求解例 7.2.1。

$$\max Z = 4x_1 + 3x_2$$

$$\text{LP0} \begin{cases} 1.2x_1 + 0.8x_2 \leqslant 10 \\ 2x_1 + 2.5x_2 \leqslant 25 \\ x_1, x_2 \geqslant 0 \end{cases}$$

解　先求对应的松弛问题（记为 LP0）：用图解法得到最优解 $X = (3.57, 7.14)$，$Z_0 = 35.7$，如图 7.2.2 所示。

$$\text{LP1} \begin{cases} \max Z = 4x_1 + 3x_2 \\ 1.2x_1 + 0.8x_2 \leqslant 10 \\ 2x_1 + 2.5x_2 \leqslant 25 \\ x_1 \leqslant 3 \\ x_1, x_2 \geqslant 0 \end{cases} \qquad \text{LP2} \begin{cases} \max Z = 4x_1 + 3x_2 \\ 1.2x_1 + 0.8x_2 \leqslant 10 \\ 2x_1 + 2.5x_2 \leqslant 25 \\ x_1 \geqslant 4 \\ x_1, x_2 \geqslant 0 \end{cases}$$

图解法如图 7.2.3 所示。选择目标值最大的分枝 LP2 进行分枝，增加约束 $x_2 \leqslant 6$ 及 $x_2 \geqslant 7$，由图 7.2.3 知 $x_2 \geqslant 7$ 不可行，因此得到线性规划 LP3，图解法如图 7.2.4 所示。

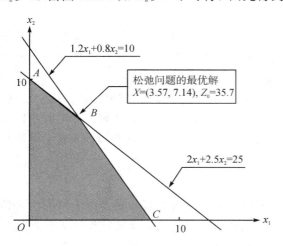

图 7.2.2　松弛问题图解法

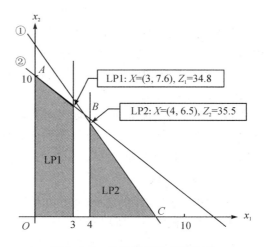

图 7.2.3　分枝定界法之图解法

$$\max Z = 4x_1 + 3x_2$$

$$\text{LP3}\begin{cases}1.2x_1 + 0.8x_2 \leqslant 10 \\ 2x_1 + 2.5x_2 \leqslant 25 \\ x_1 \geqslant 4,\ x_2 \leqslant 6 \\ x_1,\ x_2 \geqslant 0\end{cases}$$

由图 7.2.4 可知，对 x_1 进行分枝，取 $x_1 \leqslant 4$ 及 $x_1 \geqslant 5$，得到两个线性规划 LP4 和 LP5。显然 LP4 的可行解在 $x_1 = 4$ 的线段上，图解法如图 7.2.5 所示。

$$\text{LP4}\begin{cases}\max Z = 4x_1 + 3x_2 \\ 1.2x_1 + 0.8x_2 \leqslant 10 \\ 2x_1 + 2.5x_2 \leqslant 25 \\ x_1 \geqslant 4,\ x_2 \leqslant 6,\ x_1 \leqslant 4 \\ x_1,\ x_2 \geqslant 0\end{cases} \qquad \text{LP5}\begin{cases}\max Z = 4x_1 + 3x_2 \\ 1.2x_1 + 0.8x_2 \leqslant 10 \\ 2x_1 + 2.5x_2 \leqslant 25 \\ x_1 \geqslant 5,\ x_2 \leqslant 6 \\ x_1,\ x_2 \geqslant 0\end{cases}$$

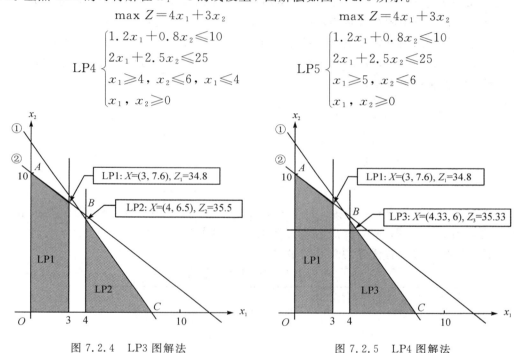

图 7.2.4　LP3 图解法　　　　　　　图 7.2.5　LP4 图解法

从图 7.2.5 知，LP4 和 LP5 已是整数解，尽管 LP1 还可以对 x_2 分枝，但 Z_1 小于 Z_5，比较目标值 LP5 的解是整数规划的最优解，最优解为 $x_1 = 5$，$x_2 = 5$，最优值 $Z = 35$。

上述分枝过程可用图 7.2.6 表示。

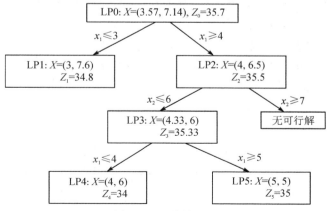

图 7.2.6　分枝过程

由例 7.2.2 的求解过程看出，分枝定界法求解整数规划要比单纯形法求解线性规划复杂得多；分枝定界法本质上还是一种枚举法。对于变量较多的大型整数规划问题，即使是用计算机进行计算，所耗时间也令人难以容忍。

2. 0-1 整数规划与隐枚举法

0-1 整数规划是整数规划中的特殊情形，其变量 x_j 仅取值 0 或 1，该种模型在实际中有着广泛的应用。

例 7.2.3（背包问题）　某人打算外出旅游并登山，需要带 n 件物品，重量分别为 a_i，受到个人体力所限，行李的总重量不能超过 b；若超过，则需要裁减。该旅行者为了决策带哪些物品，对这些物品的重要性进行了量化，用 c_i 表示。试建立该问题的数学模型。

解题时先引入 0-1 变量 $x_i (i=1,2,\cdots,n)$，$x_i=1$ 表示物品 i 放入背包中，否则为不放，于是背包问题可表示成

$$\max z = \sum_{i=1}^{n} c_i x_i$$

$$\text{s.t.} \begin{cases} \sum_{i=1}^{n} a_i x_i \leqslant b \\ x_i = 0 \text{ 或 } 1 \quad i=1,2\cdots,n \end{cases}$$

例 7.2.4　设某单位有 4 个人，每个人都有能力完成 4 项科研任务中的任一项，由于 4 个人的能力和经验不同，所需完成各项任务的时间如表 7.2.1 所示。试求：分配何人去完成何项任务，则完成所有任务的总时间最少？

表 7.2.1　任务分配表

项目　人员	A	B	C	D
甲	2	15	13	4
乙	10	4	14	15
丙	9	14	16	13
丁	7	8	11	9

设决策变量 x_{ij} 表示第 i 个人完成第 j 项任务，即

$$x_{ij} = \begin{cases} 1, & \text{当第 } i \text{ 个人完成第 } j \text{ 项任务时} \\ 0, & \text{当第 } i \text{ 个人不完成第 } j \text{ 项任务时} \end{cases} \quad 1 \leqslant i,j \leqslant 4$$

每个人完成一项任务的约束为

$$\begin{cases} x_{11}+x_{12}+x_{13}+x_{14}=1 \\ x_{21}+x_{22}+x_{23}+x_{24}=1 \\ x_{31}+x_{32}+x_{33}+x_{34}=1 \\ x_{41}+x_{42}+x_{43}+x_{44}=1 \end{cases}$$

每一项任务必有一人完成的约束为

$$\begin{cases} x_{11}+x_{21}+x_{31}+x_{41}=1 \\ x_{12}+x_{22}+x_{32}+x_{42}=1 \\ x_{13}+x_{23}+x_{33}+x_{43}=1 \\ x_{14}+x_{24}+x_{34}+x_{44}=1 \end{cases}$$

完成任务的总时间，即目标函数为

$$\min z = 2x_{11}+15x_{12}+13x_{13}+4x_{14}+10x_{21}+4x_{22}+14x_{23}+15x_{24}+$$
$$9x_{31}+14x_{32}+16x_{33}+13x_{34}+7x_{41}+8x_{42}+11x_{43}+9x_{44}$$

记系数矩阵为 $\boldsymbol{C}=(c_{ij})=\begin{bmatrix} 2 & 15 & 11 & 4 \\ 10 & 4 & 14 & 15 \\ 9 & 14 & 16 & 13 \\ 7 & 8 & 11 & 9 \end{bmatrix}$，称其为效益矩阵，或价值矩阵，$c_{ij}$ 表示

第 i 个人完成第 j 项任务时有关的效益（时间、费用、价值等）。故该问题的数学模型为

$$\min z = \sum_{i=1}^{4}\sum_{j=1}^{4}c_{ij}x_{ij}$$

$$\text{s.t.} \begin{cases} \sum_{j=1}^{4}x_{ij}=1 & i=1,2,3,4 \\ \sum_{i=1}^{4}x_{ij}=1 & j=1,2,3,4 \\ x_{ij}=0 \text{ 或 } 1 & i,j=1,2,3,4 \end{cases}$$

解　0-1 整数规划最容易想到的方法就是穷举法，即检查变量取值为 0 或 1 的每一种组合，比较目标函数值以求得最优解。对于有 n 个变量的 0-1 整数规划，这就需要检查变量取值的 2^n 个组合。当变量个数 n 较大（例如 $n>10$）时，这几乎是不可能的。因此常设计一些方法，只检查变量取值组合的一部分，就能求到问题的最优解。这样的方法称为隐枚举法。分枝定界法也是一种隐枚举法。当然，对有些问题，隐枚举法并不适用，所以有时穷举法还是必要的。

例 7.2.5　用隐枚举法求下列 0-1 整数规划的解。

$$\max z = 3x_1 - 2x_2 + 5x_3$$

$$\text{s.t.} \begin{cases} x_1+2x_2-x_3 \leqslant 2 \\ x_1+4x_2+x_3 \leqslant 4 \\ x_1+x_2 \leqslant 3 \\ 4x_2+x_3 \leqslant 6 \\ x_1,x_2,x_3=0 \text{ 或 } 1 \end{cases}$$

求解思路及改进措施：

(1) 先试探性求一个可行解，易看出 $(x_1,x_2,x_3)=(1,0,0)$ 满足约束条件，故其为一个可行解，且相应的目标函数值为 $z=3$。

(2) 因为是求极大值问题，故求最优解时，凡是目标值 $z<3$ 的解，不必检验它是否满足约束条件即可删除，因为它肯定不是最优解，于是应增加一个约束条件（目标值下界）：

$$3x_1-2x_2+5x_3 \geqslant 3$$

称该条件为过滤条件。从而原问题等价于

$$\max z = 3x_1 - 2x_2 + 5x_3$$

$$\text{s.t.} \begin{cases} 3x_1 - 2x_2 + 5x_3 \geqslant 3 & \text{(a)} \\ x_1 + 2x_2 - x_3 \leqslant 2 & \text{(b)} \\ x_1 + 4x_2 + x_3 \leqslant 4 & \text{(c)} \\ x_1 + x_2 \leqslant 3 & \text{(d)} \\ 4x_2 + x_3 \leqslant 6 & \text{(e)} \\ x_1, x_2, x_3 = 0 \text{ 或 } 1 & \text{(f)} \end{cases}$$

若用全部枚举法,3 个变量共有 8 种可能的组合,依次检验这 8 种组合是否满足条件 (a)~(e)。对某个组合,若它不满足 (a),即不满足过滤条件,则 (b)~(e) 即可行性条件,不必再检验;若它满足 (a)~(e) 且相应的目标值严格大于 3,则进行下一步。

(3) 改进过滤条件。

(4) 由于对每个组合首先计算目标值以验证过滤条件,故应优先计算目标值较大的组合,这样可提前抬高过滤门槛,以减少计算量。

按上述思路与方法,例 7.2.5 的求解过程可由表 7.2.2 来表示。

表 7.2.2 例 7.2.5 的求解过程

(x_1, x_2, x_3)	目标值	约束条件 (a) (b) (c) (d) (e)	过滤条件
$(0, 0, 0)$	0	×	
$(1, 0, 0)$	3	√ √ √ √ √	$3x_1 - 2x_2 + 5_3 \geqslant 3$
$(0, 1, 0)$	−2	×	
$(0, 0, 1)$	5	√ √ √ √	$3x_1 - 2x_2 + 5_3 \geqslant 5$
$(1, 1, 0)$	1	×	
$(1, 0, 1)$	8	√ √ √ √ √	$3x_1 - 2x_2 + 5_3 \geqslant 8$
$(1, 1, 1)$	6		
$(0, 1, 1)$	3	×	

从而得最优解 $(x_1^*, x_2^*, x_3^*) = (1, 0, 1)$,最优值 $z^* = 8$。

综上,隐枚举法原理与算法步骤如下:

(1) 用试探法求出一个可行解,以它的目标值作为当前最优值 Z^0,将 n 个决策变量构成的 X 的 2^n 个取值组合按二进制(或某种顺序)排列。

(2) 按上述顺序对 X 的取值首先检验 $Z = CX \geqslant Z^0$ 是否成立,若不成立则放弃该取值的 X,按次序换 (1) 中下一 X 的取值,重复上述过程;若成立,则转下一步。

(3) 对 X 逐一检验 $AX \leqslant b$ 中的 m 个条件是否满足,一旦某一条件不满足便停止检验后面的条件,而放弃这一 X 的取值,按次序换 (1) 中下一 X 的取值执行 (2);若 m 个条件全满足,则转下一步。

(4) 记 $Z^0 = \max(Z^0, Z)$,按次序换 (1) 中下一 X 的取值,执行 (2)。

(5) 最后一组满足 $Z = CX \geqslant Z^0$ 和 $AX \leqslant b$ 的 X 即为最优解。

3. 匈牙利法

将例 7.2.4 一般化，即为一般的指派（分派）问题：设某单位有 n 项任务，正好需要 n 个人完成，由于任务的性质和各人的专长不同，如果分配每个人仅能完成一项任务，应如何分派使完成 n 项任务的总效益（或效率）最高？

设该指派问题有相应的效益矩阵 $C = (c_{ij})_{n \times n}$，其元素 c_{ij} 表示分配第 i 个人完成第 j 项任务时的效益（$\geqslant 0$），或者说，以 c_{ij} 表示给定的第 i 个单位资源分配用于第 j 项活动时的有关效益。

设问题的决策变量为 x_{ij}，是 $0-1$ 变量，即

$$x_{ij} = \begin{cases} 1, & \text{当分配第 } i \text{ 个单位资源用于第 } j \text{ 项活动时} \\ 0, & \text{当不分配第 } i \text{ 个单位资源用于第 } j \text{ 项活动时} \end{cases} \quad i, j = 1, 2, \cdots, n$$

其数学模型为

$$\min z = \sum_{i=1}^{n} \sum_{j=1}^{n} c_{ij} x_{ij}$$

$$\text{s. t.} \begin{cases} \sum_{j=1}^{n} x_{ij} = 1 & i = 1, 2, \cdots, n \\ \sum_{i=1}^{n} x_{ij} = 1 & j = 1, 2, \cdots, n \\ x_{ij} = 0 \text{ 或 } 1 & i, j = 1, 2, \cdots, n \end{cases}$$

解指派问题的有效算法是匈牙利算法。匈牙利算法是从这样一个明显的事实出发的：如果效益矩阵的所有元素 $c_{ij} \geqslant 0$，而其中存在一组位于不同行、不同列的零元素，则只要令对应于这些零元素位置的 $x_{ij} = 1$，其余的 $x_{ij} = 0$，则 $\min z = \sum_{i=1}^{n} \sum_{j=1}^{n} c_{ij} x_{ij}$ 就是问题的最优解。

假如效益矩阵为

$$\begin{bmatrix} 0 & 14 & 9 & 3 \\ 9 & 20 & 0 & 23 \\ 23 & 0 & 3 & 8 \\ 0 & 12 & 14 & 0 \end{bmatrix}$$

显然，令 $x_{11} = 1$，$x_{23} = 1$，$x_{32} = 1$，$x_{44} = 1$，即将第一项工作分配给甲，第二项工作分配给丙，第三项给乙，第四项给丁，这时完成总工时的时间最少。但是如何产生并寻找这组位于不同行、不同列的零元素呢？匈牙利数学家克尼格证明了如下定理：如果从分配问题效益矩阵 (c_{ij}) 的每一行元素中分别减去（或加上）一个常数 u_i，从每一列分别减去（或加上）一个常数 v_j，得到新效率矩阵 (d_{ij})，其中 $d_{ij} = c_{ij} - u_i - v_j$，则 (d_{ij}) 的最优解等价于 (c_{ij}) 的最优解。基于此定理建立起来的解分配问题的计算方法被称为匈牙利算法。

例 7.2.6 求解指派问题，其系数矩阵为

$$C = \begin{bmatrix} 16 & 15 & 19 & 22 \\ 17 & 21 & 19 & 18 \\ 24 & 22 & 18 & 17 \\ 17 & 19 & 22 & 16 \end{bmatrix}$$

解　将第一行元素减去此行中的最小元素 15，同样，第二行元素减去 17，第三行元素减去 17，最后一行元素减去 16，得

$$B_1 = \begin{bmatrix} 1 & 0 & 4 & 7 \\ 0 & 4 & 2 & 1 \\ 7 & 5 & 1 & 0 \\ 1 & 3 & 6 & 0 \end{bmatrix}$$

再将第三列元素各减去 1，得

$$B_2 = \begin{bmatrix} 1 & 0^* & 3 & 7 \\ 0^* & 4 & 1 & 1 \\ 7 & 5 & 0^* & 0 \\ 1 & 3 & 5 & 0^* \end{bmatrix}$$

以 B_2 为系数矩阵的指派问题有最优指派：

$$\begin{bmatrix} 1 & 2 & 3 & 4 \\ 2 & 1 & 3 & 4 \end{bmatrix}$$

下面给出一般的匈牙利算法的计算步骤。

第 1 步：对效益矩阵进行变换，使每行每列都出现 0 元素。

(1) 从效益矩阵 C 中每一行减去该行的最小元素；

(2) 在所得矩阵中每一列减去该列的最小元素，所得矩阵记为 $D = (d_{ij})_{n \times n}$。

第 2 步：将矩阵 D 中 0 元素置为 1 元素，非零元素置为 0 元素，记此矩阵为 E。

第 3 步：确定独立 1 元素组。

(1) 在矩阵 E 含有 1 元素的各行中选择 1 元素最少的行，比较该行中各 1 元素所在的列中 1 元素的个数，选择 1 元素的个数最少的一列的那个 1 元素；

(2) 将所选的 1 元素所在的行和列清 0；

(3) 重复第(2)步和第(3)步，直到没有 1 元素为止，即得到一个独立 1 元素组。

第 4 步：判断是否为最大独立 1 元素组。

(1) 如果所得独立 1 元素组是原效益矩阵的最大独立 1 元素组（即 1 元素的个数等于矩阵的阶数），则得到最优解，停止计算。

(2) 如果所得独立 1 元素组还不是原效益矩阵的最大独立 1 元素组，那么利用寻找可扩路的方法对其进行扩张，进行下一步。

第 5 步：利用寻找可扩路方法确定最大独立 1 元素组。

(1) 作最少的直线，覆盖矩阵 D 的所有 0 元素；

(2) 在没有被直线覆盖的部分找出最小元素，在被直线覆盖的各行减去此最小元素，在被直线覆盖的各列加上此最小元素，得到一个新的矩阵，返回第(2)步。

说明　上面的算法是按最小化问题给出的，如果是最大化问题，即模型中的目标函数换为 $\max z = \sum\limits_{i=1}^{n} \sum\limits_{j=1}^{n} c_{ij} x_{ij}$。令 $M = \max\limits_{i,j}(c_{ij})$ 和 $b_{ij} = M - c_{ij} \geqslant 0$，则效益矩阵变为 $B = (b_{ij})_{n \times n}$。于是考虑目标函数为 $\min z = \sum\limits_{i=1}^{n} \sum\limits_{j=1}^{n} b_{ij} x_{ij}$ 的问题，仍用上面的方法步骤求解所得最小解，也就是对应原问题的最大解。

MATLAB 软件提供了求解整数规划的函数 intlinprog，它的用法和 linprog 差不多。读者可以反复实践，熟悉 MATLAB 软件中相应的命令。

例 7.2.7 碎纸片拼接(2013CUMCM B 题)。

破碎文件的拼接在司法物证复原、历史文献修复以及军事情报获取等领域都有着重要的应用。传统上，拼接复原工作需由人工完成，准确率较高，但效率很低，特别是当碎片数量巨大、人工拼接很难在短时间内完成时。随着计算机技术的发展，人们试图开发碎纸片的自动拼接技术，以提高拼接复原效率。

对于给定的来自同一页印刷文字文件的碎纸机破碎纸片(仅纵切)，建立碎纸片拼接复原模型和算法，并针对附件 1、附件 2 中给出的中、英文各一页文件的碎片数据进行拼接复原。如果复原过程需要人工干预，请写出干预方式及干预的时间节点，复原结果以图片形式及表格形式表达。

问题分析　现要将来自同一页印刷文字文件(全中文或全英文)的 19 个形状完全相同的碎纸机破碎纸片(仅纵切)进行拼接复原，类比于拼图游戏，可认为当且仅当这两个碎纸片的边缘"契合度"最高时两个碎纸片能够拼接在一起，所以，问题的关键转化为寻找合适的刻画两碎纸片边缘"契合度"的指标，原碎纸片的拼接复原问题转化为优化问题。应用整数规划方法建立模型即可解决此问题。

从例 7.2.6 可以看出，对于规划模型的目标函数，尤其是其约束条件，一般需要仔细分析问题、进行必要的提炼综合才能得到。这一步是模型建立以前的准备阶段，也是数学建模过程中至关重要的一步。

模型准备(图片的预处理)　因为考虑到所给的信息均为图片形式，为了能够运用一些数学特征来表征图片的信息，使得问题科学方便地解决，这里先利用 MATLAB 软件里面的 imread 函数读出每张图片文件的数据，简单地说，就是读取一个二维数组，这个二维数组存储着一张图片各个像素点的灰度值。我们将所给图片(例如附件 1 均为 72×1980 的图片)分为 72×1980 个 1×1 的像素点，分别将每个像素点的灰度值读取出来，把有黑—灰—白连续变化的灰度值量化为 256 个灰度级，灰度值的范围为 $0 \sim 255$，表示亮度从深到浅，对应图像中的颜色为黑到白，从而构建出一个 72×1980 的矩阵。通过这种二维的灰度值矩阵，将每张图片的信息存储下来以备使用。

相似度刻画的指标的选择：在需要解决的问题中，均涉及文字的拼接，所以如何来衡量两张图片可以合理地拼接在一起是非常关键的。考虑到两张可以连接到一起的图片，其上可以连接在一起的笔画在图片的边沿非常小的一段内具有很高的相似性，但是如何刻画其相似度，对这一指标的选取需要进一步探讨。

判断两个向量的相似程度，一般采用计算距离的方法。而衡量两个向量的距离有很多指标，比较常用的距离为 Euclidean 距离和 Manhattan 距离。Euclidean 距离的计算如式(7.2.1)所示，Manhattan 距离的计算如式(7.2.2)所示。

$$d(x, y) = \sqrt{\left(\sum_{i=1}^{N} |x_i - y_i|^2 \right)} \tag{7.2.1}$$

$$d(x, y) = \left(\sum_{i=1}^{N} |x_i - y_i| \right) \tag{7.2.2}$$

其中，Manhattan 距离运算量较小，简单明了，对于向量中每个元素的误差都同等对待。而

Euclidean 距离在一定程度上放大了较大元素误差在距离测量中的作用。对比两种距离的特点，因此选取 Euclidean 距离作为衡量两个向量的相似程度，具体情形见表 7.2.3。

表 7.2.3　距离及计算公式

距 离 种 类	计 算 公 式
Euclidean 距离	$d(x, y) = \sqrt{\left(\sum\limits_{i=1}^{N} \mid x_i - y_i \mid^2 \right)}$
Manhattan 距离	$d(x, y) = \left(\sum\limits_{i=1}^{N} \mid x_i - y_i \mid \right)$

此问题本质上是进行文字的拼接，而能拼接到一起的两张图片在边沿非常小的一段内具有很高的相似性，这里采用每张图片灰度值矩阵的最左与最右两个列向量作为这张图片的特征值，然后用一张图片最右的这个列向量和其他图片最左的列向量进行匹配，通过这两个向量的 Euclidean 距离

$$l_{ij} = \sum (\boldsymbol{G}_i^{\mathrm{r}} - \boldsymbol{G}_j^{\mathrm{l}})^2 \quad i \neq j \tag{7.2.3}$$

来作为评价指标。式中，l_{ij} 表示的是第 i 张图片右边的灰度向量与第 j 张图片左边的灰度向量之间的 Euclidean 距离，$\boldsymbol{G}_i^{\mathrm{r}}$ 表示第 i 张图片右边的灰度向量，$\boldsymbol{G}_j^{\mathrm{l}}$ 表示第 j 张图片左边的灰度向量，两张图片边界的灰度向量的 Euclidean 距离越小，其匹配程度越好。整张图片拼接匹配的目标为拼接出来的图片的边界灰度向量的 Euclidean 距离之和最小。而一张完整的纸的两端均是全白色，故两端可拼接到一起。因为每张图片的右侧只可能紧密连接一张图，并且每张图片只用一次，故可以将两张图片之间这个向量的距离抽象为两地的距离，从而可以将这个问题抽象为一个 TSP(Travelling Salesman Problem)问题进行求解。

TSP 问题即旅行商问题。假设有一个旅行商要拜访 n 个城市，他必须选择所要走的路径，路径的限制是每个城市只能拜访一次，而且最后要回到原来出发的城市。路径的选择目标使求得的路径为所有路径中最小的。

模型的建立　为了求解这个 TSP 问题，建立以第 i 张图片的右边是否与第 j 张图片的左边相连为决策变量，以所有相连接图片的右边的灰度向量与图片的左边的灰度向量这两个向量的距离之和最小为目标函数，建立一个 0 - 1 整数规划模型，其约束条件具体如下：

(1) 每张图片的右边只有一张图片与之相连；

(2) 每张图片的左边只有一张图片与之相连。

具体模型如下：

$$\min \sum_{i=1}^{19} \sum_{j=1}^{19} (l_{ij} \times x_{ij}) \tag{7.2.4}$$

$$\text{s. t.} \begin{cases} x_{ij} = \begin{cases} 1 & \text{第 } i \text{ 张图片的右侧与第 } j \text{ 张图片的左侧相连接} \\ 0 & \text{第 } i \text{ 张图片的右侧与第 } j \text{ 张图片的左侧不相连接} \end{cases} \\ \sum\limits_{i=1}^{19} x_{ij} = 1 \quad j = 1, 2, \cdots, 19 \\ \sum\limits_{j=1}^{19} x_{ij} = 1 \quad i = 1, 2, \cdots, 19 \end{cases}$$

式中，l_{ij} 表示的是第 i 张图片的右边的灰度向量与第 j 张图片的左边的灰度向量这两个向

量的距离，x_{ij} 表示第 i 张图片的右侧是否与第 j 张图片的左侧相连。

模型的求解与结果　运用 LINGO 求解上述 0-1 整数规划模型，结果会呈现一个封闭的圆环，出现这种情况的原因是一整页纸的首尾都是空白的，其两张图片边缘的灰度向量之间的距离会非常小，故会连接成一个圆环。所以需确定页面从哪里切开。通过 MATLAB 软件将每张图片的左侧向内延伸若干个像素点，若在这个矩阵内的灰度值均为 255，即均为白色，则可以断定它为这张完整的纸的位于最左侧的子图片。所以将该圆环从这张图片的左侧切开即可。

具体的中文（即数模原题附件 1）和英文（即数模原题附件 2）拼接方案分别如表 7.2.4 和表 7.2.5 所示，拼接与模型求解结果一样，故不再赘附原图。

表 7.2.4　中文拼接顺序

008	014	012	015	003	010	002	016	001	004	005	009	013	018	011	007	017	000	006

表 7.2.5　英文拼接顺序

003	006	002	007	015	018	011	000	005	001	009	013	010	008	012	014	017	016	004

7.3　多目标规划建模方法

在许多实际的最优化问题中，衡量一个方案的好坏往往很难用一个指标来判断，需要用多个指标来比较。例如，在购买商品时，人们既要考虑商品的价格，又要考虑商品的质量，甚至要考虑商品的性能等等，这一类问题即目标函数有两个或两个以上的优化问题称为多目标优化问题。解决多目标优化问题的方法就是多目标规划建模方法，也称为多目标优化建模方法（简称为多目标规划或者多目标优化，简记为 MOP），它是大学生数学建模竞赛中经常使用的建模方法。

多目标规划问题最早由法国经济学家在 1896 年开始研究，由于多目标规划问题考虑的目标多，而有些目标之间可能彼此矛盾，这就使多目标问题求解成为一个复杂而困难的问题。目标函数在很多情况下不可能同时满足多个目标的要求，因而，多目标规划问题很少有最优解。然而实际情况又要求我们做出选择，求得一个比较好的解决方案。那么，到底什么样的解决方案（解）才是我们需要的呢？对于同一个问题，不同的要求会导致不同的求解标准，从而就会得到不同的求解结果。为此，必须给出多目标最优化问题的解的有关概念。

一般多目标规划问题的模型为

$$\min f(x) = (f_1(x), f_2(x), \cdots, f(x)) \tag{7.3.1}$$

$$\text{s.t.}\quad g_i(x) \geqslant 0, \ i \in N \tag{7.3.2}$$

$$h_j(x) = 0 \quad j \in N \tag{7.3.3}$$

记可行域为

$$S = \{x \in \mathbf{R}^n : g_i(x) \geqslant 0, h_j(x) = 0, i, j \in N\}$$

（1）最优解。满足约束条件且使所有目标函数达到要求的最大值或最小值的点称为多目标优化问题的最优解。

（2）可行解。满足多目标规划问题的约束条件的点称为可行解。

（3）条件最优解。满足多目标规划问题的约束条件且满足所设定条件的可行解称为条件最优解。

对于一个多目标规划问题，即使最优解存在，其求解也是十分困难的，特殊情况下，可以用搜索法求解。为了求得满足要求的解，常常不得不设定一些新的条件，从而求得条件最优解。设定新条件的方法是求解多目标规划问题的基本方法。

常用的多目标优化问题的解法有基于一个单目标问题的方法和基于多个单目标问题的方法，现具体介绍如下。

1. 基于一个单目标问题的方法

该方法的主要思想是把原来的多目标规划问题转化成一个单目标规划问题，然后利用优化算法求解该单目标规划问题，把所求得的最优解作为多目标问题的最优解。

一种常见的求解多目标规划的方法是评价函数法，其基本思想是将多目标规划问题转化为一个单目标规划问题来求解，而且该单目标规划问题的目标函数是用多目标问题的各目标函数构造出来的，称之为评价函数。例如，若原多目标规划问题的目标函数为 $f(x)$，则可以通过各种不同的方式构造评价函数 $h(f(x))$，然后求解如下问题：

$$\begin{cases} \min h(f(x)) \\ \text{s. t. } x \in \mathbf{R}^n \end{cases}$$

求解上述问题之后，可以用上述问题的最优解 x^* 作为多目标规划问题的最优解。正是由于可以用不同的方法来构造评价函数，因此有各种不同的评价函数方法，例如理想点法、平方和加权法、线性加权和法、乘除法、最大最小法。下面主要介绍线性加权和法。

1）线性加权和法

根据 p 个目标函数 f_j 的重要程度，分别赋予其一定的权系数 λ_j，然后将所有的目标函数加权求和，作为新的目标函数，在 MOP 的可行域 S 上求出新目标函数的最优值。

问题可转化为如下单目标优化问题：

$$(\text{SP}_\lambda) \quad \begin{aligned} &\min \quad \sum_j \lambda_j f_j(x) \\ &\text{s. t. } x \in S = \{x \in \mathbf{R}^n \mid g(x) \geqslant 0, h(x) = 0\} \end{aligned}$$

其中，$\lambda_j > 0$，$\sum_j \lambda_j = 1$，f、g、h 为函数。

除了通过加权的方式把多目标问题转化为单目标规划问题以外，下面给出几种常用的目标函数。

（1）均衡优化函数：

$$f(f_1, f_2, \cdots, f_s) = f_1 + f_2 + \cdots + f_s$$

（2）权重优化函数：

$$f(f_1, f_2, \cdots, f_s) = \omega_1 f_1 + \omega_2 f_2 + \cdots + \omega_s f_s$$

其中，$\omega_1, \omega_2, \cdots, \omega_s$ 为大于零的权重系数。

（3）平方和优化函数：

$$f(f_1, f_2, \cdots, f_s) = \sum_{i=1}^s f_i^2$$

（4）平方和均衡优化函数：

$$f(f_1, f_2, \cdots, f_s) = \sum_{i=1}^{s} \omega_i f_i^2$$

其中，$\omega_1, \omega_2, \cdots, \omega_s$ 为大于零的权重系数。

例 7.3.1　求解多目标优化问题：

$$\max(x + 2y) \text{ 和 } \max(y - x)$$

$$\text{s. t. } \begin{cases} x + y \leqslant 1 \\ x \geqslant 0, y \geqslant 0 \end{cases}$$

解　问题涉及两个目标函数，可应用单目标化方法求解。

(1) 构造单目标函数：

$$f(x, y) = (x + 2y) + (y - x) = 3y$$

(2) 求解模型：

$$\max f(x, y) = 3y$$

$$\text{s. t. } \begin{cases} x + y \leqslant 1 \\ x \geqslant 0, y \geqslant 0 \end{cases}$$

得最优解为 $x = 0, y = 1$，此时 $\max f = 3$。

(3) 易知原问题最优解存在(可通过作图验证)，最优解为 $x = 0, y = 1$。

此时，

$$\max(x + 2y) = 2, \quad \max(y - x) = 1$$

2) 主要目标法

另一种常见的基于一个单目标问题的方法是主要目标法。该法首先确定一个目标函数为主要目标，不妨假设 $f_1(x)$ 为主要目标，而把其余的 $p-1$ 个目标函数 $f_j(x)$ 作为次要目标。

然后借助于决策者的经验，通过选定一定的界限值 $u_j(j = 1, 2, \cdots, p)$，把次要目标转化为约束条件，通过求解如下的单目标规划问题获得问题(MOP)的最优解。

$$\text{(SP)} \quad \min f_1(x)$$

$$\text{s. t. } x \in \widetilde{S} = \{x \in S \mid f_j(x) \leqslant u_j, \quad j = 2, 3, \cdots, p\}$$

2. 基于多个单目标问题的方法

该方法的主要思想是根据某种规则，将 MOP 问题转化为有一定优先级的多个单目标优化问题；然后，依次求解这些单目标优化问题，并且把最后一个单目标优化问题的最优解作为原问题的最优解。

1) 分层排序法

首先，求解如下单目标问题(P^1)：

$$\min_{x \in S} f_1(x)$$

得到(P^1)的最优解集 S^1。然后对于 $j = 2, 3, \cdots, p$，依次求解如下单目标规划问题(P^j)：

$$\min_{x \in S^{j-1}} f_j(x)$$

得到(P^j)的最优解集 S^j。最后，将 S^p 中的点作为 MOP 的最优解。

2) 重点目标法

在 p 个目标函数中，首先确定最重要的目标，比如 $f_1(x)$，并且在 S 上求出 $f_1(x)$ 的

最优解集 S^1；然后，在 S^1 上求解其余 $p-1$ 个目标对应的多目标规划问题（MOP'）：

$$\min_{x \in S^1}(f_2(x), f_3(x), \cdots, f_p(x))$$

把（MOP'）的有效解或弱有效解作为 MOP 的最优解。

在求解问题（MOP'）时，可以利用前面介绍的方法，将（MOP'）转化为一个单目标优化问题。

注 多目标规划问题其目标函数是一个向量，那么怎么判定其解的优劣呢？我们需要比较目标函数的大小，这就涉及向量大小的比较。按照某种定义的向量的大小等级，多目标规划的解分为三种"解的等级"：绝对最优解、有效解、弱有效解。

3）分组排序法

根据某种规则，首先将 MOP 的目标分成若干个组，使得在每个组内的目标的重要程度相差不多，此时，每组目标实际上对应着一个新的多目标规划问题。

然后，依次在前一组目标对应问题的最优解集中，寻找后一组目标对应问题的最优解集，并把最后一组目标对应问题的最优解作为 MOP 的最优解。

注 分组排序法实际上是分层排序法的推广。分层排序法是针对单个的目标进行分层，求解相应的单目标优化问题；分组排序法则是对一些目标的集合进行分层，求解相应的小规模多目标规划问题。

由于多目标规划中的求解涉及的方法非常多，故在 MATLAB 软件中可以利用不同的函数进行求解，例如在评价函数法中所得到的最后的评价函数为线性函数，且约束条件也为线性函数，则可以利用 MATLAB 优化工具箱中提供的 linprog 函数进行求解；如果得到的评价函数为非线性函数，则可以利用 MATLAB 优化工具箱中提供的 fmincon 函数进行求解；如果采用最大最小法进行求解，则可以利用 MATLAB 优化工具箱中提供的 fminimax 函数进行求解。

例 7.3.2 多目标规划应用案例——创意平板桌优化设计（2014CUMCM B 题）。

折叠桌椅是家具中很普遍的一种家具，在家里、办公室、公共场所都能看到，它们以不同的种类、结构、材料等形式分布于社会的各个角落，给人们的出行、旅游、办公带来了方便。某公司生产一种可折叠的桌子，桌面呈圆形，桌腿随着铰链的活动可以平摊成一张平板。桌腿由若干根木条组成，分成两组，每组各用一根钢筋将木条连接起来，钢筋两端分别固定在各组桌腿最外侧的两根木条上，并且沿木条留有空槽以保证其滑动的自由度，桌子外形由直纹曲面构成，造型美观。

折叠桌的设计应做到产品稳固性好、加工方便、用材最少。对于任意给定的折叠桌高度和圆形桌面直径的设计要求，讨论长方形平板材料和折叠桌的最优设计加工参数，例如平板尺寸、钢筋位置、开槽长度等。对于桌高 70 cm、桌面直径 80 cm 的情形，确定最优设计加工参数。

问题分析 对于任意给定的折叠桌的高度和圆形桌面直径的设计要求，寻求长方形平板材料和折叠桌的最优设计加工参数。为了简化该问题，确定木板的厚度为 3 cm。模型需从三个角度考虑，分别是稳固性、加工简便性和木材尺寸。

（1）在稳固性方面，应保证桌子不会发生压塌、侧翻和最外侧桌腿断裂。

（2）加工简便与否与开槽长度有关，总长度越短，加工越简便。同时，桌腿的宽度也会对加工造成影响。桌腿越宽，所需切割的次数就越少，自然，加工就会越简便。

（3）在木材尺寸，也就是用材最省方面，因为给定了木材的厚度，木材的宽度沿用桌脚边缘线的求法，故只要求解木材的长边的最小值即可。

所以可以建立以最少用料和最小开槽总和为双目标函数的多目标规划模型，通过 LINGO 软件，计算出外侧桌腿与水平面的最佳偏转角度、开槽的最佳位置与开槽的最佳长度等最优的加工参数。

模型假设　（1）假设切割是从桌腿的中心轴与圆相交的点处平行进行的；

（2）定义的坐标位置都是木条中心轴线所对应的点的坐标；

（3）假设用户所给桌脚曲线是一个平面图形；

（4）忽略桌腿与桌腿之间的摩擦力。

模型建立　根据设计师最初的理念，为了增大有效面积，桌面是与木板宽边相切的圆。桌腿的切割方式为：桌腿是有宽度的，将木板分成一根根木条时，每根木条沿水平方向的中轴线与圆有一个交点，以此交点作为切面所在的位置，如图 7.3.1 所示。

以桌面圆心为原点，建立三维空间直角坐标系，如图 7.3.2 所示。

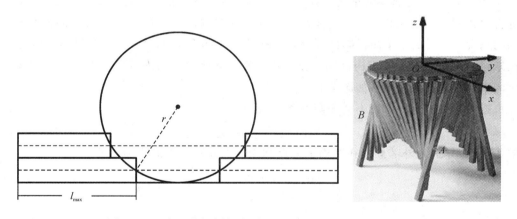

图 7.3.1　桌腿的切割方式　　　　　　　图 7.3.2　空间直角坐标系的建立

考虑到圆形桌面的对称性，可简化问题，仅以桌子的左半边桌腿为例进行讨论。

对于任意给定的桌子的高度与桌面的直径，从以下三个方面考虑，给定最佳的参数值。假定给定木板的厚度不变，为 3 cm。

（1）稳固性好。

稳固性好的含义是当桌子受到外力作用时，桌子不会发生压塌、侧翻或者外侧桌腿断裂的情况。

① 桌子不会发生压塌的情况：根据 EN1730 中对储放能力的附加测试方法，对桌子进行负载测试。因为只有四个桌脚着地，所以对四个桌脚进行受力分析。当桌子中心受到一个外力作用时，最外部的四个桌腿受到沿着桌腿方向向下的力。将力分解到竖直方向和水平方向，如图 7.3.3 和图 7.3.4 所示。

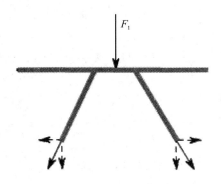
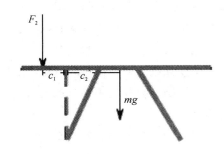

图 7.3.3　负载测试受力分析　　　图 7.3.4　垂直作用力下的受力分析

桌腿受到一个与水平方向相反的静摩擦力，为了使桌子不至于压塌，要保证桌腿所受的压力在水平方向上最大的分力小于最大的静摩擦力，故

$$f = \frac{F_1}{4}\tan(90-\theta) \leqslant \frac{F_1}{4}\mu_{\text{静}} \tag{7.3.4}$$

其中，θ 是最外部桌腿与水平面的夹角。

② 桌子不会发生侧翻的情况：引用 EN14749 中对储放能力的附加测试方法，对桌子进行垂直力作用下的稳定性测试。桌腿在桌面投影的内部还是外部影响着桌子的侧翻，会有不同的情况。当桌腿在桌面投影的外部时，根据受力分析可知，不会发生侧翻的现象。所以现在来讨论桌腿在桌面投影内部的情况。当桌腿在桌面投影的内部时，在桌面的边缘受到一个向下的外力，受力分析如图 7.3.4 所示。

根据力矩的知识，保证不会侧翻的条件为

$$F_2 c_1 \leqslant mg c_2 \tag{7.3.5}$$

其中，c_1、c_2 分别为外部桌腿在桌面上的点到受力点和重力点的距离。又

$$L = h\tan(90° - \theta) \tag{7.3.6}$$

$$c_1 = L + X \tag{7.3.7}$$

$$c_2 = r - L - X \tag{7.3.8}$$

其中，h 为桌子的高度，X 为桌面最外部木板边缘宽度的一半。

又因为

$$X = \sqrt{r^2 - \left(r - \frac{k_i}{2}\right)^2} \quad i = 1, 2, \cdots \tag{7.3.9}$$

其中，r 为桌面圆的半径，k_i 为桌腿的宽度。

③ 桌腿不会发生断裂的情况：根据材料力学方面的知识，考虑木材的力学性质，木材属性有很多，抗压强度、抗拉强度、抗剪强度等，其中顺纹抗压强度是所有强度中最大的。所以，只要桌腿能承受顺纹抗压强度，就不会发生断裂。压强的计算公式为

$$p = \frac{M}{W} \tag{7.3.10}$$

其中，

$$M = F_3 a_1 + F_4 a_2 \tag{7.3.11}$$

$$W = \frac{k_i H^2}{6} \tag{7.3.12}$$

要使最外部四根桌腿不会折断，则要保证桌腿产生的压强不会超过它的最大强度 1.17×10^8 Pa。故

$$\frac{M}{W} \leqslant 1.17 \times 10^8 \tag{7.3.13}$$

（2）用材最省。

在用户给定高度和桌面直径的情况下，圆形是与木板宽边相外切的，所以要使用材最省，就需保证木板的长越短越好。木板的长边表达式为

$$s = 2\left(\frac{h}{\cos(90° - \theta)} + X\right) \tag{7.3.14}$$

将长边 s 作为目标函数：

$$\min s = 2\left(\frac{h}{\cos(90° - \theta)} + X\right) \tag{7.3.15}$$

（3）加工简便。

考虑加工方面，如果开槽长度短，对于加工的要求就会低，故考虑总的开槽长度最短，加工就相对比较简便。

当折叠椅打开与合上时，除了最外部的桌腿不会滑动，其余内部的桌腿与钢筋都会在相对位置上下滑动。故通过求解初、末两个状态下桌面上的点与钢筋的位置，则可求出开槽的长度。

首先根据桌腿的切割方式，建立圆与桌腿的关系，即可得到桌腿的长度。偏转角度与桌子的高和外侧桌腿的长有关。

$$\sin\theta = \frac{h}{l_{\max}} \tag{7.3.16}$$

即

$$\theta = \arcsin\frac{h}{l_{\max}} \tag{7.3.17}$$

其中，$l_{\max}$ 表示最外部的桌腿长度。

为了获得初状态钢筋位置与桌腿端点的距离 d_{i1} 和末状态钢筋位置与桌腿端点的距离 d_{i2} 的表达式，给出开槽位置的示意图，如图 7.3.5 所示。

根据钢筋与桌腿端点的坐标，可以求出末状态钢筋位置与桌腿端点的距离为

$$d_{i2} = \sqrt{\left(\frac{l_{\max}}{2}\cos\theta + 60 - \frac{l_{\max}}{2} - y_i\right)^2 + \left(\frac{l_{\max}}{2}\sin\theta - z_i\right)^2} \tag{7.3.18}$$

同时可知初状态的钢筋位置与桌腿端点的距离，令角度 θ 为 0，则距离为

$$d_{i1} = \sqrt{(0 - y_i)^2} \tag{7.3.19}$$

则每个桌腿的开槽长度为

$$d_i = d_{i2} - d_{i1} \tag{7.3.20}$$

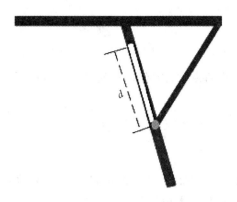

图 7.3.5 开槽位置示意图

其中，开槽长度 d_i 与所在桌腿的钢筋的坐标位置有关。

于是目标函数为

$$\min d = \sum_i d_i \tag{7.3.21}$$

钢筋的位置会影响槽的长度和位置，槽的长度同样会影响钢筋的位置，不能过于靠下；槽的起始位置加上槽的长度要小于桌腿的长度，从而得到关于开槽长度与位置的限制条件：

$$d_{\min} + \sqrt{y''_i + z''_i} \leqslant \frac{s}{2} \tag{7.3.22}$$

其中，$d_{\min}$ 是最大的开槽起始位置。

另外，如果桌腿的条数少，也就是桌腿相对宽一些，对于切割工艺而言，加工也相对简便。所以就单从加工简便方面考虑，桌腿的条数越少越好。

综上所述，得到双目标规划模型，目标函数为

$$\begin{cases} \min s = 2\left(\dfrac{h}{\cos(90° - \theta)} + X\right) \\ \min d = \sum_i d_i \end{cases} \tag{7.3.23}$$

限制条件为

$$\text{s.t.} \begin{cases} f = \dfrac{F_1}{4}\tan(90° - \theta) \leqslant \dfrac{F_1}{4}\mu_{\text{静}} \\ F_2 c_1 \leqslant mgc_2 \\ \dfrac{M}{W} \leqslant 1.17 \times 10^8 \\ d_{\min} + \sqrt{y''_i + z''_i} \leqslant \dfrac{s}{2} \quad i = 1, 2, \cdots \end{cases} \tag{7.3.24}$$

模型求解 在这个模型中，桌腿的宽度不仅影响着加工简便的问题，同时也影响着木板的总长度。基于实用的考虑，在两个目标函数中，用材最省为主要目标。也就是说，应该在满足最佳偏转角确定用材最省的基础上求解最小的开槽总长。因此采用主要目标函数法求解此模型，具体解法为：

（1）在其他限制条件不变的情况下，忽略要求最小开槽总长的目标函数，将用材最省作为唯一的目标函数。这样该问题就变成了单目标规划问题。

单目标规划模型的目标函数为

$$\min s = 2\left(\frac{h}{\cos(90° - \theta)} + X\right)$$

限制条件为

$$\text{s.t.} \begin{cases} f = \dfrac{F_1}{4}\tan(90° - \theta) \leqslant \dfrac{F_1}{4}\mu_{\text{静}} \\ F_2 c_1 \leqslant mg c_2 \\ c_1 = L + X, \ c_2 = r - L - X \\ L = h\tan(90° - \theta) \\ X = \sqrt{r^2 - \left(r - \dfrac{k_i}{2}\right)^2} \\ \dfrac{M}{W} \leqslant 1.17 \times 10^8 \end{cases}$$

对于负载测试中的 F_1，根据所定的标准，对于家用桌子测试用的力为 750 N。

在垂直作用力下的稳固性测试中，外力 F_2 是一个关于桌面长度变化的量。在这里，桌子的长度即为圆的直径 $2r$。

$$F_2 = \begin{cases} 200 \text{ N} & 2r \leqslant 80 \text{ cm} \\ \dfrac{r}{2} & 80 \text{ cm} \leqslant 2r \leqslant 160 \text{ cm} \\ 400 \text{ N} & 2r \geqslant 160 \text{ cm} \end{cases}$$

而对于摩擦力的限制，考虑不同平面间的摩擦，比如：木块与木地板、木块与瓷砖、木块与水泥等不同的摩擦力的影响。

运用 LINGO 软件求解出关于稳固性和用材最省的最优解，即外部桌腿关于水平面的最佳偏转角。

当给定桌子的参数为桌高 70 cm、桌面直径 80 cm、厚度 3 cm 时，以木块与木地板的摩擦力 $\mu_{\text{静}} = 0.5$ 为例，得到最外侧桌腿与水平面的最佳角度为

$$\theta = 90° - 22.32° = 67.68°$$

最短的木条长度为 46.04 cm，最长的木条长度为 75.67 cm，木板的长度为

$$s = 2(l_{\max} + X) = 171.78 \text{ cm}$$

（2）在通过 LINGO 软件求解获取到四个最长桌腿的长度、角度，以及所需材料的长度后，固定所需材料的长度以及桌面半径，通过不断改变钢筋所在的位置，获取钢筋位置的最优值（即使得所开槽的长度最小，且不会使得所开槽末尾位置超出木条）。

当钢筋初始位置下限为 10.2 cm 时，开槽位置距离端点的最长距离为 17.31 cm，最长槽长为 28.30 cm。对于中间的两根桌腿而言，桌腿的长度最短，但是开槽的长度最长。所以从端点开始到槽的末位置所需要的最长的长度为 45.61 cm。开槽长度总和的最小值为 305.89 cm。

从最外部到中心对桌腿从 1 到 14 编号，分别计算出钢筋的开槽位置，即初始状态钢筋距离端点的位置和各个桌腿开槽长度，如表 7.3.1 所示。

表 7.3.1　$\mu_{静}=0.5$ 时各桌腿开槽位置与长度

编　　号	1	2	3	4	5	6	7
开槽位置/cm	48.01	40.85	36.19	32.63	29.75	27.36	25.36
开槽长度/cm	0.00	4.96	8.75	11.96	14.76	17.23	19.39
编　　号	8	9	10	11	12	13	14
开槽位置/cm	23.67	22.26	21.09	20.13	19.38	18.82	18.44
开槽长度/cm	21.29	22.92	24.32	25.47	26.39	27.09	27.56

参加建模比赛的多数同学一看到这道赛题，脑海中最直接的思路就是建立多目标优化模型，而问题解决得好坏的关键在于：如何量化稳固性、加工简便和用材最省这些指标和这些指标满足的约束条件。希望同学们能利用学到的数学知识反复思考，仔细体会，最终建立具有特色的、优美的规划模型。

7.4　非线性规划建模方法

7.2 和 7.3 节提到的整数规划建模方法和多目标规划建模方法中的约束条件及目标函数至少有一个是决策变量为非线性函数时，问题就变为非线性规划建模问题，相应的方法也称为非线性规划建模方法（或者称为非线性优化建模方法），简称为非线性规划，或者非线性优化。一般来说，解非线性规划问题要比解线性规划问题困难得多，非线性规划目前还没有适用于各种问题的一般算法，各个方法都有自己特定的适用范围，都有一定的局限性。

1. 非线性规划模型的一般形式

非线性规划模型的一般形式为

$$\begin{cases} \min f(x_1, x_2, \cdots, x_n) \\ \text{s.t. } h_j(x_1, x_2, \cdots, x_n) \leqslant 0 \quad j=1, 2, \cdots, q \\ g_i(x_1, x_2, \cdots, x_n)=0 \quad i=1, 2, \cdots, p \end{cases} \tag{7.4.1}$$

其中，$x_1, x_2, \cdots, x_n$ 称为非线性规划模型的决策变量，记 $(x_1, x_2, \cdots, x_n)=\boldsymbol{x}$，$f$ 称为目标函数，$g_i(i=1, 2, \cdots, p)$ 和 $h_j(j=1, 2, \cdots, q)$ 称为约束函数。另外，$g_i(\boldsymbol{x})=0$ $(i=1, 2, \cdots, p)$ 称为等式约束，$h_j(\boldsymbol{x}) \leqslant 0$ $(j=1, 2, \cdots, q)$ 称为不等式约束。

特别地，称

$$\min f(x_1, x_2, \cdots, x_n), \boldsymbol{x} \in \mathbf{R}^n \tag{7.4.2}$$

为无约束极值问题。

称

$$\min \frac{1}{2} \boldsymbol{x}^{\top} \boldsymbol{H} \boldsymbol{x} + \boldsymbol{f}^{\top} \boldsymbol{x} \quad \text{s.t. } \boldsymbol{A} \boldsymbol{x} \leqslant \boldsymbol{b} \tag{7.4.3}$$

为二次规划问题。其中，目标函数为自变量 $\boldsymbol{x}$ 的二次函数，约束条件全都是线性函数。

2. 非线性规划解及有关概念

定义 7.4.1　把满足问题(7.4.1)中条件的解 $x\in\mathbf{R}^n$ 称为可行解(或可行点)，称所有可行解的集合为**可行集**(或可行域)，记为 D，即 $D=\{x\,|\,h_j(x)\leqslant 0,\ g_i(x)=0,\ x\in\mathbf{R}^n\}$。问题(7.4.1)可简记为 $\min\limits_{x\in D}f(x)$。

定义 7.4.2　设 $x^{(0)}$ 是问题(7.4.1)的一个可行解，$p\in\mathbf{R}^n$ 是过此点的某一方向，如果存在实数 $\lambda_0>0$，使对于任意 $\lambda\in[0,\lambda_0]$ 均有 $x^{(0)}+\lambda p\in D$，则称此方向 p 是 $x^{(0)}$ 的一个可行方向；如果存在实数 $\lambda_0>0$，使对于任意 $\lambda\in[0,\lambda_0]$ 均有 $f(x^{(0)}+\lambda p)<f(x^{(0)})$，则称此方向 p 是 $x^{(0)}$ 的一个下降方向；如果方向 p 既是 $x^{(0)}$ 点的可行方向，又是下降方向，则称它是 $x^{(0)}$ 的**可行下降方向**。

定义 7.4.3　对于问题(7.4.2)，设 $x^*\in D$，若存在 $\delta>0$，使得对一切 $x\in D$，且 $\|x-x^*\|<\delta$，都有 $f(x^*)<f(x)$，则称 x^* 是 $f(x)$ 在 D 上的局部极小值点(局部最优解)。特别地，当 $x\neq x^*$ 时，若 $f(x^*)<f(x)$，则称 x^* 是 $f(x)$ 在 D 上的严格局部极小值点(严格局部最优解)。

定义 7.4.4　对于问题(7.4.1)，设 $x^*\in D$，对任意的 $x\in D$，都有 $f(x^*)<f(x)$，则称 x^* 是 $f(x)$ 在 D 上的**全局极小值点**(全局最优解)。特别地，当 $x\neq x^*$ 时，若 $f(x^*)<f(x)$，则称 x^* 是 $f(x)$ 在 D 上的严格全局极小值点(严格全局最优解)。

3. 非线性规划的求解原理

由高等数学知识知道，对于可微函数，可以令其梯度等于零，求出驻点，然后再用极值充分条件进行判别，最后求得最优解。从表面上看，非线性规划问题似乎已经解决，但是对于一般的 n 元函数 $f(x)$ 来说，由条件

$$\nabla f(x)=\left(\frac{\partial f(x_1,x_2,\cdots,x_n)}{\partial x_1},\frac{\partial f(x_1,x_2,\cdots,x_n)}{\partial x_2},\cdots,\frac{\partial f(x_1,x_2,\cdots,x_n)}{\partial x_n}\right)=0$$

得到的常常是一个非线性方程组，其求解相当困难。此外，许多实际问题往往很难求出或根本求不出目标函数对各自变量的偏导数，从而使一阶必要条件难以应用，因此常常用数值方法求解非线性规划。

迭代法是求解非线性规划问题的最常用的一种数值方法，其基本思想为：从最优点的某一个初始估计 $x^{(0)}$ 出发，按照一定的规则(即所谓的算法)，先找出一个比 $x^{(0)}$ 更好的点 $x^{(1)}$(对于极小化问题来说，$f(x^{(1)})$ 比 $f(x^{(0)})$ 更小；对于极大化问题来说，$f(x^{(1)})$ 比 $f(x^{(0)})$ 更大)，再找出比 $x^{(1)}$ 更好的点 $x^{(2)}$，…。如此下去，就产生了一个解的序列 $\{x^{(k)}\}$，希望点列 $\{x^{(k)}\}$ 的极限 x^* 就是 $f(x)$ 的一个极值点。

那么如何由一个解 $x^{(k)}$ 求出另一个新的解 $x^{(k+1)}$ 呢？实际上，向量总是由方向和长度确定的，即解 $x^{(k+1)}$ 总可以写成

$$x^{(k+1)}=x^{(k)}+\lambda_k p^{(k)}\quad k=1,2,3,\cdots$$

其中，$p^{(k)}$ 是一个向量，λ_k 是一个实数，称为步长，即 $x^{(k+1)}$ 可由 λ_k 及 $p^{(k)}$ 唯一确定。实际上，各种迭代算法的区别就在于寻求 λ_k 和 $p^{(k)}$ 的方式不同，特别是方向向量 $p^{(k)}$ 的确定问题是关键，称方向向量 $p^{(k)}$ 为搜索方向。对于(7.4.2)的优化问题，选择 λ_k 和 $p^{(k)}$ 的一般原则是使目标函数在这些点列上的值逐步减小，即

$$f(x^{(0)})\geqslant f(x^{(1)})\geqslant\cdots\geqslant f(x^{(k)})\geqslant\cdots$$

因此，这种算法称为下降算法。最后应检验 $\{x^{(k)}\}$ 是否收敛于最优解，即对于给定的精度，按照某种迭代终止规则，决定迭代过程是否结束。

一维搜索法就是沿着一系列的射线方向 $p^{(k)}$ 寻求极小点列的方法。对于确定的 $p^{(k)}$，在射线 $x^{(k)}+\lambda p^{(k)}(\lambda\geqslant 0)$ 上选取步长 λ_k，使 $f(x^{(k)}+\lambda_k p^{(k)})<f(x^{(k)})$，则可以确定一个新的点 $x^{(k+1)}=x^{(k)}+\lambda_k p^{(k)}$，这是沿射线 $x^{(k)}+\lambda p^{(k)}$ 求函数 $f(x)$ 的最小值问题，它等价于求一元函数 $\varphi(\lambda)=f(x^{(k)}+\lambda_k p^{(k)})$ 在点集 $L=\{x:x=x^{(k)}+\lambda p^{(k)},\ -\infty<\lambda<+\infty\}$ 上的极小点。一维搜索是对某个确定的方向 $p^{(k)}$ 进行的，那么如何选择搜索方向呢？梯度法或最速下降法选择的方向是使函数值下降速度最快的方向——负梯度方向，即 $p^{(k)}=-\nabla f(x^{(k)})$。

关于 $p^{(k)}$ 的选择，在无约束极值问题中只要是使目标函数值下降的方向就可以了，根据不同原理产生了不同的 $p^{(k)}$ 和 λ_k 的选择方法，也就产生了各种算法。除了上面提到的最速下降法之外，在无约束极值中所讨论的共轭方向法、坐标轮换法、牛顿法、变尺度法及在有约束极值中讨论的可行方向法都是根据不同的原理选择 $p^{(k)}$ 而得到的迭代算法，各种算法的详细讨论可以参阅有关书籍。

约束优化问题除了可行方向法之外，罚函数法是经常采用的一种求解方法，它的基本思想是通过构造罚函数将非线性规划问题的求解转化为求解一系列无约束极值问题，这类方法也称为序列无约束最小化方法；该方法主要有两种形式，一种叫外罚函数法，另一种叫内罚函数法。外罚函数法（外点法）对违反约束条件的点在目标函数中加入相应的"惩罚约束"，而对可行域中的点不予惩罚，此方法的迭代点一般在可行域的外部移动；内罚函数法（内点法）对企图从内部穿越可行域边界的点在目标函数中加入相应的"障碍约束"，距边界越近，障碍越大，在边界上给予无穷大的障碍，从而保证迭代一直在可行域内部进行。

4. 迭代法的一般步骤

（1）选取初始点 $x^{(0)}$，$k=0$。

（2）构造搜索方向 $p^{(k)}$。

（3）根据 $p^{(k)}$ 方向确定 λ_k。

（4）令 $x^{(k+1)}=x^{(k)}+\lambda_k p^{(k)}$。

（5）若 $x^{(k+1)}$ 已满足某终止条件，停止迭代，输出近似最优解 $x^{(k+1)}$；否则令 $k=k+1$，转向第（2）步。

计算终止条件：在上述迭代中，若 $x^{(k+1)}$ 满足某终止条件，则停止计算，输出近似最优解 $x^{(k+1)}$。这里满足某终止条件即到达某精确度要求。常用的计算终止条件如下。

① 自变量的改变量充分小时，即 $\|x^{(k+1)}-x^{(k)}\|<\varepsilon$，或 $\dfrac{\|x^{(k+1)}-x^{(k)}\|}{\|x^{(k)}\|^2}<\varepsilon$，则停止计算。

② 当函数值的下降量充分小时，即 $|f(x^{(k+1)})-f(x^{(k)})|<\varepsilon$，或 $\dfrac{|f(x^{(k+1)})-f(x^{(k)})|}{|f(x^{(k)})|}<\varepsilon$，则停止计算。

③ 在无约束最优化中，当函数梯度的模充分小时，$\|\nabla f(x^{(k+1)})\|<\varepsilon$，则停止计算。

实际中，数学建模中的非线性规划问题一般借助 MATLAB 软件和 LINGO 软件求解。

5. 非线性规划的 MATLAB 解法

1）有约束问题

MATLAB 软件中非线性规划的数学模型为

$$\min f(\boldsymbol{x})$$

$$\begin{cases} \boldsymbol{A} \cdot \boldsymbol{x} \leqslant \boldsymbol{b} \\ \boldsymbol{Aeq} \cdot \boldsymbol{x} = \boldsymbol{beq} \\ C(\boldsymbol{x}) \leqslant 0 \\ Ceq(\boldsymbol{x}) = 0 \end{cases} \tag{7.4.4}$$

其中，$f(\boldsymbol{x})$ 是标量函数，$\boldsymbol{A}$、$\boldsymbol{b}$、$\boldsymbol{Aeq}$、$\boldsymbol{beq}$ 是相应维数的矩阵和向量，$C(\boldsymbol{x})$、$Ceq(\boldsymbol{x})$ 是非线性向量函数。

MATLAB 软件中的命令是

$\boldsymbol{x} =$ FMINCON(FUN, $\boldsymbol{x}_0$, $\boldsymbol{A}$, $\boldsymbol{b}$, $\boldsymbol{Aeq}$, $\boldsymbol{beq}$, $\boldsymbol{lb}$, $\boldsymbol{ub}$, NONLCON, OPTIONS)

其返回值是向量 $\boldsymbol{x}$。其中 FUN 是用 M 文件定义的函数 $f(\boldsymbol{x})$；$\boldsymbol{x}_0$ 是 $\boldsymbol{x}$ 的初始值；$\boldsymbol{A}$、$\boldsymbol{b}$，$\boldsymbol{Aeq}$、$\boldsymbol{beq}$ 定义了线性约束 $\boldsymbol{A} * \boldsymbol{x} \leqslant \boldsymbol{b}$，$\boldsymbol{Aeq} * \boldsymbol{x} = \boldsymbol{beq}$，如果没有等式约束，则 $\boldsymbol{A} = [\ ]$，$\boldsymbol{b} = [\ ]$，$\boldsymbol{Aeq} = [\ ]$，$\boldsymbol{beq} = [\ ]$；$\boldsymbol{lb}$ 和 $\boldsymbol{ub}$ 是变量 $\boldsymbol{x}$ 的下界和上界，如果上界和下界没有约束，则 $\boldsymbol{lb} = [\ ]$，$\boldsymbol{ub} = [\ ]$，$\boldsymbol{x}$ 无下界时 $\boldsymbol{lb} = -\inf$，$\boldsymbol{x}$ 无上界时 $\boldsymbol{ub} = \inf$；NONLCON 是用 M 文件定义的非线性向量函数 $C(\boldsymbol{x})$、$Ceq(\boldsymbol{x})$；OPTIONS 是设置的优化参数，可以使用 MATLAB 软件缺省的参数设置。

例 7.4.1　求下列非线性规划问题：

$$\min f(x) = x_1^2 + x_2^2 + 8$$

$$\begin{cases} x_1^2 - x_2 \geqslant 0 \\ -x_1 - x_2^2 + 2 = 0 \\ x_1, x_2 \geqslant 0 \end{cases}$$

解　（1）编写 M 文件 fun1. m：

functionf＝fun1(x)；

f＝x(1)^2＋x(2)^2＋8；

编写 M 文件 fun2. m：

function[g, h]＝fun2(x)；

g＝$-x$(1)^2＋x(2)；

h＝$-x$(1)$-x$(2)^2＋2；　　　　%等式约束

（2）在 MATLAB 软件的命令窗口依次输入：

options＝optimset；

[x, y]＝fmincon('fun1', rand(2, 1), [], [], [], [], zeros(2, 1), [], ...

'fun2', options)

输出如下：

$x =$

1

1

$y =$

　　　　10

2）无约束问题

MATLAB 软件中无约束极值问题写成以下形式：

$$\min_x f(\boldsymbol{x})$$

其中，$\boldsymbol{x}$ 是一个向量，$f(\boldsymbol{x})$ 是一个标量函数。

　　MATLAB 的基本命令是

　　　　$[\boldsymbol{x}, \text{FVAL}] = \text{FMINUNC}(\text{FUN}, \boldsymbol{x}_0, \text{OPTIONS}, P1, P2, \cdots)$

　　其返回值是向量 $\boldsymbol{x}$ 的值和函数的极小值。其中，FUN 是一个 M 文件，当 FUN 只有一个返回值时，它的返回值是函数 $f(\boldsymbol{x})$；当 FUN 有两个返回值时，它的第二个返回值是 $f(\boldsymbol{x})$ 的一阶导数行向量；当 FUN 有三个返回值时，它的第三个返回值是 $f(\boldsymbol{x})$ 的二阶导数阵（Hessian 阵）。$\boldsymbol{x}_0$ 是向量 $\boldsymbol{x}$ 的初始值，OPTIONS 是优化参数，使用缺省参数时，OPTIONS 为空矩阵。P1、P2 是可以传递给 FUN 的一些参数。

　　例 7.4.2　求函数 $f(x) = 100(x_2 - x_1^2)^2 + (1 - x_1)^2$ 的最小值。

　　解　编写 M 文件 fun2.m：

　　　　$\text{function} f = \text{fun3}(x);$

　　　　$f = 100 * (x(2) - x(1)^\wedge 2)^\wedge 2 + (1 - x(1))^\wedge 2;$

　　在 MATLAB 命令窗口输入：

　　　　$x = \text{fminunc}('\text{fun2}', \text{rand}(1, 2))$

　　输出如下：

　　　　$x =$

　　　　1.0000　　　1.0000

　　求多元函数的极值也可以使用 MATLAB 的如下命令：

　　　　$[x, \text{FVAL}] = \text{FMINSEARCH}(\text{FUN}, x_0, \text{OPTIONS}, P1, P2, \cdots)$

3）罚函数法

利用罚函数法，可将非线性规划问题的求解转化为求解一系列无约束极值问题。考虑如下问题：

$$\min f(x)$$
$$\text{s. t.} \begin{cases} g_i(x) \leqslant 0 & i = 1, 2, \cdots, r \\ h_i(x) \geqslant 0 & i = 1, 2, \cdots, s \\ k_i(x) = 0 & i = 1, 2, \cdots, t \end{cases}$$

取一个充分大的数 $M > 0$，构造函数

$$P(\boldsymbol{x}, M) = f(\boldsymbol{x}) + M \sum_{i=1}^{r} \max(g_i(\boldsymbol{x}), 0) - M \sum_{i=1}^{s} \min(h_i(\boldsymbol{x}), 0) + M \sum_{i=1}^{t} |k_i(\boldsymbol{x})|$$

或

$$P(\boldsymbol{x}, M) = f(\boldsymbol{x}) + \boldsymbol{M}_1 \max(\boldsymbol{G}(\boldsymbol{x}), 0) + \boldsymbol{M}_2 \min(\boldsymbol{H}(\boldsymbol{x}), 0) + \boldsymbol{M}_3 \| \boldsymbol{K}(\boldsymbol{x}) \|$$

式中，$\boldsymbol{G}(\boldsymbol{x}) = \begin{bmatrix} g_1(\boldsymbol{x}) \\ g_2(\boldsymbol{x}) \\ \vdots \\ g_r(\boldsymbol{x}) \end{bmatrix}$，$\boldsymbol{H}(\boldsymbol{x}) = \begin{bmatrix} h_1(\boldsymbol{x}) \\ h_2(\boldsymbol{x}) \\ \vdots \\ h_s(\boldsymbol{x}) \end{bmatrix}$，$\boldsymbol{K}(\boldsymbol{x}) = \begin{bmatrix} k_1(\boldsymbol{x}) \\ k_2(\boldsymbol{x}) \\ \vdots \\ k_t(\boldsymbol{x}) \end{bmatrix}$，$\boldsymbol{M}_1$、$\boldsymbol{M}_2$、$\boldsymbol{M}_3$ 为适当的行向

量，在 MATLAB 中可以直接利用 max 和 min 函数。以增广目标函数 $P(x, M)$ 为目标函数的无约束极值问题

$$\min P(x, M)$$

的最优解 x 也是原问题的最优解。

例 7.4.3 用罚函数法求例 7.4.1 中的非线性规划问题。

解 首先，编写 M 文件 test.m：

function g=test(x);

M=50000;

f=$x(1)$^2+$x(2)$^2+8;

g=f−M*min($x(1)$, 0)−M*min($x(2)$, 0)−M*min($x(1)$^2−$x(2)$, 0)…
    +M*abs(−$x(1)$−$x(2)$^2+2);

其次，在 MATLAB 命令窗口输入：

[x, y]=fminunc('test', rand(2, 1))

输出如下：

$x=$

0.8214

0.4447

$y=$

4.9050e+004

4）二次规划

若某非线性规划的目标函数为自变量 x 的二次函数，且约束条件全都是线性的，则称这种规划为二次规划。

MATLAB 软件中二次规划的数学模型可表述如下：

$$\min \frac{1}{2}x^{\mathrm{T}}Hx + f^{\mathrm{T}}x$$

$$\text{s.t.} \begin{cases} A \cdot x \leqslant b \\ Aeq \cdot x = beq \\ lb \leqslant x \leqslant ub \end{cases}$$

其中，H 是实对称矩阵，f、b、beq、lb、ub 是列向量，A、Aeq 是相应维数的矩阵。

利用 MATLAB 软件中求解二次规划的命令是

[x, FVAL]=QUADPROG(H, f, A, b, Aeq, beq, lb, ub, x_0, OPTIONS)

其中，FVAL 的返回值是目标函数在 x 处的值。

例 7.4.4 求解二次规划：

$$\min f(x)=2x_1^2-4x_1x_2+4x_2^2-6x_1-3x_2$$

$$\begin{cases} x_1+x_2 \leqslant 3 \\ 4x_1+x_2 \leqslant 9 \\ x_1, x_2 \geqslant 0 \end{cases}$$

解 在 MATLAB 命令窗口输入：

H=[4, −4; −4, 8];

$f = [-6; -3]$;

$A = [1, 1; 4, 1]$;

$b = [3; 9]$;

$[x, \text{value}] = \text{quadprog}(H, f, A, b, [], [], \text{zeros}(2, 1))$

Warning：Large-scale method does not currently solve this problem formulation，switching to medium-scale method.

＞ In quadprog at 242

Optimization terminated.

结果如下：

$x =$

1.9500

1.0500

value＝

－11.0250

下面介绍非线性规划方法在数学建模中的应用。

例 7.4.5　3.4 节应用案例续。

当环境温度为 65 ℃、Ⅳ层的厚度为 5.5 mm 时，确定Ⅱ层的最优厚度，确保工作 60 min 时，假人皮肤外侧温度不超过 47 ℃，且超过 44 ℃的时间不超过 5 min。

问题分析　该问题显然是个优化问题，且优化目标明确：确定题设条件下服装第Ⅱ层的最优厚度。由题设可知，该优化问题有明确的约束条件，即确保工作 60 min 时，假人皮肤外侧温度不超过 47 ℃，且超过 44 ℃的时间不超过 5 min。以上约束反映了最优厚度的防热程度。由生活经验选取Ⅱ层材料的最优厚度应在满足防热程度要求的同时，还要保证衣物的轻薄与低成本（相同材料的情况下，厚度小则物料少，即成本低，这是衣服厚薄程度的隐形约束，因此本题是带两个约束的优化模型）。

那么，怎么把防热程度这两个约束条件数量化呢？这里需要用到第 3.4 节求解的温度分布模型。结合题目中给出的Ⅱ层材料的参数，分别取不同的几组厚度值，利用 MATLAB 软件绘制出不同厚度的温度分布的二维曲线，如图 7.4.1 所示。

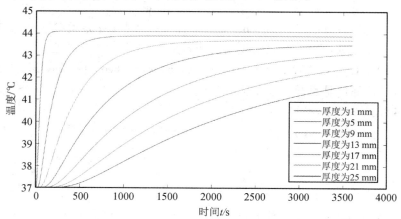

图 7.4.1　不同厚度Ⅱ层材料的温度分布曲线

结合生活常识与图 7.4.1 可知，第 Ⅱ 层材料的防热程度与厚度成正相关，即厚度越厚，防热能力越强，并且防热程度是厚度的连续函数。

从而可得到优化目标

$$\min w_{\text{Ⅱ}}$$

其中，$w_{\text{Ⅱ}}$ 表示第 Ⅱ 层材料的厚度。

通过分析可知，材料厚度 w 一定时，温度 T 是时间 t 的非递减函数，因此当 $T > 44\,℃$ 时，温度 T 会随着时间 t 的增加而增加，且逐渐趋向于稳定状态。由题目附件可知其他三层材料的厚度和为 9.7 mm。由此可以确定如下约束条件：

（1）工作 60 min 时，人体皮肤表面温度小于等于 47 ℃，即 $T_w(w_{\text{Ⅱ}} + 9.7,\ 3600) \leqslant 47\,℃$。

（2）温度超过 44 ℃ 的时间不超过 5 min，即 $T_w(w_{\text{Ⅱ}} + 9.7,\ 3300) \leqslant 44\,℃$。

其中，9.7(mm)表示第 Ⅰ、Ⅲ、Ⅳ 层的厚度总和，$w_{\text{Ⅱ}} + 9.7$ 表示皮肤表面所在位置。

据此，最终的优化模型为

$$\min w_{\text{Ⅱ}}$$
$$\text{s. t.} \begin{cases} T_w(w_{\text{Ⅱ}} + 9.7,\ 3600) \leqslant 47\,℃ \\ T_w(w_{\text{Ⅱ}} + 9.7,\ 3300) \leqslant 44\,℃ \end{cases}$$

由于第 Ⅱ 层材料的厚度范围为 0.6～25 mm，皮肤表面的温度 T_w 应是第 Ⅱ 层材料厚度 $w_{\text{Ⅱ}}$ 的单调连续函数。若在 $w_{\text{Ⅱ}}$ 范围内的某一点 $w_{\text{Ⅱ}1}$ 满足 $T_{w1}(w_{\text{Ⅱ}1} + 9.7,\ 3300) \leqslant 44\,℃$，在另一点 $w_{\text{Ⅱ}2}$ 满足 $T_{w2}(w_{\text{Ⅱ}2} + 9.7,\ 3300) > 44\,℃$，那么由罗尔定律可知，在 $w_{\text{Ⅱ}}$ 的范围内，必定有一点满足 $T_{w0}(w_{\text{Ⅱ}0} + 9.7,\ 3300) = 44\,℃$，此时的 $w_{\text{Ⅱ}0}$ 即为所求的最优厚度。因此用二分法求解该模型临界的最优解，相比第 3.4 节通过遍历求解最优厚度不失为一种可行且相对简单的方法。

将 $w_{\text{Ⅱ}} = 0.6$ mm 代入温度分布模型中，得到的数据不满足上述约束条件。将 $w_{\text{Ⅱ}} = 1$ mm 代入温度分布模型中，数据也不相符。将 $w_{\text{Ⅱ}} = 25$ mm 代入温度分布模型中，得到的数据满足约束条件。由于温度分布模型在 X 轴上的精度仅为 0.1 mm，为了方便计算，选择初始值为 $w_{\text{Ⅱ}} = 1$ mm 和 $w_{\text{Ⅱ}} = 25$ mm。根据以上分析，建立基于二分法的求解方案，二分法求解最优厚度步骤如下：

（1）输入精确度 $m = 0.1$ mm，初始值 $w_1 = 1$ mm 和 $w_2 = 25$ mm；

（2）$w = \dfrac{w_1 + w_2}{2}$，就此 w 值通过温度分布模型分别判断

$$T_w(w_{\text{Ⅱ}} + 9.7,\ 3600) \leqslant 47\,℃$$
$$T_w(w_{\text{Ⅱ}} + 9.7,\ 3300) \leqslant 44\,℃$$

是否满足；

（3）若上式满足，则 $w_2 = w$，否则 $w_1 = w$；

（4）判断 $|w_1 - w_2| < m$ 是否成立；

（5）若上式成立，则输出结果，否则转步骤（2）。

根据上述步骤可以得到最优厚度的输出结果，如表 7.4.1 所示。

表 7.4.1　不同厚度的不同时间点的温度值

第一次	材料厚度	25 mm	13 mm	0.6 mm	第二次	材料厚度	25 mm	19 mm	13 mm
	时间 3300s	42.12℃	44.41℃	45.12℃		时间 3300s	42.12℃	43.49℃	44.41℃
	3600s	42.37℃	44.44℃	45.12℃		3600s	42.37℃	43.64℃	44.44℃
第三次	材料厚度	19 mm	16 mm	13 mm	第四次	材料厚度	19 mm	17.5 mm	16 mm
	时间 3300s	43.49℃	44.04℃	44.41℃		时间 3300s	43.49℃	43.78℃	44.04℃
	3600s	43.64℃	44.12℃	44.44℃		3600s	43.64℃	43.90℃	44.12℃
第五次	材料厚度	17.5 mm	16.8 mm	16 mm	第六次	材料厚度	16.8 mm	16.4 mm	16 mm
	时间 3300s	43.78℃	43.91℃	44.04℃		时间 3300s	43.91℃	43.97℃	44.04℃
	3600s	43.90℃	44.01℃	44.12℃		3600s	44.01℃	44.07℃	44.12℃
第七次	材料厚度	16.4 mm	16.2 mm	16 mm	第八次	材料厚度	16.4 mm	16.3 mm	16.2 mm
	时间 3300s	43.97℃	44.01℃	44.04℃		时间 3300s	43.97℃	43.99℃	44.01℃
	3600s	44.07℃	44.10℃	44.12℃		3600s	44.07℃	44.08℃	44.10℃

由于温度 T 是时间 t 的单调非减函数，通过分析表 7.4.1 数据可知：

当第 II 层材料的厚度 $w < 16.2$ mm 时，发现在第 3300 s 时温度大于 44℃，在第 3600 s 时温度依然大于 44℃，温度大于 44℃ 的总时长大于 5 min，显然不符合约束条件(2)；当第 II 层材料的厚度 $w > 17.5$ mm 时，发现在第 3300 s 时温度小于 44℃，在第 3600 s 时温度依然小于 44℃，符合约束条件(1)和(2)，但考虑到薄厚程度这一指标，这一范围内第 II 层材料的厚度并不满足最优厚度。当第 II 层材料的厚度为 16.3 mm，时间点为第 3300 s 时的人体皮肤外侧温度为 43.99℃，小于 44℃，满足约束条件(1)；当时间节点为第 3600 s 时的人体皮肤外侧温度为 44.08℃，未超过 47℃，并且温度大于 44℃ 的总时长未超过 5 min，满足约束条件(2)。

综合表 7.4.1 数据及利用 MATLAB 软件求解基于二分法的最优厚度的结果分析，可以确定最优厚度为 16.3 mm。

7.5　动态规划建模方法

动态规划建模方法简称动态规划，是求解多阶段决策问题的最优化方法，R. E. Bellman 等人于 20 世纪 50 年代初在研究多阶段决策过程的优化问题时，提出把多阶段过程转化为一系列单阶段问题逐个求解，从而创立了解决这类过程优化问题的新方法——动态规划最优化方法。所谓的多阶段决策问题，指的是这样一类决策过程：一类复杂问题可以分解为若干个互相联系的阶段，在每一个阶段都需作出决策；一个阶段采取的决策，常常影响到下一个阶段的决策；当每个阶段的策略选定以后，就完全确定了全部过程的决策。各阶段的决策构成一个决策序列，称为一个策略。每一个阶段都有若干个决策可供选择，因而就有许多策略可供选取，对于每个策略可以确定其活动的效果，这个效果可以用数量来确定，策略不同，其效果也不同。多阶段决策问题，就是要在可以选择的那些策略中间，选取一个最优策略，使在预定的标准下达到最好的效果。

动态规划在经济管理、生产调度、工程技术和最优控制等方面得到了广泛的应用。例如最短路线、库存管理、资源分配、设备更新、排序、装载等问题,用动态规划方法比用其他方法求解更为方便。

为了更好地了解动态规划处理问题的过程,下面看看多阶段决策问题的具体例子。

例 7.5.1　(最短路线问题)图 7.5.1 是一个线路网,连线上的数字表示两点之间的距离(或费用)。试寻求一条由 A 到 G 距离最短(或费用最省)的路线。

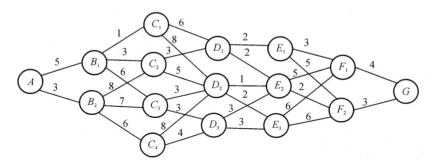

图 7.5.1　线路网

例 7.5.2　(生产计划问题)工厂生产某种产品,每单位(千件)的成本为 1(千元),每次开工的固定成本为 3(千元),工厂每季度的最大生产能力为 6(千件)。经调查,市场对该产品的需求量第一、二、三、四季度分别为 2(千件)、3(千件)、2(千件)、4(千件)。如果工厂在第一、二季度将全年的需求都生产出来,自然可以降低成本(少付固定成本费),但是对于第三、四季度才能上市的产品需付存储费,每季度每千件的存储费为 0.5(千元)。还规定年初和年末这种产品均无库存。试制订一个生产计划,即安排每个季度的产量,使一年的总费用(生产成本和存储费)最少。

显然,各阶段决策之间的相互联系导致了动态规划问题的复杂性。例 7.5.1 中,从 A 点出发有两种选择,到 B_1 或 B_2。如果仅考虑一段内最优,自然选择从 A 到 B_2,但从整体最优考虑的话,A 到 B_2 未必是最好的选择。如果把 A 到 G 的所有可能路线一一列举出来,找到最短的一条路线,不仅费事,而且阶段数目巨大时未必能做到。

为了讲述清楚动态规划问题的一般思路,需要引入一些概念。

1. 动态规划的相关概念

1) 阶段

阶段是对整个过程的自然划分,通常根据时间顺序或空间顺序特征来划分阶段,以便按阶段的次序解优化问题。阶段变量一般用 $k=1,2,\cdots,n$ 表示。在多数情况下,阶段变量是离散的,也有阶段变量是连续的情形。如果可以在任何时刻作出决策,且在任意两个不同的时刻之间允许有无穷多个决策,阶段变量就是连续的。

在例 7.5.1 中,第一个阶段就是点 A,即 $k=1$,而第二个阶段就是 $B_i(i=1,2)$,此时,$k=2$,依次下去,从 $F_i(i=1,2)$ 出发对应 $k=6$,共 $n=6$ 个阶段。在例 7.5.2 中按照第一、二、三、四季度分为 $k=1,2,3,4$,共 4 个阶段。

2) 状态

状态表示每个阶段开始时面临的自然状况或客观条件,也称为不可控因素。它应能描述过程的特征并且具有无后效性,即当某阶段的状态给定时,这个阶段以后过程的演变与该阶段以前各阶段的状态无关。此外，通常还要求状态是直接或间接可以观测的。

描述状态的变量称为状态变量，变量允许取值的范围称为允许状态集合。用 x_k 表示第 k 阶段的状态变量，它可以是一个数或一个向量。用 X_k 表示第 k 阶段的允许状态集合。在例 7.5.1 中，x_2 可取 B_1 或 B_2，也可将 B_i 定义为 $i(i=1,2)$，则 $x_2=1$ 或 $x_2=2$，而 $X_2=\{1,2\}$。

n 个阶段的决策过程有 $n+1$ 个状态变量，x_{n+1} 表示 x_n 演变的结果。在例 7.5.1 中，x_7 取 G，或定义为 1，即 $x_7=1$。

根据过程演变的具体情况，状态变量可以是离散的或连续的。为了计算的方便，可将连续变量离散化；为了分析的方便，也可将离散变量视为连续的，状态变量通常简称为状态。

3) 决策

一个阶段的状态给定以后，从该状态演变到下一阶段某个状态的一种选择（行动）称为决策，在最优控制问题中，也称为控制。

描述决策的变量称决策变量，决策变量允许取值的范围称为允许决策集合。用 $u_k(x_k)$ 表示第 k 阶段处于状态 x_k 时的决策变量，它是 x_k 的函数，用 $U_k(x_k)$ 表示 x_k 的允许决策集合。在例 7.5.1 中，$u_2(B_1)$ 可取 C_1、C_2 或 C_3，可记作 $u_2(1)=1,2,3$，而 $U_2(1)=\{1,2,3\}$，决策变量简称决策。

4) 策略

由每个阶段的决策组成的序列称为策略。由初始状态 x_1 开始的全过程的策略记作 $p_{1n}(x_1)$，即 $p_{1n}(x_1)=\{u_1(x_1),u_2(x_2),\cdots,u_n(x_n)\}$。

由第 k 阶段的状态 x_k 开始到终止状态的后部子过程的策略记作 $p_{kn}(x_k)$，即 $p_{kn}(x_k)=\{u_k(x_k),\cdots,u_n(x_n)\}(k=1,2,\cdots,n-1)$。

类似地，由第 k 到第 j 阶段的子过程的策略记作 $p_{kj}(x_k)=\{u_k(x_k),\cdots,u_j(x_j)\}$。

可供选择的策略有一定的范围，称为允许策略集合，用 $p_{1n}(x_1)$，$p_{kn}(x_k)$，$p_{kj}(x_k)$ 表示。

5) 状态转移方程

在确定性决策过程中，一旦某阶段的状态和决策为已知，下一阶段的状态便完全确定了。这种演变规律用状态转移方程描述，写作

$$x_{k+1}=T_k(x_k,u_k)\quad k=1,2,\cdots,n \tag{7.5.1}$$

在例 7.5.1 中，状态转移方程为 $x_{k+1}=u_k(x_k)$。

6) 指标函数

衡量过程优劣的数量指标称为指标函数，它可分为阶段指标函数和过程指标函数两类。阶段指标函数是指在第 j 阶段的状态和从该状态出发到下一阶段所采取的决策的某种效益度量，是状态 x_j 和决策 u_j 的函数，用 $v_j(x_j,u_j)$ 表示。过程指标函数是定义在全过程和所有后部子过程上的数量函数，用 $V_{kn}(x_k,u_k,x_{k+1},\cdots,x_{n+1})(k=1,2,\cdots,n)$ 表示。显然，过程指标函数是它所包含的各阶段指标函数的函数，因此过程指标函数应具有可分离性，即 V_{kn} 可表示为 $x_k,u_k,V_{k+1,n}$ 的函数，记为

$$V_{kn}(x_k,u_k,x_{k+1},\cdots,x_{n+1})=\varphi_k(x_k,u_k,V_{k+1,n}(x_{k+1},u_{k+1},x_{k+2},\cdots,x_{n+1}))$$

并且函数 φ_k 对于变量 $V_{k+1,n}$ 是严格单调的。

阶段指标函数由 $v_j(j=1, 2, \cdots, n)$ 组成，常见过程指标函数的形式有以下几种。

阶段指标之和：

$$V_{kn}(x_k, u_k, x_{k+1}, \cdots, x_{n+1}) = \sum_{j=k}^{n} v_j(x_j, u_j)$$

阶段指标之积：

$$V_{kn}(x_k, u_k, x_{k+1}, \cdots, x_{n+1}) = \prod_{j=k}^{n} v_j(x_j, u_j)$$

阶段指标之极大（或极小）：

$$V_{kn}(x_k, u_k, x_{k+1}, \cdots, x_{n+1}) = \max_{k \leqslant j \leqslant n}(\min) v_j(x_j, u_j)$$

这些形式下第 k 到第 j 阶段子过程的指标函数为 $V_{kj}(x_k, u_k, x_{k+1}, \cdots, x_{j+1})$。

根据状态转移方程，指标函数 V_{kn} 还可以表示为状态 x_k 和策略 p_{kn} 的函数，即 $V_{kn}(x_k, p_{kn})$。在 x_k 给定时，指标函数 V_{kn} 对 p_{kn} 的最优值称为最优值函数，记为 $f_k(x_k)$，即

$$f_k(x_k) = \operatorname*{opt}_{p_{kn} \in P_{kn}(x_k)} V_{kn}(x_k, p_{kn})$$

其中，opt 可根据具体情况取 max 或 min。

下面通过例 7.5.1 说明动态规划的概念和求解过程。为了找到例 7.5.1 中 A 到达 G 的最短路线，一个可能的思路是：从图中可以看到，A 点要到达 G 点必然要经过 B_1 和 B_2 中的一个，所以 A 到 G 的最短距离必然等于 B_1 到 G 的最短距离加上 5，或是 B_2 到 G 的最短距离加上 3。同样的，B_1 到 G 的最短距离必然等于 C_1 到 G 的最短距离加上 1 或是 C_2 到 G 的最短距离加上 3，或是 C_3 到 G 的最短距离加上 6，……

还有一种思路是：从 G 出发，到达 G 必然要经过 F_1 或 F_2 中的一个，所以 A 到 G 的最短距离必然等于其到 F_1 的最短距离加上 4，或是其到 F_2 的最短距离加上 3。同样的，A 到 F_1 的最短距离必然是到 E_1 的最短距离加上 3 或是它到 E_2 的最短距离加上 2，或是它到 E_3 的最短距离加上 6，……

用 $v_j(x_j, u_j)$ 表示第 j 阶段处于 x_j 状态且从该状态出发到下一阶段所处状态（即采取决策 u_j）的距离，$V_{kn}(x_k, u_k, x_{k+1}, \cdots, x_{n+1})$ 表示从状态 x_k 出发到终点 $x_{n+1} = G$ 的距离。对例 7.5.1 按逆序推算，旅行者到达 G 前，上一站必然到达 F_1 或 F_2 中的一个，如果上一站是 F_1，则该阶段的最优决策必然为 $F_1 \rightarrow G$，$v_6(F_1, u_6(F_1)) = V_6(F_1, G) = 4$，记 $f_6(F_1) = \min(V_6(F_1, G)) = 4$。类似地，如果旅行者上一站的起点是 F_2，则该阶段的最优决策必然为 $F_2 \rightarrow G$，$v_6(F_2, u_6(F_2)) = V_6(F_2, G) = 3$，记 $f_6(F_2) = \min(V_6(F_2, G)) = 3$。

当旅行者离终点 G 还有两站时，他必然位于 E_1、E_2 或 E_3 中的某一处，此时必须联合考虑两个阶段的最优选择。如果旅行者位于 E_1，则从 E_1 到 G 的路线有两条：$E_1 \rightarrow F_1 \rightarrow G$ 或 $E_1 \rightarrow F_2 \rightarrow G$。此时，$V_{5n}(E_1, F_1, G) = v(E_1, F_1) + V_6(F_1, G) = 3 + 4 = 7$，或者，$V_{5n}(E_1, F_2, G) = v(E_1, F_2) + V_6(F_2, G) = 5 + 3 = 8$。

记 $f_5(E_1) = \min(V_{5n}(E_1, F_2, G), V_{5n}(E_1, F_1, G)) = 7$，即 E_1 到 G 的最短路线为 $E_1 \rightarrow F_1 \rightarrow G$。如果旅行者从 E_2 出发，他的最优选择为

$$\min(V_{5n}(E_2, F_2, G), V_{5n}(E_2, F_1, G)) = 5$$

即从 E_2 到 G 的最短路线为 $E_2 \rightarrow F_2 \rightarrow G$，记 $f_5(E_2) = 5$。如果旅行者从 E_3 出发，他的最优选择为

$$\min(V_{5n}(E_3, F_2, G), V_{5n}(E_3, F_1, G)) = 9$$

即从 E_3 到 G 的最短路线为 $E_3 \rightarrow F_2 \rightarrow G$，记 $f_5(E_3) = 9$。

当旅行者离终点 G 还有三站时，他必然位于 D_1、D_2 或 D_3 的某一处，此时必须联合考虑三个阶段的最优选择。如果旅行者位于 D_1，则他到 G 的最优选择是

$$\min\left\{\begin{matrix} v(D_1, E_1) + f_5(E_1) \\ v(D_1, E_2) + f_5(E_2) \end{matrix}\right\} = 7$$

即从 D_1 到 G 的最短路线为 $D_1 \rightarrow E_2 \rightarrow F_2 \rightarrow G$，记 $f_4(D_1) = 7$。

如果旅行者位于 D_2，则他到 G 的最优选择是

$$\min\left\{\begin{matrix} v(D_2, E_2) + f_5(E_2) \\ v(D_2, E_3) + f_5(E_3) \end{matrix}\right\} = 6$$

即从 D_2 到 G 的最短路线为 $D_2 \rightarrow E_2 \rightarrow F_2 \rightarrow G$，记 $f_4(D_2) = 6$。

如果旅行者位于 D_3，则他到 G 的最优选择是

$$\min\left\{\begin{matrix} v(D_3, E_2) + f_5(E_2) \\ v(D_3, E_3) + f_5(E_3) \end{matrix}\right\} = 8$$

即从 D_1 到 G 的最短路线为 $D_3 \rightarrow E_2 \rightarrow F_2 \rightarrow G$，记 $f_4(D_3) = 8$。

当旅行者离终点 G 还有四站时，他必然位于 C_1、C_2、C_3 或 C_4 的某一处，此时必须联合考虑四个阶段的最优选择。如果旅行者位于 C_1，则他到 G 的最优选择是

$$\min\left\{\begin{matrix} v(C_1, D_1) + f_4(D_1) \\ v(C_1, D_2) + f_4(D_2) \end{matrix}\right\} = 13$$

即从 C_1 到 G 的最短路线为 $C_1 \rightarrow D_1 \rightarrow E_2 \rightarrow F_2 \rightarrow G$，记 $f_3(C_1) = 13$。

如果旅行者位于 C_2，则他到 G 的最优选择是

$$\min\left\{\begin{matrix} v(C_2, D_1) + f_4(D_1) \\ v(C_2, D_2) + f_4(D_2) \end{matrix}\right\} = 10$$

即从 C_2 到 G 的最短路线为 $C_2 \rightarrow D_1 \rightarrow E_2 \rightarrow F_2 \rightarrow G$，记 $f_3(C_2) = 10$。

如果旅行者位于 C_3，则他到 G 的最优选择是

$$\min\left\{\begin{matrix} v(C_3, D_2) + f_4(D_2) \\ v(C_3, D_3) + f_4(D_3) \end{matrix}\right\} = 9$$

即从 C_3 到 G 的最短路线为 $C_3 \rightarrow D_2 \rightarrow E_2 \rightarrow F_2 \rightarrow G$，记 $f_3(C_3) = 9$。

如果旅行者位于 C_4，则他到 G 的最优选择是

$$\min\left\{\begin{matrix} v(C_4, D_2) + f_4(D_2) \\ v(C_4, D_3) + f_4(D_3) \end{matrix}\right\} = 12$$

即从 C_4 到 G 的最短路线为 $C_4 \rightarrow D_3 \rightarrow E_2 \rightarrow F_2 \rightarrow G$，记 $f_3(C_4) = 12$。

当旅行者离终点 G 还有五站时，他必然位于 B_1 或 B_2 中的某一点，此时必须联合考虑五个阶段的最优选择。如果旅行者位于 B_1，则他到 G 的最优选择是

$$\min\left\{\begin{matrix} v(B_1, C_1) + f_3(C_1) \\ v(B_1, C_2) + f_3(C_2) \\ v(B_1, C_3) + f_3(C_3) \end{matrix}\right\} = 13$$

即从 B_1 到 G 的最短路线为 $B_1 \rightarrow C_2 \rightarrow D_1 \rightarrow E_2 \rightarrow F_2 \rightarrow G$，$f_2(B_1) = 13$。

如果旅行者位于 B_2，则他到 G 的最优选择是

$$\min\begin{cases}v(B_2, C_2)+f_3(C_2)\\v(B_2, C_3)+f_3(C_3)\\v(B_2, C_4)+f_3(C_4)\end{cases}=16$$

即从 B_2 到 G 的最短路线为 $B_2 \rightarrow C_3 \rightarrow D_2 \rightarrow E_2 \rightarrow F_2 \rightarrow G$，$f_2(B_2)=16$。

　　六阶段联合考虑时，从 A 出发到 G 的最优选择是

$$\min\begin{cases}v(A, B_1)+f_2(B_1)\\v(A, B_2)+f_2(B_2)\end{cases}=18$$

即从 A 到 G 的最短路线为 $A \rightarrow B_1 \rightarrow C_2 \rightarrow D_1 \rightarrow E_2 \rightarrow F_2 \rightarrow G$，$f_1(A)=18$。

2. 最优化原理和动态规划的数学模型

从例 7.5.1 最短路线的求解过程中可以看出，最优选择是在本阶段决策的指标效益值加上从下一阶段开始采取的最优策略指标效益值两个部分的所有可能组合中进行优化选取的，这是一种递推关系式。美国的别尔曼提出求解动态规划的最优原理：无论过去的状态和决策如何，对先前决策所形成的状态而言，余下的诸决策一定构成最优策略。

根据该原理可以写出动态规划问题的递推关系式，该关系式也被称为动态规划的基本方程，它是动态规划问题求解的基础。

当 $V_{k, n}=\sum_{i=k}^{n}v_i(x_i, u_i)$ 时，有

$$f_x(x_k)=\operatorname*{opt}_{p_{kn}\in P_{kn}(x_k)}\{v_k(x_k, u_k)+f_{k+1}(x_{k+1})\}$$

当 $V_{k, n}=\prod_{i=k}^{n}v_i(x_i, u_i)$ 时，有

$$f_x(x_k)=\operatorname*{opt}_{p_{kn}\in P_{kn}(x_k)}\{v_k(x_k, u_k)\cdot f_{k+1}(x_{k+1})\}$$

综上所述，如果一个问题能用动态规划方法求解，那么，可以按下列步骤建立起动态规划的数学模型：

（1）将过程划分成恰当的阶段。

（2）正确选择状态变量 x_k，使它既能描述过程的状态，又满足无后效性，同时确定允许的状态集合 X_k。

（3）选择决策变量 u_k，确定允许的决策集合 $U_k(x_k)$。

（4）写出状态转移方程。

（5）确定阶段指标 $v_k(x_k, u_k)$ 及指标函数 V_{kn} 的形式（阶段指标之和、阶段指标之积、阶段指标之极大或极小等）。

（6）写出基本方程，即最优值函数满足的递归方程，以及端点条件。

构造和求解动态规划问题时，需要注意以下几点：

（1）状态变量的确定是构造动态规划模型中最关键的一步，状态变量可以是离散的，也可以是连续的，一般状态变量的值可以通过直接或间接的方法测得。

（2）决策变量是对问题进行控制的手段，决策变量可以是一维的，也可以是多维的，它的值可能离散也可能连续。

（3）状态转移规律得到的状态变量可以是确定性的，也可以是具有某种概率分布的随

机变量。这类多阶段的决策过程称为随机性的多阶段决策过程。

从上述动态规划解决问题的过程可以看出：动态规划是求解某类问题的一种方法，是考察问题的一种途径，而不是一种特殊算法。因而，它不像其他规划那样有一个标准的数学表达式和明确定义的一组规则，而必须对具体问题进行具体分析处理。因此在数学建模过程中应以丰富的想象力建立动态规划模型，用创造性的技巧求解实际问题。在7.6节将专门介绍数学建模国赛中的动态规划建模方法的应用案例，希望读者仔细体会动态规划方法的使用。

7.6 应用案例——同心鼓问题(2019CUMCM B题)

"同心协力"是一项团队协作能力拓展项目。项目规则是团队成员每人牵拉一条绳子，使被绳子牵引的"同心鼓"的鼓面保持水平，颠起排球并达到规定的高度。项目目标则是使连续颠球的次数尽可能多。

要求在团队中任一成员都能精确控制用力参数的条件下，设计团队的最佳协作策略，并得到该策略下的颠球高度。

问题分析 题目要求讨论理想状态下的最佳策略，并给出该策略下的颠球高度。首先，由于物体在碰撞前后往往存在能量损失，我们用"恢复系数"e 来度量碰撞后能量的"恢复"程度。理想情况下，若碰撞前后无动能损失，则 $e=1$；若 $0 < e < 1$，则碰撞前后有动能损失。经查阅相关资料，碰撞恢复系数与物体的材料有关，因根据已有条件无法求得，所以假设 e 的取值为 0～1。

由于题中假定每个人在理想情况下都能精确控制、一致用力，这可以避免用力不均衡造成的不稳定现象，因而把自项目开始时理想状态下排球与鼓面的状态分为 5 种。项目的目标是在满足颠球高度的要求下，使连续颠球的次数尽可能多。最佳策略的关键是维持稳定的状态，即确立一组稳定的发力参数，使 5 个状态不断循环转化。

在理想条件下确定团队的最佳策略，使得连续颠球的次数尽可能多，即不断地稳定地循环下去。同时，因为循环，整体策略的最优转化为每一个循环过程状态的最优，并且每一次的循环结果都会对下一次的循环产生影响，基于这个迭代规律，引入动态规划模型，对每个循环中的物理过程进行约束规划，规划的目标是使得每个成员出力最小，且要按照规则完成更多的颠球次数。

为了求解该动态规划模型，我们先推导出循环过程中从第 i 次循环时排球的初始高度 $h_m(i)$ 到第 $i+1$ 次循环时排球的初始高度 $h_m(i+1)$ 的递推关系式，在给定初值 $h_m(0)=40$ cm 的条件下，寻找颠球高度、颠球时机和颠球次数之间的关系，指定合理的策略，使得每一次颠球高度都大于 40 cm，让"同心协力"项目可以进行下去。

除此之外，我们还需要对排球与鼓面的材料(碰撞恢复系数)及发力作用时间 Δt 对结果的影响进行研究，探究动态规划模型的鲁棒性。

模型假设 (1)假设尼龙绳的弹性模量很小，可忽略不计，即尼龙绳在长度方向上不可形变；

(2)假设排球不会转动，即排球仅具有平动的动能；

(3)假设排球与鼓面碰撞时弹力的作用时间很短，可忽略不计；

(4)排球和同心鼓在空气中运动时，受到的空气阻力的量级远小于受到的重力的量级，由此忽略空气阻力对排球与同心鼓的影响。

　　模型建立　排球与同心鼓的运动与碰撞的物理过程，显然要遵守能量守恒定律、动量守恒定律和动能定理。除此之外，形变阶段与恢复阶段碰撞冲量之比可以用来度量碰撞后两物体形变的恢复程度。形变阶段与恢复阶段如图 7.6.1 所示。当两物体处于形变阶段时，原有动能转化为形变的弹性势能；当两物体处于恢复阶段时，原有的弹性势能转化为动能。

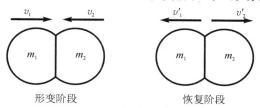

图 7.6.1　碰撞过程中形变阶段和恢复阶段示意图

　　物体在碰撞前后往往存在能量损失，用牛顿恢复系数可度量碰撞后能量恢复程度，其用 e 表示，且定义如下：

$$e = \frac{v_2' - v_1'}{v_1 - v_2}$$

　　恢复系数一般都小于 1 且大于 0（0<e<1），理想情况下，若碰撞前后无动能损失，则 $e=1$；若 0<e<1，则碰撞前后有动能损失。

　　我们认为，排球与鼓面碰撞的物理过程时刻遵循以上提到的物理定律。从项目开始，球体在空气中运动会受到空气阻力的影响，其大小为

$$F_f = \frac{1}{2} C_d \rho v^2 \frac{\pi}{4} D^2$$

式中，C_d 为常数，通常取 0.4；ρ 是空气密度，取 1.239 kg/m³；v 为球体运动速度，本题中，排球最高从 40 cm 落下，最大速度 $v_{max}=2.8$ m/s；D 为球体直径，标准排球的直径为 20.7～21.3 cm。经计算，本题中排球可能受到的最大阻力 $F_{f(max)}=0.0636$ N。空气阻力最大值 $F_{f(max)}$ 远小于排球重力，在后续讨论中可以忽略。

　　1. 状态及状态转移的定义

　　由此，把理想状态下排球与鼓面的状态分为 5 种情况（状态）：

　　状态 1：排球从最高点开始下落，同心鼓位于最低点，速度为零。

　　状态 2：团队成员发力前的时刻，排球下落且具有一定的速度，同心鼓的速度为零。

　　状态 3：团队成员发力后的时刻，由于作用时间较短，排球的速度基本不变，而同心鼓因成员发力而具有一定的速度。

　　状态 4：下降的排球与上升的同心鼓即将碰撞的时刻，此时排球速度向下，同心鼓的速度向上。

　　状态 5：排球与同心鼓发生碰撞后的时刻，此时排球与同心鼓的动量重新分配，排球速度向上，奔向最高点，而同心鼓速度向下，返回最低点。

　　在理想情况下，每个人都能精确控制用力方向、用力时机和用力力度，也就是团队成员能够一致用力，可避免用力不均衡造成的不稳定现象。项目的目标则是在满足颠球高度的要求下，使连续颠球的次数尽可能多。

　　达成目标的最佳策略是一直维持稳定的状态，即确立一组稳定的发力参数，不断循环

地执行下去，如图 7.6.2 所示。

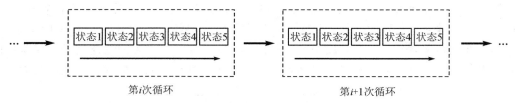

图 7.6.2　整体状态循环示意图

2. 整体策略的描述

"同心协作"项目的目标是使得连续颠球的次数尽可能多，同时满足颠球的高度离开鼓面 40 cm 以上。团队成员使用尼龙牵引绳发力给予"同心鼓"能量，"同心鼓"将排球颠起。为了实现更多的连续颠球次数，在团队成员耐力一定的情况下，要尽可能减小团队成员的发力。若团队成员出力过小，则"同心鼓"获得的能量不足以将球颠起 40 cm。因此整体策略的目标是寻找折中点，使得颠球的高度大于 40 cm 并且逼近 40 cm，同时团队成员发力最小。基于此，我们引入策略迭代的动态规划模型，即应用本次规划的结果约束下一次规划，如图 7.6.3 所示。

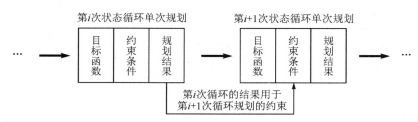

图 7.6.3　迭代动态规划示意图

设第 i 次循环时排球的初始高度为 $h_m(i)$，它也是第 $i-1$ 次循环结束时排球的最大高度，团队的合力为 $F(i)$，则迭代规划目标为

$$\min F(i)\,\mathrm{sign}\,[h_m(i+1)-40]$$

其中，sign 为符号函数，即

$$\mathrm{sign}(x)=\begin{cases}1 & x\geqslant 0 \\ -1 & x<0\end{cases}$$

对于目标函数中的 $\mathrm{sign}\,[h_m(i+1)-40]$，当下一次循环的初始高度（即本次循环排球和同心鼓碰撞后达到的最大高度）大于等于 40 cm 时，sign 函数值恒为 1。在求解目标函数的最小值的迭代过程中，sign 函数本身拥有正数极小值筛选的功能，这确保每次状态循环的初始高度大于 40 cm 并且尽可能地逼近 40 cm。

对于目标函数中的 $F(i)$，其意义为团队成员发力的合力。$F(i)$ 越小，即团队成员出力越小，函数值就越小，符合使团队成员出力最小的规划目标。

为了客观精确地衡量排球和同心鼓的运动状况，以及团队中每个人的用力方向、用力时机以及用力力度，需要仔细分析上面提出的 5 种状态。

3. 各状态的数学模型

首先定义以下变量：同心鼓在第 i 次状态循环中状态 n 的速度为 $v_n^{(1)}(i)$，排球在第 i

次状态循环中状态 n 的速度为 $v_n^{(2)}(i)$。

状态 1：在第 i 次状态循环中，状态 1 为起始状态。此时排球的速度为零，排球的高度为 $i-1$ 次循环结束时排球的最大高度，同心鼓的速度为零。

状态 2：距起始状态 $t_1(i)$ 时间后，团队成员将要发力牵引同心鼓，但还未发力。排球自状态 1 至状态 2，一直自由下落。由牛顿第二定律，排球的速度为 $v_2^{(2)}(i) = gt_1(i)$。同心鼓的速度依然为零。

状态 3：在理想情况下，团队成员可以精确控制发力时机、发力方向与力度。当团队成员对称同时牵拉同心鼓时，水平方向合力为零。设团队成员牵拉时间为 $\Delta t = 0.1\text{ s}$，由于 Δt 较短，牵拉时间内重力对排球的加速作用可以忽略不计。因此，此时排球的速度为

$$v_3^{(2)}(i) \approx v_2^{(2)}(i) = gt_1(i)$$

在较短的 Δt 内，团队合力 $F(i)$ 可视为恒力，故由动量定理，可得

$$\int (F(i) - m_1 g)\mathrm{d}t \approx (F(i) - m_1 g)\Delta t = m_1 v_3^{(1)}(i)$$

其中，m_1 是同心鼓的质量。

状态 4：此时排球即将与同心鼓碰撞，设状态 3 到状态 4 的时间为 $t_2(i)$。而由牛顿运动学规律，排球的速度为

$$v_4^{(2)}(i) = gt_2(i) + v_3^{(2)}(i)$$

相应地，同心鼓的速度为

$$v_4^{(1)}(i) = gt_2(i) + v_3^{(1)}(i)$$

状态 5：此时排球与同心鼓发生碰撞。由于碰撞时间极小，可忽略重力对排球与同心鼓的影响。碰撞过程可认为满足动量守恒条件，碰撞前两者的动量和与碰撞后两者的动量和相等，因此有

$$m_1 v_4^{(1)}(i) + m_2 v_4^{(2)}(i) = m_1 v_5^{(1)}(i) + m_2 v_5^{(2)}(i) \tag{7.6.1}$$

其中，m_2 是排球的质量。

由牛顿碰撞恢复系数理论得

$$e = \frac{v_5^{(2)}(i) - v_5^{(1)}(i)}{v_4^{(1)}(i) - v_4^{(2)}(i)} \tag{7.6.2}$$

由能量守恒定律得

$$\frac{1}{2} m_1 \left[v_4^{(1)}(i) \right]^2 + \frac{1}{2} m_2 \left[v_4^{(2)}(i) \right]^2 = \frac{1}{2} m_1 \left[v_5^{(1)}(i) \right]^2 + \frac{1}{2} m_2 \left[v_5^{(2)}(i) \right]^2 + Q(i) \tag{7.6.3}$$

其中，

$$Q(i) = \frac{m_1 m_2}{2(m_1 + m_2)} (1 - e^2) \left[v_4^{(1)}(i) + v_4^{(2)}(i) \right]^2 \tag{7.6.4}$$

联立式（7.6.1）～式（7.6.4），求解得

$$v_5^{(2)}(i) = \frac{(1+e)m_1 v_4^{(1)} + (em_2 - m_1)v_4^{(2)}}{m_1 + m_2}$$

$$v_5^{(1)}(i) = \frac{(1+e)m_2 v_4^{(2)} + (em_2 - m_1)v_4^{(1)}}{m_1 + m_2}$$

4. 动态规划模型

综合以上各状态所建立的数学方程，得到整体的动态规划，如式（7.6.5）所示。

$$\min F(i)\,\text{sign}\,[h_m(i+1)-40]$$

$$\text{s. t.}\begin{cases} v_3^{(2)}(i)=gt_1(i) \\ (F(i)-m_1g)\Delta t=m_1v_3^{(1)}(i) \\ v_4^{(2)}(i)=gt_2(i)+v_3^{(2)}(i) \\ v_4^{(1)}(i)=gt_2(i)+v_3^{(1)}(i) \\ h_m(i+1)>40 \\ v_5^{(2)}(i)=\dfrac{(1+e)m_1v_4^{(1)}+(em_2-m_1)v_4^{(2)}}{m_1+m_2} \\ v_5^{(1)}(i)=\dfrac{(1+e)m_2v_4^{(2)}+(em_2-m_1)v_4^{(1)}}{m_1+m_2} \end{cases} \quad (7.6.5)$$

迭代求解该规划模型，可以获得每一次颠球过程中团队的用力力度、用力方向以及用力时机，此即团队的最佳协作策略。

5. 模型求解

1）递推关系式的求解

经计算，可得颠球高度 $h_m(i)$ 的递推关系式为

$$h_m(i+1)=\frac{1}{2}\frac{v_5^{(2)}(i+1)}{g}+v_3^{(1)}(i+1)t'-\frac{1}{2}gt'^2$$

其中，

$$v_3^{(1)}(i+1)=\frac{(F(i)-m_1g)\Delta t}{m_1}$$

$$t'=\frac{h_3^{(2)}(i+1)}{v_3^{(1)}(1+i)+gt_1}$$

$$h_3^{(2)}(i+1)=h_m(i)-\frac{1}{2}gt_1^2$$

$$v_5^{(2)}(i+1)=\frac{1}{m_1+m_2}\Big[m_2g(t_1+t')+(e-1)m_1[v_3^{(1)}(1+i)-gt']+$$
$$em_1g(t_1+t')\Big]$$

至此，我们得到 $h_m(i)$ 到 $h_m(i+1)$ 的递推关系式，以及 $h_m(i)$ 的初始条件 $h_m(0)=40$。

2）颠球高度与颠球时机的求解

为了简化颠球高度与颠球时机的求解，引入蒙特卡罗算法来获取迭代目标函数式（7.6.5）的最优解。其算法流程如图 7.6.4 所示。

在迭代优化过程中，每次迭代都应用该算法获得单次迭代最值。考虑到排球与同心鼓鼓面的材料种类，选取 $e=0.8$。应用以上的递推关系式，迭代 15 次，得到如图 7.6.5 所示的颠球高度情况。

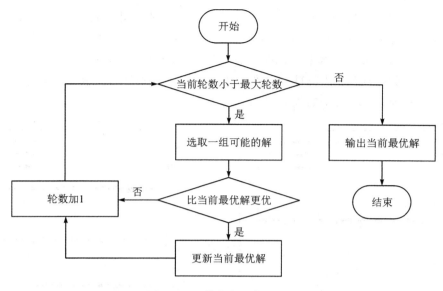

图 7.6.4 蒙特卡罗算法流程

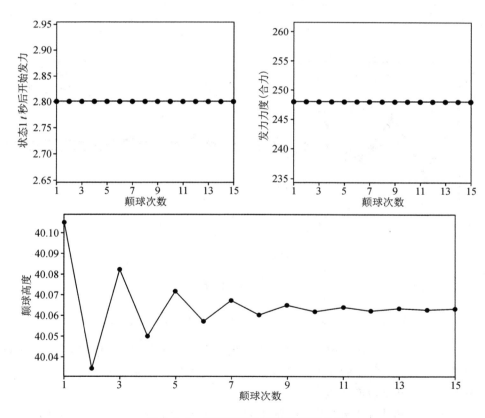

图 7.6.5 颠球高度与颠球次数的关系

由图 7.6.5 可知，每一次颠球高度都大于 40 cm，且颠球的高度随着颠球次数的增加逐渐稳定，稳定值接近 40 cm 且大于 40 cm，则"同心协力"项目可以进行下去；每次颠球的发力时机都是固定的，即在球自最高点下落后 2.8 s 出力。

实际上，不同材料的排球与鼓面影响着"同心鼓"项目中团队成员的发力情况。为了讨论材料的影响，选取几种不同材料的排球与同心鼓，在不同牛顿碰撞恢复系数 e 的情形下，探究团队成员的发力变化。选取牛顿碰撞恢复系数为 $e=0.8$，$e=0.9$，$e=1.0$ 的三种情况，按照上述的策略模型，当颠球高度高于 40 cm 时，分别计算其竖直方向上需要的合力值、颠球次数以及颠球高度，结果如图 7.6.6 所示。

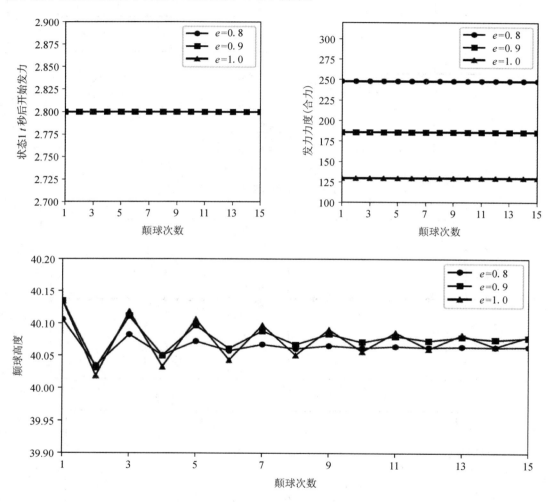

图 7.6.6 不同牛顿碰撞恢复系数对发力时间、颠球高度以及发力力度的影响

从图 7.6.6 发现，牛顿碰撞恢复系数越高的材料，所需的发力力度越小；而牛顿碰撞恢复系数越低的材料，所需的发力力度越大；而牛顿碰撞恢复系数不同的材料对颠球发力时机以及颠球高度几乎没有影响。

这个结论对实际情况下开展"同心协力"项目具有指导意义。在选择项目用的排球与鼓时，要注意球与鼓的弹性，应在一般人的肌肉力量范围内选择，避免不当道具阻碍项目进行的可能。

习　题　7

1. 某厂生产甲、乙两种产品，分别由四台机床加工，加工顺序任意，在一个生产期内，各机床的有效工作时数、各产品在各机床的加工时数等参数如表 7.1 所示。

表 7.1　各机床加工效率与有效工作时数

加工时数　产品　　机床	A	B	C	D	单价/(百元/件)
甲	2	1	4	0	2
乙	2	2	0	1	3
有效时数/h	240	200	180	140	

(1) 求收入最大时的生产方案；

(2) 若引进产品丙，每件在机床 A、B、C、D 的加工时间分别为 3 h、2 h、4 h、3 h，丙的单价为多少才宜投产？当丙的单价为 4(百元/件)时，求丙投产后的生产方案。

2. 某储蓄所每天的营业时间是上午 9:00 到下午 5:00。根据经验，每天不同时间段所需要的服务员数量如表 7.2 所示。

表 7.2　各时间段所需服务员数

时段数/h	9:00~10:00	10:00~11:00	11:00~12:00	12:00~1:00	1:00~2:00	2:00~3:00	3:00~4:00	4:00~5:00
服务员数量/名	4	3	4	6	5	6	8	8

储蓄所可以雇佣全时和半时两类服务员。全时服务员每天报酬 100 元，从上午 9:00 到下午 5:00 工作，但中午 12:00 到下午 2:00 之间必须安排 1 h 午餐时间。储蓄所每天可以雇佣不超过 3 名的半时服务员，每个半时服务员必须连续工作 4 h，其报酬为 40 元。问：该储蓄所应如何雇佣全时和半时两类服务员？如果不能雇佣半时服务员，每天应至少增加多少费用？如果雇佣半时服务员的数量没有限制，每天可以减少多少费用？

3. 一家保姆服务公司专门向雇主提供保姆服务。根据估计，下一年的需求是：春季 6000 人/日，夏季 7500 人/日，秋季 5500 人/日，冬季 9000 人/日。公司新招聘的保姆必须经过 5 天的培训才能上岗，每个保姆每季度工作(新保姆包括培训)65 天。保姆从该公司而不是从雇主那里得到报酬，每人每月 800 元。春季开始时公司拥有 120 名保姆，在每季结束后，将有 15% 的保姆自动离职。

(1) 如果公司不允许解雇保姆，请你为公司制订下一年的招聘计划，说明哪些季度需求的增加不影响招聘计划，可以增加多少？

(2) 如果公司在每个季度结束后允许解雇保姆，请为公司制订下一年的招聘计划。

4. 某钢管零售商从钢管厂进货，再将钢管按照顾客的要求切割后售出。从钢管厂进货时得到的原料钢管长度都是 1850 mm。现有一客户需要 15 根 290 mm、28 根 315 mm、21 根 350 mm 和 30 根 455 mm 的钢管。为了简化生产过程，规定所使用的切割模式的种类不能超过四种，使用频率最高的一种切割模式按照一根原料钢管价值的 10% 增加费用，使用频率次之的切割模式按照一根原料价值的 20% 增加费用，依次类推，且每种切割模式下的切割次数不能太多（一根原料钢管最多生产 5 根产品）。此外，为了减少余料浪费，每种切割模式下的余料浪费不能超过 100 mm，为了使总费用最小，应如何下料？

5. NBA 篮球比赛中，选择哪些队员上场参加比赛要同时考虑队员的进攻能力和防守能力，分别用指标 RSH1 和 RSH2 表示。休斯顿火箭队有 11 名队员，各自的进攻能力和防守能力以及赛场上的位置见表 7.3。现要选择 5 名队员上场，其中只能有 2 名前锋、2 名后卫、1 名中锋。

问：（1）为了使比赛时球队具有强大的进攻能力，应如何选择队员？

（2）为了使比赛时球队具有强大的防守能力，应如何选择队员？

（3）如果比赛时同时兼顾球队的进攻能力和防守能力，应如何选择队员？

表 7.3　队员能力指标及位置

球员名字	RSH1	RSH2	位置
威瑟斯庞	0.473	0.364	前锋
皮亚考斯基	0.361	0.212	前锋或后卫
泰勒	0.633	0.833	前锋
帕吉特	0.348	0.333	前锋
维尔克斯	0.427	0.273	后卫
纳齐巴	0.361	0.379	前锋
杰克逊	0.679	0.652	前锋
卡托	0.394	0.879	前锋或中锋
莫布里	0.758	0.576	后卫
弗朗西斯	0.745	0.742	中卫
姚明	0.794	0.939	中锋

6. 在一年一度的中国和美国大学生数学建模竞赛活动中，任何一个参赛院校都会遇到如何选拔最优秀队员和科学合理组队的问题。这是一个最实际的而且首先需要解决的问题。

现在假设有 20 名队员准备参加竞赛，根据队员的能力和水平要选出 18 名优秀队员分别组成 6 个队，每个队 3 名队员去参加比赛。选择队员主要考虑的条件依次为有关学科成绩（平均成绩）、智力水平（反应思维能力、分析问题和解决问题的能力等）、动手能力（计算机的使用和其他方面实际操作能力）、写作能力、外语能力、协作能力和其他特长。每个队员的基本条件量化后见表 7.4。

表 7.4　队员能力数据

队员	科学成绩	智力水平	动手能力	写作水平	外语水平	协作能力	其他特长
1	8.6	9.0	8.2	8.0	7.9	9.5	6
2	8.2	8.8	8.1	6.5	7.7	9.1	2
3	8.0	8.6	8.5	8.5	9.2	9.6	8
4	8.6	8.9	8.3	9.6	9.7	9.7	8
5	8.8	8.4	8.5	7.7	8.6	9.2	9
6	9.2	9.2	8.2	7.9	9.0	9.0	6
7	9.2	9.6	9.0	7.2	9.1	9.2	9
8	7.0	8.0	9.8	6.2	8.7	9.7	6
9	7.7	8.2	8.4	6.5	9.6	9.3	5
10	8.3	8.1	8.6	6.9	8.5	9.4	4
11	9.0	8.2	8.0	7.8	9.0	9.5	5
12	9.6	9.1	8.1	9.9	8.7	9.7	6
13	9.5	9.6	8.3	8.1	9.0	9.3	7
14	8.6	8.3	8.2	8.1	9.0	9.0	5
15	9.1	8.7	8.8	8.4	8.8	9.4	5
16	9.3	8.4	8.6	8.8	8.6	9.5	6
17	8.4	8.0	9.4	9.2	8.4	9.1	7
18	8.7	8.3	9.2	9.1	8.7	9.2	8
19	7.8	8.1	9.6	7.6	9.0	9.6	9
20	9.0	8.8	9.5	7.9	7.7	9.0	6

　　假设所有队员接受了同样的培训，外部环境相同，竞赛中不考虑其他的随机因素，竞赛水平的发挥取决于所给的各项条件，并且参赛队员都能正常发挥自己的水平。现在的问题是：

　　(1) 在 20 名队员中选拔 18 名优秀队员参加竞赛；

　　(2) 确定一个最佳的组队使竞赛的技术水平最高；

　　(3) 给出由 18 名队员组成的 6 个队的组队方案，使整体竞赛的技术水平最高，并给出每个队的竞赛水平。

第 8 章　图与网络建模方法

　　大家熟知的有趣的游戏，比如迷宫问题、棋盘上马的行走路线问题、哥尼斯堡七桥问题等促发了图论的早期研究，随后著名的四色猜想和汉密尔顿（环游世界）数学难题推动了图论的进一步发展。1847 年，将图论应用于电路网络分析，是它在工程科学中最早的应用。随着科学的发展，图与网络已经成为运筹学的一个重要分支，图与网络建模方法在通信、交通运输、管理决策、工业控制、调度等方面也发挥出越来越大的作用。本章介绍图与网络的基本概念、建模方法，以及一些典型的应用案例。

8.1　图论概述

　　图在日常生活中会经常碰到，如公路或铁路交通图、供水管道或天然气管道等各种各样的图。它以点表示具体事物，以连接两点的线段（直或曲）表示两个事物之间的特定联系。通过这样的图，可以方便直观地描述和表达一个具体问题。如果以 V 表示点的集合，以 E 表示边的集合，不考虑点的位置和连接线的曲直长短，形成的关系结构就是一个图，记为 $G=(V,E)$。V 是以上述点为元素的顶点集，E 是以上述连线为元素的边（弧）集。图 G 的顶点数用符号 $|V|$ 表示，边数用 $|E|$ 表示。

　　如果图的各条边都有方向，则称之为有向图，否则称为无向图；如果有的边有方向，有的边无方向，则称为混合图。

　　如果 $e=v_iv_j\in E$，则称顶点 v_i 和 v_j 相邻，也就是图的两顶点之间有边相连，此时称两顶点相邻，称 v_i 和 v_j 为边 e 的端点，也称边 e 和 v_i、v_j 关联；若 $e_i,e_j\in E$，且 e_i、e_j 有公共的端点，则称 e_i、e_j 是相邻的。

　　与顶点 v 关联的边数之和称为该顶点的度数，记为 $d(v)$。度数为奇数的顶点称为奇点，否则为偶点。当 $d(v)=0$ 时，称之为孤立点。

　　端点重合为一点的边称为环。一个图如果既没有环也没有两条边连接同一对顶点，则称为简单图（Simple Graph）。

　　设 $W=v_0e_1v_1e_2\cdots e_iv_j\cdots e_kv_k$，其中 $e_i\in E(i=1,2,\cdots,k)$；$v_j\in V(j=0,1,\cdots,k)$。若 e_i 与 v_{i-1} 和 v_i 关联，则称 W 是图 G 的一条道路（路径或通道），其中 v_0 为起点，v_k 为终点，k 为路长；如果 W 上的边互不相同，称 W 为图 G 的迹；如果 W 上的顶点互不相同，称 W 为图 G 的链（路）；若 W 是一条链，则 W 可以简记为 (v_0,v_k) 或 $P(v_0,v_k)$；起点和终点重合且长至少为 1 的道路称为回路；起点和终点重合且长至少为 1 的迹称为闭迹；起点和终点重合的链称为圈。

　　如果图 G 和图 H 满足 $V(H)\subseteq V(G)$，$E(H)\subseteq E(G)$，则称 H 是 G 的子图，记为 $H\subseteq G$。如果图 G 和图 H 满足 $V(H)=V(G)$，$E(H)\subseteq E(G)$，则称 H 是 G 的生成子图。

　　如果图中任意两顶点分别为某条道路的起点和终点，则称此图为连通图，否则称为非连通图。称两顶点 u、v 分别为起点和终点的最短链之长为顶点 u、v 的距离。如果 $H \subseteq G$，且 H 是连通图，则称 H 为 G 的联通子图。

图论中有几种特殊的图在应用中是比较重要的，下面分别阐述。

（1）完全图：任何一对顶点都相邻的图称为完全图，否则称为非完全图。

（2）二部图（二分图）：设 G 是一个图，如果存在 $V(G)$ 的一个划分 X、Y，即 $V(G) = X \cup Y$，$X \cap Y = \varnothing$，且 $|X| \cdot |Y| \neq 0$，使得 G 中任何一条边的一个端点在 X 中，另一个端点在 Y 中，则称 G 为二部图，记作 $G = (X, Y, E)$，如图 8.1.1 所示。特别地，如果 X 中的每一个顶点都与 Y 的每一个顶点相邻，则称此二部图为完全二部图，若 $|X| = m$，$|Y| = n$，则此完全二部图 $G = (X, Y, E)$ 记为 K_{mn}。

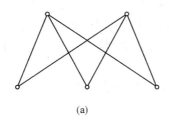 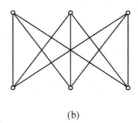

(a)　　　　　　　　　　　(b)

图 8.1.1　二部图

对二部图有如下结论：当且仅当 G 中不包含长为奇数的圈时，图 G 为二部图。

（3）Euler 图：图 G 中存在包含一切边的闭迹 W，见图 8.1.2(a)。当且仅当 G 中无奇点时图 G 是 Euler 图。

（4）Hamilton 图：图 G 中存在一条包含所有顶点的圈 C，见图 8.1.2(b)。

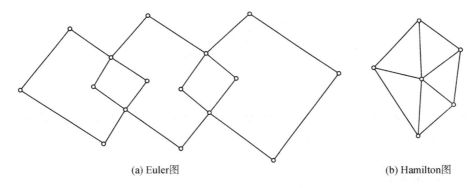

(a) Euler图　　　　　　　　　　(b) Hamilton图

图 8.1.2　Euler 图与 Hamilton 图

（5）赋权图（无向网络）：给边加权 w，其中 w 是 $E(G)$ 上的一个实值函数，称为 G 的权函数，这时 G 记为 $G = (V(G), E(G), w)$。

图论是以图为研究对象的数学分支。数学建模中的最短路问题、旅行商问题、邮递员问题、指派问题等都可以通过图论模型及方法解决。

为了在计算机上实现图论优化的算法，首先必须有一种方法在计算机上描述图与网络。一般来说，算法的好坏与图的具体表示方法，以及中间结果的操作方案有着直接关系。通常计算机上用来描述图与网络的表示方法为：邻接矩阵表示法、关联矩阵表示法、弧表表示法、邻接表表示法和星形表示法。

设 $G = (V, E)$ 是一个简单有向图，$|V| = n$，$|E| = m$，V 中的顶点用自然数 $1, 2, \cdots,$ n 表示或编号，E 中的边用自然数 $1, 2, \cdots, m$ 表示或编号。对于有多重边或无向图的情况，将在讨论简单有向图的表示方法之后，再进行一些相应的处理就可以方便得到。

1）邻接矩阵表示法

邻接矩阵表示法是将图以邻接矩阵的形式存储在计算机中。图 $G = (V, E)$ 的邻接矩阵定义如下：C 是一个 $n \times n$ 的 $0-1$ 矩阵，即

$$C = (c_{ij})_{n \times n} \in \{0, 1\}^{n \times n}$$

$$c_{ij} = \begin{cases} 1 & (i, j) \in E \\ 0 & (i, j) \notin E \end{cases}$$

也就是说，如果两个节点之间有一条边，则邻接矩阵中对应的元素为 1；否则为 0。可以看出，这种表示法非常简单、直接。如果网络比较稀疏，则邻接矩阵的所有 n^2 个元素中，只有 m 个元素非零，因此这种表示法浪费大量的存储空间，从而增加了在图中查找边（弧）的时间。

例 8.1.1　对于图 8.1.3 所示的图，可以用邻接矩阵表示为

$$\begin{bmatrix} 0 & 1 & 1 & 0 & 0 \\ 0 & 0 & 0 & 1 & 0 \\ 0 & 1 & 0 & 0 & 0 \\ 0 & 0 & 1 & 0 & 1 \\ 0 & 0 & 1 & 1 & 0 \end{bmatrix}$$

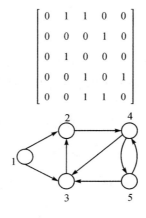

图 8.1.3　例 8.1.1 图

同样，对于网络中的权，也可以用类似邻接矩阵的 $n \times n$ 矩阵表示。只是此时一条弧所对应的元素不再是 1，而是相应的权。如果网络中每条弧赋有多种权，则可以用多个矩阵表示这些权。

2）关联矩阵表示法

关联矩阵表示法是将图以关联矩阵的形式存储在计算机中。图 $G = (V, E)$ 的关联矩阵 B 定义如下：B 是一个 $n \times m$ 的矩阵，即

$$B = (b_{ik})_{n \times m} \in \{-1, 0, 1\}^{n \times m}$$

$$b_{ik} = \begin{cases} 1 & \exists j \in V, k = (i, j) \in E \\ -1 & \exists j \in V, k = (j, i) \in E \\ 0 & 其他 \end{cases}$$

也就是说，在关联矩阵中，每行对应于图的一个节点，每列对应于图的一条边。如果一个节点是一条边的起点，则关联矩阵中对应的元素为 1；如果一个节点是一条边的终点，则关联矩阵中对应的元素为 -1；如果一个节点与任何一条边都不关联，则关联矩阵中对应的

元素为 0。可以看出，关联矩阵这种表示法也非常简单、直接。但是对于稀疏图或稀疏网络，这种表示法同样会浪费大量的存储空间。

例 8.1.2　例 8.1.1 所示的图，如果关联矩阵中每列所对应边的顺序为(1，2)、(1，3)、(2，4)、(3，2)、(4，3)、(4，5)、(5，3)和(5，4)，则关联矩阵表示为

$$\begin{bmatrix} 1 & 1 & 0 & 0 & 0 & 0 & 0 & 0 \\ -1 & 0 & 1 & -1 & 0 & 0 & 0 & 0 \\ 0 & -1 & 0 & 1 & -1 & 0 & -1 & 0 \\ 0 & 0 & -1 & 0 & 1 & 1 & 0 & -1 \\ 0 & 0 & 0 & 0 & 0 & -1 & 1 & 1 \end{bmatrix}$$

同样，对于网络中的权，也可以通过对关联矩阵的扩展来表示。例如，如果网络中每条边有一个权，可以把关联矩阵增加一行，把每一条边所对应的权存储在增加的行中。如果网络中对每条边赋有多个权，则可以将关联矩阵增加相应的行数，把每一条边所对应的权存储在增加的行中。

3）邻接表表示法

邻接表表示法是将图以邻接表的形式存储在计算机中。所谓图的邻接表，即图的所有节点的邻接表的集合；对每个节点而言，它的邻接表就是它的所有出弧。邻接表表示法就是对图的每个节点，用一个单向链表列出从该节点出发的所有弧，链表中每个单元对应于一条出弧。为了记录弧上的权，链表中每个单元除列出弧的另一个端点外，还可以包含弧上的权作为数据域。图的整个邻接表可以用一个指针数组表示。例如，例 8.1.1 所示的图，其邻接表表示见表 8.1.1。

表 8.1.1　邻接表

这是一个 5 维指针数组，每一维(上面表示法中的每一行)对应于一个节点的邻接表，如第 1 行对应于第 1 个节点的邻接表(即第 1 个节点的所有出弧)。每个指针单元的第 1 个数据域表示弧的另一个端点(弧的头)，后面的数据域表示对应弧上的权。如第 1 行中的"2"表示弧的另一个端点为 2(即弧为(1，2))，"8"表示对应弧(1，2)上的权为 8；"3"表示弧的另一个端点为 3(即弧为(1，3))，"9"表示对应弧(1，3)上的权为 9。又如，第 5 行说明节点 5 出发的弧有(5，3)、(5，4)，它们对应的权分别为 6 和 7。

对于有向图 $G=(V,E)$，一般用 $E(i)$ 表示节点 i 的邻接表，即节点 i 的所有出弧构成的集合或链表(实际上只需要列出弧的另一个端点，即弧的头)。例如上面的例子中，$E(1)=\{2,3\}$。

掌握图或网络的矩阵表示，可以方便地使用 MATLAB 软件实现图的一些算法，尽管算法可能并不高效。邻接表表示法在实际算法实现中都是经常采用的，邻接表表示法对那些提供指针类型的语言(如 C 语言等)是方便的，且增加或删除一条弧所需的计算工作量

很少。

弧表示法和星形表示法不进行介绍，有兴趣的读者可以参阅有关参考书。对于网络图的表示法，有以下几点需要注意：

（1）当网络不是简单图，而是具有平行边（即多重弧）时，显然，此时邻接矩阵表示法是不能采用的，其他方法则可以很方便地推广到可以处理平行弧的情形。

（2）上述方法可以很方便地推广到无向图的情形，但对无向图需要做一些自然的修改。例如，可以在计算机中只存储邻接矩阵的一半信息（如上三角部分），因为此时邻接矩阵是对称矩阵；无向图的关联矩阵只含有元素 0 和＋1，而不含有－1，因为此时不区分边的起点和终点；在其邻接表表示法中，每条边被存储两次。

8.2　树图及最小生成树算法

树图是一类简单而十分有用的图。连通的无圈图叫作树，记为 $T(V, E)$。这类图因与大自然中树的特征相似而得名。管理组织机构、学科分类和铁路专用线往往都可以用树图表示。若图 G 满足 $V(G)=V(T)$，$E(T)\subseteq E(G)$，则称 T 是 G 的生成树。图 G 连通的充分必要条件为 G 有生成树。一个连通图的生成树是不唯一的，称权值最小的生成树为最小生成树。

以下不加证明地给出树的常用的 5 个充要条件：

定理 8.2.1　（1）$G=G(V, E)$ 是树 $\Leftrightarrow$ G 中任意两顶点之间有且仅有一条通道。

（2）G 是树 $\Leftrightarrow$ G 无圈，且 $|E|=|V|-1$。

（3）G 是树 $\Leftrightarrow$ G 连通，且 $|E|=|V|-1$。

（4）G 是树 $\Leftrightarrow$ G 连通，且 $\forall e\in E$，$G-e$ 不连通。

（5）G 是树 $\Leftrightarrow$ G 无圈，$\forall e\notin E$，$G+e$ 恰有一个圈。

怎么来找一个图的树或者最小生成树呢？构造最小生成树的常用算法有三种：Prim 算法、Kruskal 算法和破圈法。

1. Prim 算法

设有两个集合 P 和 Q，其中 P 用于存放 G 的最小生成树中的顶点，集合 Q 存放 G 的最小生成树中的边。令集合 P 的初值为 $P=\{v_1\}$（假设构造最小生成树时，从顶点 v_1 出发），集合 Q 的初值为 $Q=\varnothing$。Prim 算法的思想是：从所有 $p\in P$，$v\in V-P$ 的边中，选取具有最小权值的边 pv，将顶点 v 加入集合 P 中，将边 pv 加入集合 Q 中，如此不断重复，直到 $P=V$，最小生成树构造完毕，这时集合 Q 中包含了最小生成树的所有边。

Prim 算法过程如下：

（1）$P=\{v_1\}$，$Q=\varnothing$；

（2）while $P\neq V$

　　　　$pv=\min\{w_{pv}, p\in P, v\in V-P\}$

　　　　$P=P+\{v\}$

　　　　$Q=Q+\{pv\}$

　　　　End

例 8.2.1　求图 8.2.1 的最小生成树。

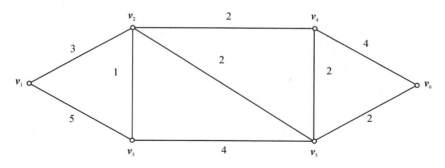

图 8.2.1　例 8.2.1 图

解　解法步骤如下：
① 从 v_1 出发求最小生成树：

$$P = \{v_1\},\ Q = \varnothing,\ V - P = \{v_2,\ v_3,\ v_4,\ v_5,\ v_6\}$$

②

$$P = \{v_1,\ v_2\},\ V - P = \{v_3,\ v_4,\ v_5,\ v_6\}$$

③

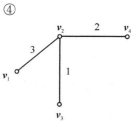

$$P = \{v_1,\ v_2,\ v_3\},\ V - P = \{v_4,\ v_5,\ v_6\}$$

④

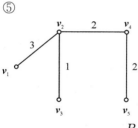

$$P = \{v_1,\ v_2,\ v_3,\ v_4\},\ V - P = \{v_5,\ v_6\}$$

⑤

$$P = \{v_1,\ v_2,\ v_3,\ v_4,\ v_5\},\ V - P = \{v_6\}$$

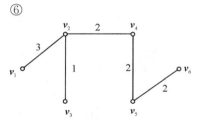

⑥

$P = \{v_1, v_2, v_3, v_4, v_5, v_6\}$，$V - P = \varnothing$，算法中止。

从而求得最小生成树，且其权为 10。

当图是稀疏图时，Kruskal 算法比较适合用来求最小生成树。

2. Kruskal 算法

Kruskal 算法步骤如下：

（1）选 $e_1 \in E(G)$，使得 $w(e_1) = \min$。

（2）若 $e_1, e_2, \cdots, e_i$ 已选好，则从 $E(G) - \{e_1, e_2, \cdots, e_i\}$ 中选取 e_{i+1}，使得 $G[\{e_1, e_2, \cdots, e_i, e_{i+1}\}]$ 中无圈，且 $w(e_{i+1}) = \min$。

（3）直到选得 $e_{|v|-1}$ 为止。

3. 破圈法

破圈法就是在图中任意取一个圈，从圈中去掉权最大的边，即将这个圈破掉。重复这个过程，直到图中没有圈为止，保留下的边所组成的图即为最小生成树。具体算法步骤请读者仿照 Prim 算法或 Kruskal 算法。

Prim 算法、Kruskal 算法和破圈法，各自思考问题的角度不同，一个从顶点集考虑，一个从边集考虑，一个从图 G 出发，分别实现了找到图的最小生成树的目的。Prim 算法从单个顶点出发，利用贪心策略构造最小生成树，算法的效率只与图的顶点数有关，与边数无关，故适合顶点数目稀少的图，即密集图；而 Kruskal 算法只与图的边数有关，故适合边数较少的稀疏图；破圈法是从图 G 出发，逐步去边破圈得到最小生成树，它最适合在图上工作，当图较大时，可以几个人同时在各子图上工作，因此破圈法比较实用。

8.3　最短路问题算法

最短路问题就是从给定的网络图中找出任意两点之间距离最短的一条路。这里的距离是广义的说法，在实际网络中，距离可以是时间、费用等等。

求最短路问题有两种算法，一是求从某一点至其他各点之间距离最短的 Dijkstra 算法；另一种是求网络图上任意两点之间最短距离的 Floyd 算法。

1. Dijkstra 算法

Dijkstra 算法的基本思想是：假定 $v_1 \to v_2 \to v_3 \to v_4$ 是 $v_1 \to v_4$ 的最短路（见图 8.3.1），则 $v_1 \to v_2 \to v_3$ 一定是 $v_1 \to v_3$ 的最短路，$v_2 \to v_3 \to v_4$ 一定是 $v_2 \to v_4$ 的最短路；否则，设 $v_1 \to v_3$ 之间的最短路为 $v_1 \to v_5 \to v_3$，就有 $v_1 \to v_5 \to v_3 \to v_4$ 必小于 $v_1 \to v_2 \to v_3 \to v_4$，这与假设矛盾。

用 d_{ij} 表示图中两相邻顶点 v_i、v_j 的距离，若 i、j 不相邻，令 $d_{ij} = \infty$，显然 $d_{ii} = 0$。

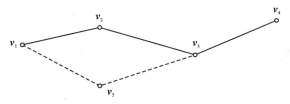

图 8.3.1　最短路示意图

若用 L_{si} 表示从顶点 s 到顶点 i 的最短距离，现欲求从顶点 s 到某一顶点 t 的最短路。采用 Dijkstra 算法的步骤如下：

(1) 令 $L_{ss}=0$，对 $v \neq s$，令 $L_{sv}=\infty$，$S_0=\{s\}$，$i=0$。

(2) 对每个 $v \in \overline{S_i}$（$\overline{S_i}=V-S_i$），用 $\min\limits_{u \in S_i}\{L_{sv}, L_{su}+d_{uv}\}$ 代替 L_{sv}。计算 $\min\limits_{v \in \overline{S_i}}\{L_{sv}\}$，把达到这个最小值的一个顶点记为 v_{i+1}，令 $S_{i+1}=S_i \bigcup \{v_{i+1}\}$。

(3) 若 $i=|V|-1$，则停止；若 $i<|V|-1$，则用 $i+1$ 代替 i，转步骤(2)。

该算法结束时，从 s 到各顶点 v 的距离由 v 的最后一次的标号 L_{sv} 给出。在 v 进入 S_i 之前的标号 L_{sv} 叫 T 标号，v 进入 S_i 时的标号 L_{sv} 叫 P 标号。该算法就是不断修改各顶点的 T 标号，直至获得 P 标号。若在该算法运行过程中，将每一顶点获得 P 标号所由来的边在图上标明，则该算法结束时，s 至各顶点的最短路也在图上标示出来了。

例 8.3.1　用 Dijkstra 算法求图 8.3.2 中 v_1 到 v_6 的最短路。

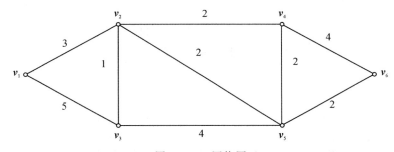

图 8.3.2　网络图

利用 Dijkstra 算法，编写 MATLAB 程序，得最短路为 $v_1 \rightarrow v_2 \rightarrow v_5 \rightarrow v_6$。

注意　Dijkstra 算法只适用于全部权为非负的情况，如果某边上权为负，则算法失效。

在实际问题中求网络中任意两点之间的最短路时，如果采用 Dijkstra 算法，只需要每次以不同的顶点作为起点，求出从该起点到其余顶点的最短路，反复执行 n 次这样的操作，就可得到从每一个顶点到其他顶点的最短路。这种算法的时间复杂度大，很麻烦。Floyd R W 提出了解决这一问题的方法，称之为 Floyd 算法，Floyd 算法通过矩阵计算网络各点之间的最短距离。

2. Floyd 算法

假设图 $G=(V,E)$ 权的邻接矩阵为

$$\boldsymbol{D}_0=\begin{bmatrix} d_{11} & d_{12} & \cdots & d_{1n} \\ d_{21} & d_{22} & \cdots & d_{2n} \\ \vdots & \vdots & \cdots & \vdots \\ d_{n1} & d_{n2} & \cdots & d_{nn} \end{bmatrix}$$

$\mathbf{D}_0$ 存放各边长度（权），其中：

$d_{ii}=0$， $i=1, 2, \cdots, n$；

$d_{ij}=\infty$， i、j 之间没有边；

$d_{ij}=w_{ij}$， w_{ij} 是 i、j 之间边的长度（权），$i, j=1, 2, \cdots, n$。

对于无向图，$\mathbf{D}_0$ 是对称矩阵，$d_{ij}=d_{ji}$。

Floyd 算法的基本思想是：矩阵 $\mathbf{D}_0$ 表明从 i 点到 j 点的直接最短距离，但实际上从 i 到 j 的最短路不一定是 $i \rightarrow j$，可能是 $i \rightarrow l \rightarrow j$，$i \rightarrow l \rightarrow k \rightarrow j$，或者 $i \rightarrow l \rightarrow \cdots \rightarrow k \rightarrow j$。先考虑 i 与 j 之间有一个中间点的情况，如图 8.3.2 中 $v_1 \rightarrow v_2$ 的最短距离为 $\min\{d_{11}+d_{12}, d_{12}+d_{22}, d_{13}+d_{32}, d_{14}+d_{42}, d_{15}+d_{52}, d_{16}+d_{62}\}$，也就是 $\min\{d_{1r}+d_{r2}\}$。因此可以构造新的矩阵 $\mathbf{D}_1$，令 $\mathbf{D}_1$ 的每个元素 $d_{ij}^{(1)}=\min\{d_{ir}+d_{rj}\}$，则矩阵 $\mathbf{D}_1$ 给出了网络中任意两点之间直接到达和包含经 1 个中间点时的最短距离。运用同样的思想再构造 $\mathbf{D}_2$，令 $d_{ij}^{(2)}=\min\{d_{ir}^{(1)}+d_{rj}^{(1)}\}$，则 $\mathbf{D}_2$ 给出了网络中任意两点之间直接到达和包含经 1～3 个中间点时的最短距离。一般地，有 $d_{ij}^{(k)}=\min\{d_{ir}^{(k-1)}+d_{rj}^{(k-1)}\}$，矩阵 $\mathbf{D}_k$ 给出了网络中任意两点之间直接到达和经过 1 个、2 个、$\cdots$、(2^k-1) 个中间点时得到的最短距离。

如果计算中出现 $\mathbf{D}_{m+1}=\mathbf{D}_m$，则计算结束，矩阵 $\mathbf{D}_{m+1}$ 中的各元素即为各点间的最短距离。

采用 Floyd 算法可得图 8.3.2 中各点间最短距离矩阵为

$$
\begin{bmatrix}
0 & 3 & 4 & 5 & 5 & 7 \\
3 & 0 & 1 & 2 & 2 & 4 \\
4 & 1 & 0 & 3 & 3 & 5 \\
5 & 2 & 3 & 0 & 2 & 4 \\
5 & 2 & 3 & 2 & 0 & 2 \\
7 & 4 & 5 & 4 & 2 & 0
\end{bmatrix}
$$

8.4　网络流及其应用建模方法

人们的日常生活离不了电网、水管网、交通运输网、通信网等网络，这些网络有什么共同的特点呢？先看一个实例：设有一个水管网络，该网络只有一个进水口和一个出水口，其他管道（边）和接口（节点）均密封。网络中每个管道用它的截面面积作为该管道的权数，它们反映了管道在单位时间内可能通过的最大水量，即水管的容量。若在此水管道网络中注入稳定的水流，水由进水口注入后经过水管网络后流向出水口，最后从出水口流出，这就形成了一个实际的稳定水流动，简称为流。分析这种实际流动，它有如下特点：

(1) 实际流动是一个有向的流动；

(2) 每个管道中单位时间内通过的流量不可能超过该管道的容量（权数）；

(3) 每个内部节点处流入节点的流量与流出节点的流量应相等；

(4) 流入进水口的流量应等于流出出水口的流量，即为实际流动的流量。

如果不断加大流量，由于受水管网络的限制，加到一定的流量后，便再也加不进去了，此流量为该水管网络能通过的最大流量。网络流理论正是从这些实际问题中提炼出来的，近二三十年来在解决网络方面的有关问题时，网络流理论及其应用起着很大的作用。这一节介绍有向图的网络流理论及其应用。

网络流理论最初由福特和弗克森于 1956 年创立，包括理论与算法两部分。

网络流的基本问题：设一个有向赋权图 $G=(V,E)$，$V=\{s,v_1,v_2,\cdots,v_n,t\}$，其中有两个特殊的节点 s 和 t。s 称为发点，t 称为收点。图中各边的方向和权数表示允许的流向和最大可能的流量（容量）。问：在这个网络中从发点流出到收点汇集，最大可通过的实际流量为多少？流向分布情况怎样？

网络流理论的关键是引进一个"流"的概念。

1. 网络中的流

定义 8.4.1　在以 V 为节点集、E 为弧集的有向图 $G=G(V,E)$ 上定义如下的权函数：

(1) $L:E\to R$ 是弧上的权函数，弧 $(i,j)\in E$ 对应的权 $L(i,j)$ 记为 l_{ij}，称为弧 (i,j) 的容量下界；

(2) $U:E\to R$ 为弧上的权函数，弧 $(i,j)\in E$ 对应的权 $U(i,j)$ 记为 u_{ij}，称为弧 (i,j) 的容量上界，或直接称为容量；

(3) $D:V\to R$ 为顶点上的权函数，节点 $i\in V$ 对应的权 $D(i)$ 记为 d_i，称为顶点 i 的供需量；

此时所构成的网络称为流网络，可以记为 $N=(V,E,L,U,D)$。

由于只讨论 V、E 为有限集合的情况，所以对于弧上的权函数 L、U 和顶点上的权函数 D，可以直接用所有弧上对应的权组成的有限维向量表示，因此 L、U、D 有时直接被称为权向量，或简称权。由于给定有向图 $G=G(V,E)$ 后，总是可以在它的弧集合和顶点集合上定义各种权函数，所以流网络一般也直接简称为网络。

在流网络中，弧 (i,j) 的容量下界 l_{ij} 和容量上界 u_{ij} 的含义是明显的：通过该弧发送某种"物质"时，必须发送的最小数量为 l_{ij}，而发送的最大数量为 u_{ij}。顶点 $i\in V$ 对应的供需量 d_i 则表示该顶点从网络外部获得的"物质"数量（$d_i<0$ 时），或从该顶点发送到网络外部的"物质"数量（$d_i>0$ 时）。

定义 8.4.2　对于流网络 $N=(V,E,L,U,D)$，其上的一个流（flow）f 是指从 N 的弧集 E 到 R 的一个函数，即对每条弧 (i,j) 赋予一个实数 f_{ij}（称为弧 (i,j) 的流量），如果流 f 满足

$$\sum_{j:(i,j)\in E}f_{ij}-\sum_{j:(j,i)\in E}f_{ji}=d_i \quad \forall i\in V \tag{8.4.1}$$

$$l_{ij}\leqslant f_{ij}\leqslant u_{ij} \quad \forall(i,j)\in E \tag{8.4.2}$$

则称 f 为可行流。至少存在一个可行流的流网络称为可行网络。约束(8.4.1)称为流量守恒条件（也称流量平衡条件），约束(8.4.2)称为容量约束。

可见，当 $d_i>0$ 时，表示有 d_i 个单位的流量从该顶点流出，因此顶点 i 称为供应点或源，有时也形象地称为起始点或发点等；当 $d_i<0$ 时，表示有 $|d_i|$ 个单位的流量流入该点（或说被该顶点吸收），因此顶点 i 称为需求点或汇，有时也形象地称为终止点或收点等；当 $d_i=0$ 时，顶点 i 称为转运点或平衡点、中间点等。此外，由式(8.4.1)可知，对于可行网络，必有

$$\sum_{i \in V} d_i = 0 \tag{8.4.3}$$

也就是说，所有节点上的供需量之和为 0 是网络中存在可行流的必要条件。

一般来说，总是可以把 $L \neq 0$ 的流网络转化为 $L=0$ 的流网络进行研究。所以，除非特别说明，以后总是假设 $L=0$（即所有弧 (i, j) 的容量下界 $l_{ij}=0$），并将 $L=0$ 时的流网络简记为 $N=(V, E, U, D)$。此时，相应的容量约束(8.4.2)为

$$0 \leqslant f_{ij} \leqslant u_{ij} \quad \forall (i, j) \in E$$

定义 8.4.3 在流网络 $N=(V, E, U, D)$ 中，对于流 f，如果

$$f_{ij}=0 \quad \forall (i, j) \in E$$

则称 f 为零流，否则为非零流。如果某条弧 (i, j) 上的流量等于其容量($f_{ij}=u_{ij}$)，则称该弧为饱和弧；如果某条弧 (i, j) 上的流量小于其容量($f_{ij}<u_{ij}$)，则称该弧为非饱和弧；如果某条弧 (i, j) 上的流量为 0($f_{ij}=0$)，则称该弧为空弧。

2. 最大流问题

考虑流网络 $N=(V, E, U, D)$：节点 s 为网络中唯一的源点，t 为唯一的汇点，而其他节点为转运点。如果网络中存在可行流 f，称流 f 的流量（或流值）为 d_s（根据式(8.4.3)，它显然等于 $-d_t$），通常将它记为 v 或 $v(f)$，即

$$v=v(f)=d_s=-d_t$$

对这种单源单汇的网络，如果不给定 d_s 和 d_t（即流量不给定），则网络一般记为 $N=(s, t, V, E, U)$。最大流问题就是在 $N=(s, t, V, E, U)$ 中找到流值最大的可行流（即最大流）。我们将会看到，最大流问题的许多算法也可以用来求解流量给定的网络中的可行流，也就是说，当解决了最大流问题以后，对于在流量给定的网络中寻找可行流的问题，通常也就可以解决了。

最大流问题可以用线性规划的方法描述为

$$\max v$$

$$\text{s.t.} \sum_{j: (i, j) \in E} x_{ij} - \sum_{j: (j, i) \in E} x_{ji} = \begin{cases} v & i=s \\ -v & i=t \\ 0 & i \neq s, t \end{cases} \tag{8.4.4}$$

$$0 \leqslant x_{ij} \leqslant u_{ij} \quad \forall (i, j) \in E \tag{8.4.5}$$

最大流问题是一个特殊的线性规划问题。利用图的特点，通过割集解决这个问题的方法较之线性规划的一般方法要方便、直观得多。

定义 8.4.4 设 $N=(s, t, V, E, U)$，$S \subset V$，$s \in S$，$t \in V-S$，则称 $(S, \overline{S})$ 为网络的一个割，其中 $\overline{S}=V-S$，$(S, \overline{S})$ 为尾在 S、头在 $\overline{S}$ 的弧集，称

$$C(S, \overline{S}) = \sum_{\substack{(i, j) \in E \\ i \in S, j \in \overline{S}}} u_{ij}$$

为割 $(S, \overline{S})$ 的容量。

直观地说，割是指将容量网络中的发点和收点分割开，并使 $s \to t$ 的流中断的一组弧的集合。定理 8.4.1 给出了最大流和最小割的关系。

定理 8.4.1　f 是最大流，$(S, \bar{S})$ 是容量最小的割的充要条件是

$$v(f) = C(S, \bar{S})$$

在网络 $N = (s, t, V, E, U)$ 中，对于链 $(s, v_2, \cdots, v_{n-1}, t)$（此链为无向的），若 $v_i v_{i+1} \in E$，则称它为前向弧；若 $v_{i+1} v_i \in E$，则称它为后向弧。

在网络 N 中，从 s 到 t 的链 P 上，若对所有的前向弧 (i, j) 都有 $f_{ij} < u_{ij}$，对所有的后向弧 (i, j) 恒有 $f_{ij} > 0$，则称这条链 P 为从 s 到 t 的关于 f 的可增广链。

令

$$\delta_{ij} = \begin{cases} u_{ij} - f_{ij} & \text{当} (i, j) \text{为前向弧} \\ f_{ij} & \text{当} (i, j) \text{为后向弧} \end{cases}$$

$$\delta = \min\{\delta_{ij}\}$$

则在这条可增广链上，每条前向弧的流都可以增加一个量 δ，而相应的后向弧的流可减少 δ，这样就可使得网络的流量得以增加，同时可以使每条弧的流量不超过它的容量，且为正值，也不影响其他弧的流量。总之，网络中 f 可增广链的存在意味着 f 不是最大流。Ford 和 Fulkerson 在 1957 年提出用标号法寻求网络中最大流的基本思想是寻找可增广链，使网络的流量得以增加，直到最大为止。该方法首先从一个初始流，例如零流开始，如果存在关于它的可增广链，那么调整该链上每条弧上的流量，就可以得到新的流。其次对于新的流，如果仍存在可增广链，则用同样的方法使流的值增大，继续这个过程，直到最后网络中不存在关于新得到流的可增广链为止，则该流就是所求的最大流。

这种方法分为以下两个过程。

(1) 标号过程：通过标号过程寻找一条可增广链。

(2) 增流过程：沿着可增广链增加网络的流量。

这两个过程的步骤分别如下：

1) 标号过程

(1) 给发点标号为 (s^+, ∞)。

(2) 若顶点 x 已经标号，则对 x 的所有未标号的邻接顶点 y 按以下规则标号：

① 若 $(x, y) \in E$，且 $f_{xy} < u_{xy}$ 时（(x, y) 是非饱和边），令 $\delta_y = \min\{u_{xy} - f_{xy}, \delta_x\}$，则给顶点 y 标号为 (x^+, δ_y)；若 $f_{xy} = u_{xy}$，则不给顶点 y 标号。

② $(y, x) \in E$，且 $f_{yx} > 0$，令 $\delta_y = \min\{f_{yx}, \delta_x\}$，则给 y 标号为 (x^-, δ_y)；若 $f_{yx} = 0$，则不给 y 标号。

(3) 不断地重复步骤 (2)，直到收点 t 被标号，或不再有顶点可以标号为止。当 t 被标号时，表明存在一条从 s 到 t 的可增广链，则转向增流过程。若 t 点不能被标号，且不存在其他可以标号的顶点，则表明不存在从 s 到 t 的可增广链，算法结束，此时所获得的流就是最大流。

2) 增流过程

(1) 令 $u = t$。

(2) 若 u 的标号为 (v^+, δ_t)，则 $f_{vu} = f_{vu} + \delta_t$；若 u 的标号为 (v^-, δ_t)，则 $f_{uv} = f_{uv} - \delta_t$。

(3) 若 $u = s$，则把全部标号去掉，并回到标号过程；否则，令 $u = v$，回到增流过程的 (2)。

由此可得网络 $N=(s,t,V,E,U)$ 中最大流 x 的算法具体步骤：（在算法中 L 表示已经标号的顶点集，S 表示已经检查的顶点集，$L(u)$ 表示在检查 u 时与 u 相邻的标号顶点集）

（1）置初始流 f，$f_{uv}=0$，$\forall (u,v)\in E$。

（2）置 $L=\{x\}$，$S=\varnothing$，$\delta_x=\infty$，给 $\{x\}$ 标号为 $(x^+,\delta_x=\infty)$。

（3）如果 $L-S=\varnothing$，则停止计算，得到最大流 f。

（4）检查 $u\in L-S$，对于所有的 $v\in L(u)$，若 (u,v) 是 f 的非饱和边，令
$$\delta_v=\min\{\delta_u,u_{uv}-f_{uv}\},\ \text{标}\ v\ \text{为}\ (u^+,\delta_v)$$
若 $f_{vu}>0$，令 $\delta_v=\min\{\delta_u,f_{vu}\}$，给 v 标号为 (u^-,δ_v)，置 $L=L\cup L(u)$。

（5）如果 $y\notin L$，则置 $S=S\cup\{u\}$，转步骤（3）；否则置 $v=y$。

（6）如果 v 的标号为 (u^+,δ_v)，则置 $f_{uv}=f_{uv}+\delta_y$，$v=u$；否则，标号为 (u^-,δ_v)，置 $f_{uv}=f_{uv}-\delta_y$，$v=u$。

（7）若 $v=x$，则去掉全部标号，转步骤（2）；否则转步骤（6）。

例 8.4.1 求图 8.4.1 所示网络的最大流。

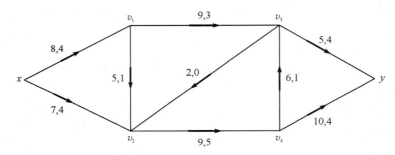

图 8.4.1　初始流

解　置 $L=\{x\}$，$S=\varnothing$，$\delta_x=\infty$，给 $\{x\}$ 标号为 $(x^+,\delta_x=\infty)$，此时 $L(x)=\{v_1,v_2\}$。对顶点 v_1，由于 $u_{xv_1}=8$，$f_{xv_1}=4$，所以 $\delta_{v_1}=\min\{\infty,8-4\}=4$，给 v_1 标号为 $(x^+,4)$。对顶点 v_2，由于 $u_{xv_2}=7$，$f_{xv_2}=4$，所以 $\delta_{v_2}=\min\{\infty,7-4\}=3$，给 v_2 标号为 $(x^+,3)$。

若与 x 相邻的顶点均被标号，此时 x 已被检查过，置 $L=L\cup L(u)=\{x,v_1,v_2\}$，$S=S\cup\{x\}=\{x\}$（图中"＋"号用小圆圈圈起来，说明 x 已被检查过，如图 8.4.2 所示）。

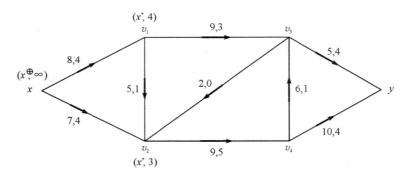

图 8.4.2　与 x 相邻的顶点已被标号，x 已被检查

继续上面的过程，顶点 v_3 的标号为 $(v_1{}^+, 4)$，顶点 v_1 被检查过，得到 $L_1 = \{x, v_1, v_2, v_3\}$，$S = \{x, v_1\}$。顶点 v_4 的标号为 $(v_2{}^+, 3)$，顶点 v_2 被检查过，得到 $L_2 = \{x, v_2, v_4\}$，$S = \{x, v_1, v_2\}$。汇 y 标为 $(v_4{}^+, 3)$，得到 $L_2 = \{x, v_2, v_4, y\}$，$S = \{x, v_1, v_2, v_4\}$，此时汇 y 被标号，则 L_2 是一条可增广链，如图 8.4.3 所示。

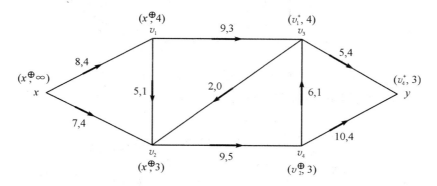

图 8.4.3　汇 y 被标号，得到可增广链 $\{x, v_2, v_4, y\}$

下面调整可行流。由于汇 y 标号是 $(v_4{}^+, 3)$，因此得到 $f_{v_4 y} = 4 + 3 = 7$；顶点 v_4 的标号为 $(v_2{}^+, 3)$，则 $f_{v_2 v_4} = 5 + 3 = 8$；顶点 v_2 的标号是 $(x^+, 3)$，则 $f_{x v_2} = 4 + 3 = 7$；此时 f 调整过程结束。然后去掉全部标号，得到一个新的网络，如图 8.4.4 所示。

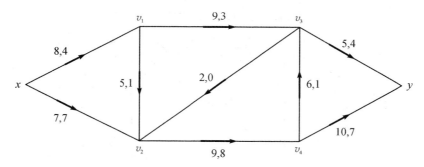

图 8.4.4　具有新可行流的网络

对图 8.4.4 所示的网络使用该算法，可得到图 8.4.5 和图 8.4.6。

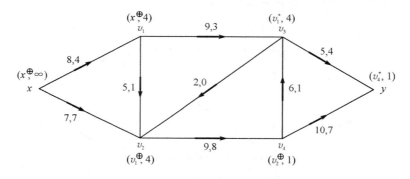

图 8.4.5　汇 y 被标号，得到可增广链 $\{x, v_1, v_2, v_4, y\}$

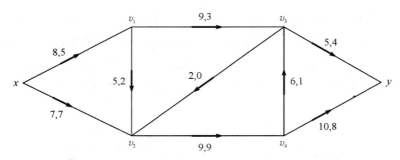

图 8.4.6　调整 f 后的新网络

对图 8.4.6 所示的网络，由该算法可得到图 8.4.7 和图 8.4.8。

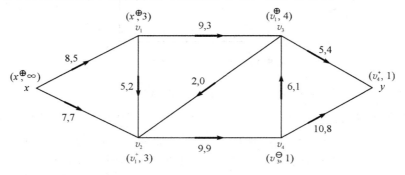

图 8.4.7　汇 y 被标号，得到可增广链 $\{x, v_1, v_3, v_4, y\}$

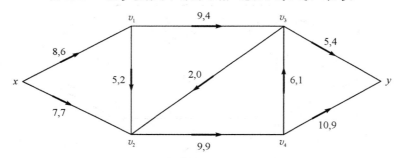

图 8.4.8　由图 8.4.7调整 f 后的新网络

对图 8.4.8 所示的网络，由该算法可得到图 8.4.9 和图 8.4.10。

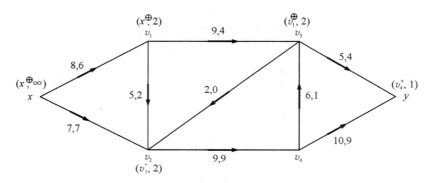

图 8.4.9　汇 y 被标号，得到可增广链 $\{x, v_1, v_3, y\}$

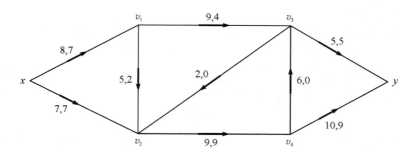

图 8.4.10　由图 8.4.9 调整 f 后的新网络

最后得到图 8.4.11 所示的网络，此时 $L-S=\varnothing$，得到最大流。

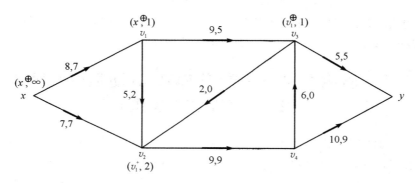

图 8.4.11　无法标号汇 y 而得到的最大流

在图 8.4.11 中，顶点集 $V_0=\{x, v_1, v_2, v_3\}$ 已被标号，顶点集 $V_0^c=\{v_4, y\}$ 没有被标号，割 $K=(V_0, V_0^c)=\{(v_2, v_4)(v_3, y)\}$，割容量 $C(K)=14$，此时网络的最大流也是 14，因此也得到了最小割 K。

3. 最小费用流及其求法

上面介绍了一个网络上最短路以及最大流的算法，但是该算法没有考虑到网络上流的费用问题，而在许多实际问题中，费用的因素很重要。例如，在运输问题中，人们总是希望在完成运输任务的同时，寻求一个使总的运输费用最小的运输方案，这就是下面要介绍的最小费用流问题。

在运输网络 $N=(s, t, V, E, U)$ 中，设 c_{ij} 是定义在 E 上的非负函数，它表示通过弧 (i, j) 单位流的费用。所谓最小费用流问题，就是从发点到收点怎样以最小费用输送一个已知量为 $v(f)$ 的总流量。

最小费用流问题可以用如下的线性规划问题来描述：

$$\min \sum_{(i, j)\in A} c_{ij} f_{ij}$$

$$\text{s. t.} \sum_{j:(i, j)\in A} f_{ij} - \sum_{j:(j, i)\in A} f_{ji} = \begin{cases} v(f) & i=s \\ -v(f) & i=t \\ 0 & i\neq s, t \end{cases}$$

$$0\leqslant f_{ij}\leqslant u_{ij} \quad \forall (i, j)\in E$$

显然，如果 $v(f)=$ 最大流 $v(f_{\max})$，则本问题就是最小费用最大流问题；如果 $v(f)>$

$v(f_{max})$，则本问题无解。

这里所介绍的求最小费用流的方法叫作迭代法，这个方法是由 Busacker 和 Gowan 在 1961 年提出的，其主要步骤为：

（1）求出从发点到收点的最小费用通路 $\mu(s,t)$。

（2）对该通路 $\mu(s,t)$ 分配最大可能的流量：

$$\bar{f} = \min_{(i,j)\in\mu(s,t)} \{u_{ij}\}$$

并让通路上的所有边的容量相应减少 $\bar{f}$。这时，对于通路上的饱和边，其单位流费用相应改为 ∞。

（3）作该通路 $\mu(s,t)$ 上所有边 (i,j) 的反向边 (j,i)，令

$$u_{ji} = \bar{f}, \quad c_{ji} = -c_{ij}$$

（4）在构成的新网络中，重复上述步骤（1）、（2）、（3），直到从发点到收点的全部流量等于 $v(f)$ 为止（或者再也找不到从 s 到 t 的最小费用通路）。

8.5　应用案例——智能 RGV 的动态调度策略（2018CUMCM B 题）

为了节省人力成本，工厂采用智能加工系统进行自动加工。图 8.5.1 是一个智能加工系统的示意图，由 8 台计算机数控机床（Computer Number Controller，CNC）、1 辆轨道式自动引导车（Rail Guide Vehicle，RGV）、1 条 RGV 直线轨道、1 条上料传送带、1 条下料传送带等附属设备组成。RGV 是一种无人驾驶、能在固定轨道上自由运行的智能车。它根据指令能自动控制移动方向和距离，并自带 1 个机械手臂、2 只机械手爪和物料清洗槽，能够完成上下料及清洗物料等作业任务。

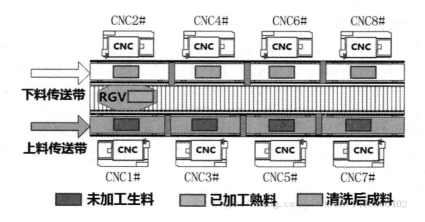

图 8.5.1　智能加工系统示意图

针对一道工序的物料加工作业情况，每台 CNC 安装同样的刀具，物料可以在任一台 CNC 上加工完成。请给出 RGV 动态调度模型和相应的求解算法。

问题分析　作为直接对工料进行加工的装置，CNC 的工作效率是决定整个系统生产效益的重要因素。而 CNC 要顺利工作，需要 RGV 为其上下料，因此如何对 RGV 进行高效调

度，是提高整个系统生产能力的重要因素。基于以上分析，我们以 RGV 在调度过程中响应请求的总时间来衡量生产效益，通过建立模型，给出 RGV 的最优调度策略，使得 RGV 的移动时间最短。针对只有一道工序的生产系统建立 RGV 动态调度模型，由于只有一道工序时每个 CNC 都完成相同的工作，所以 CNC 完成加工工序的时间是相同的。同时 RGV 移动相同距离以及为每个 CNC 完成一次上下料的时间也是可以给定的。因此可以将求某一时刻 RGV 移动时间最短的问题变为图论中的最短路径问题，其中图的顶点是相应序号的 CNC，图的边是从第 i 号 CNC 运动到第 j 号 CNC 所需时间加上为 j 号 CNC 完成上下料的时间，可构建一个有向完全图。每一次 RGV 接收到一些 CNC 请求后，就将这些 CNC 对应的节点作为目标节点，并计算从此时的 RGV 位置到达所有目标节点的最优汉密尔顿路径。考虑到 RGV 在按照最优汉密尔顿路径前进的过程中可能会有新的 CNC 发出请求，因此需要不断更新图中的目标节点。根据以上模型，只要能给出计算最短汉密尔顿路径的算法，以及找到动态更新方法，就能求解出单工序的生产系统的最优动态 RGV 调度序列。

为了模型建立的方便，需要一些必要的假设。

模型假设 （1）物料传送带上传输时，不会出现拥堵、碰撞等情况；

（2）熟料在清洗槽中的实际清洗时间很短，远小于机械手将成料放到下料传送带上的时间，可以将熟料的清洗时间看为 0。

模型建立 对于单工序无故障系统的 RGV 动态调度模型，由问题分析知可以分三步完成。

1. RGV-CNC 加工系统的图论抽象

设一个班次的工作时间内，记 RGV 响应所有 CNC 请求所花费的总时间为 $T_总$，考虑到工厂对此系统工作效益的要求，$T_总$ 应尽可能小，因此，此时的目标为

$$\min T_总$$

可以通过图论的方法度量 RGV 响应请求花费的时间。设整个 RGV-CNC 自动加工系统抽象为图 G，以 1～8 号的 CNC 作为图的顶点 $V_1 \sim V_8$，得到图 G 的顶点集 $V(G)$，每两个顶点间的两条不同方向的边构成图 G 的边集 $E(G)$，边集 $E(G)$ 中的每条边 e_{ij} 的边长为 RGV 从第 i 号 CNC 所处节点出发完成第 j 号 CNC 请求所花费的时间，e_{ij} 的计算公式为

$$e_{ij} = t_{ij} + t_{上下料} + t_{清洗}$$

式中，t_{ij} 为 RGV 从第 i 号 CNC 移动到第 j 号 CNC 花费的时间，在两个 CNC 相隔不同距离时 t_{ij} 的取值分别为

$$t_{ij} = \begin{cases} t_1 & i、j \text{ 之间距离 1 个单位} \\ t_2 & i、j \text{ 之间距离 2 个单位} \\ t_3 & i、j \text{ 之间距离 3 个单位} \end{cases}$$

$t_{上下料}$ 为 RGV 从 CNC 上取出加工好的熟料、安装新的生料并将成料送至下料传送带上所花费的时间。由于 RGV 给奇数和偶数序号的 CNC 加工花费的时间不同，则对不同序号的 CNC 请求而言，$t_{上下料}$ 的取值分别为

$$t_{上下料} = \begin{cases} t_{上下料偶} & CNC \text{ 号码为偶数时上下料的时间} \\ t_{上下料奇} & CNC \text{ 号码为奇数时上下料的时间} \end{cases}$$

$t_{清洗}$ 为完成上下料之后，RGV 将清洗槽中的成料取出并将刚取得的熟料放置于清洗槽所花

费的时间。根据以上构建方法，整个 RGV-CNC 自动加工系统被抽象为拥有 8 个顶点且 8 个顶点间两两有边相连的有向完全图。

2. 每时刻最短汉密尔顿路径的定义

以一个状态起始时 RGV 所处节点为起点，该状态下所有请求 RGV 服务的 CNC 所处节点为终点，计算该状态从起点出发，依次经过每一个终点一次且仅一次的最短路径，即为此时 RGV 响应 CNC 请求的最短汉密尔顿服务路径。

对于如图 8.5.2 所示的部分加工系统抽象图（其中一些边未标出），假设某一时刻 RGV 刚完成第 5 号 CNC 的服务，该时刻同时有第 2 号、4 号和 6 号 CNC 一同向 RGV 发出服务请求。假设当前 RGV 所处位置的 CNC 节点（图 8.5.2 中用 V_5 圆圈表示），以及向 RGV 发出服务请求的 CNC 节点（图 8.5.2 中用 V_3、V_4、V_6 圆圈表示）为活跃节点，其余未向 RGV 发出服务请求的节点为非活跃节点（图 8.5.2 中用 V_1、V_3、V_7、V_8 圆圈表示）。选出此时的活跃节点，其中每两个节点之间均有两条双向曲线（图 8.5.2 中用一条带两个箭头的双向线段表示）。

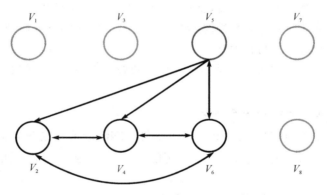

图 8.5.2　某时刻活跃节点连接图

由于此时同时有多个节点请求服务，要求 RGV 以最短的时间依次响应每一个 CNC 请求。按照上面给出的定义，图中连接两个节点的边长定义为：从一个 CNC 出发，到处理完另一个 CNC 请求所花费的总时间，即图 8.5.2 中每条边长体现了 RGV 响应某 CNC 请求的耗时。因此，求解 RGV 以最短时间响应所有请求的问题就可以转化为 RGV 从初始点出发，以最短的边长通过所有待服务节点一次且仅一次，最后不必回到出发点。以上求解思路就是计算出从初始节点出发，经过所有待服务节点的最短汉密尔顿路径。

以一个状态起始时 RGV 所处节点为起点，该状态下所有请求 RGV 服务的 CNC 所处节点为终点，计算该状态从起点出发，依次经过每一个终点一次且仅一次的最短路径，即为此时 RGV 响应 CNC 请求的最短汉密尔顿服务路径。以秒为基本单位，计算出每一个状态下 RGV 响应 CNC 请求的最短汉密尔顿路径，并记录 RGV 沿此路径行驶时到达的节点，重复此过程直至满足题目中要求的班次加工时间，就得到了 RGV 的动态调度序列。

3. 图论模型的动态更新策略

在 RGV 响应完一次 CNC 请求后，它会根据收到的 CNC 服务请求判断此时需要服务的 CNC 节点，计算出从此刻的初始节点到所有待服务节点的最短汉密尔顿路径，并按照此路径向待服务 CNC 移动。但是，由于 RGV 无法预料每个 CNC 会在何时向其发出服务请求，每一时刻 CNC 的服务请求近似是随机的，因此，在 RGV 按照预先求出的汉密尔顿路径运动的过程中，很有可能有在状态起始时未加入汉密尔顿路径计算的 CNC 节点向 RGV 发出的服务请求，导致该状态的汉密尔顿路径发生改变，因此每时刻的汉密尔顿路径并非是静止不变的，从而需要对 RGV 的前进路径进行动态更新。

在 RGV 前进的过程中，可能会出现两种突发类型的 CNC 请求，一种是所处位置在 RGV 前进方向的 CNC 节点发出的请求，另一种是所处位置与 RGV 前进方向相反的 CNC 节点发出的请求，这两种类型的请求示意图见图 8.5.3。

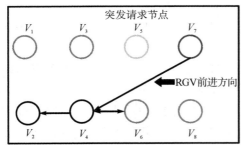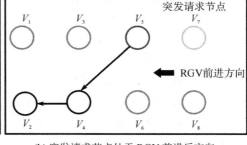

(a) 突发请求节点处于 RGV 前进同方向   (b) 突发请求节点处于 RGV 前进反方向

图 8.5.3　两种突发请求类型

对图 8.5.3 所示的两种突发请求类型，对 RGV 分别采取不同的调度策略。

情形一：突发请求节点位于 RGV 前进方向前端。对于图 8.5.3(a) 中所示情况，CNC 突发请求处于 RGV 前进方向前端，若 RGV 此时无视该请求，继续按照预定的汉密尔顿最优路径前进，则它会到达 V_4 节点，并对 V_4 进行上下料等处理。假设在处理完 V_4 的请求后，除了前一时刻的突发请求节点 V_5 及未处理的 V_2 有请求外，其他节点还未向 RGV 发出服务请求，则 RGV 此时在 V_4 位置会重新计算汉密尔顿路径，若此时的最优路径为 $V_4 \rightarrow V_5 \rightarrow V_2$，则 RGV 需重新回来处理 V_5 的请求，这比一开始 RGV 从 V_7 向 V_4 前进的过程中直接处理 V_5 的请求会花费更多的时间，因此从节省 RGV 相应时间的角度出发，对于突发请求节点位于 RGV 前进方向的同方向时，RGV 会优先处理突发请求，之后再重新计算此刻的最优汉密尔顿路径。

情形二：突发请求节点位于 RGV 前进方向后端。对于图 8.5.3(b) 中所示情况，CNC 请求位于 RGV 前进方向后端，若此时 RGV 响应突发请求，则其需要调转方向到达 V_7 节点并处理 V_7 节点的请求。假设在处理完 V_7 的请求之后，除了一开始有 V_4 和 V_2 节点外，其他节点未发出响应请求，则 RGV 此时在 V_7 位置重新计算汉密尔顿路径，若此时的最优路径为 $V_7 \rightarrow V_4 \rightarrow V_2$，则 RGV 需要重新回来处理 V_4 的请求，这会导致 RGV 多走一段重复的路径，从而加大 RGV 的响应时间。因此，对于突发请求节点位于 RGV 前进方向的反方向时，RGV 不对它进行响应，当它按照最开始规划的汉密尔顿路径前进到下一 CNC 并处理完其请求后，再将该节点加入待处理节点，并计算此时的最短汉密尔顿路径。

至此，RGV 动态调度过程的模型建立完成，要根据此模型得到 RGV 对 CNC 的服务序列，必须给出最短汉密尔顿路径的求解与动态更新算法。

　　模型求解算法　虽然最短汉密尔顿路径可以通过枚举法进行求解，但是枚举法的时间复杂度会达到$(n-1)!$级。在本题中，对只有 8 个 CNC 节点的情况而言，其求解所耗费的时间不算很久，枚举法看起来可行，但是考虑到实际的工厂中通常配置有数百台 CNC 加工机器，则此时的时间复杂度十分大。为了保证所建模型的可推广性，选择使用经典启发式算法来计算最短汉密尔顿路径。

　　（1）基于改进启发式算法的最短汉密尔顿路径求解算法。

　　基于改进启发式算法计算最短汉密尔顿路径主要分为两步：

　　① 利用 Clarke-Wright 经典算法求出一条汉密尔顿回路；

　　② 运用以下步骤对该回路进行优化：

　　第 0 步，以 Clarke-Wright 算法求出的汉密尔顿回路上的某一点作为起点，以该起点为当前点，进行第 1 步。

　　第 1 步，定义回路连线中两个不相邻点，且中间只有一个点——连线的起点和终点的相邻点的线作为跨线。跨线切割上一步中的汉密尔顿路径，形成孤立点，即在已形成的汉密尔顿回路中，以当前点为跨线的起点，按路径方向作跨线，用跨线切割中间点，使该中间点成为孤立点，而该跨线成为一条边。经过以上的操作后，回路的路径上不包含全部点，不是汉密尔顿路径。

　　第 2 步，按路径变化量最小的原则，将孤立点重新接入路径，将切割后形成的孤立点重新连入回路，此时回路的路径中又包含全部点，即又重新形成了汉密尔顿回路。

　　第 3 步，如果在进行了前 3 步后，汉密尔顿路径发生了变化，就用新形成的路径取代原有的汉密尔顿路径，不过要以原来的跨线起点为循环的新起点，也即当前点，进入第 1 步进行计算；如果没有路径的变化，则走向下一点，以该点为原点，进入第 4 步。

　　第 4 步，判断当前点是否是最初循环的起点，如果满足这个条件，则本算法结束；如果不满足，则转入第 1 步。

　　在算法结束之后，回路上的每一个点到其余各节点的距离都是最优的，相当于满足了局部极值。

　　为简化本问题的计算，我们规定当跨线为内连线时，不进行变动，直接走到下一点；当跨线为外连线时，切割中间点，再将被切割后的中间点重新连入路径中。

　　在调度模型建立的过程中，已分析出 CNC 发出请求的时刻是随机的，但是由于它与 RGV 开始服务的时间有关，因此并不服从某种分布，无法根据 CNC 发出请求的概率密度函数在一段时间内随机生成一系列请求。基于 CNC 请求的这个特点，要想得到 RGV 的服务序列，只能通过仿真，模拟整个过程中 RGV 与 CNC 的工作流程，得到 8 小时内的 RGV 服务序列。

　　（2）基于过程仿真的汉密尔顿路径动态更新算法。

　　利用 Python 软件编写汉密尔顿路径动态更新的仿真算法，此算法的流程如图 8.5.4 所示。

　　利用建立 RGV 动态调度算法，针对第一组的系统作业参数，RGV 从每个 CNC 节点出发，响应其余各 CNC 节点请求所花费的时间见表 8.5.1。表 8.5.1 中，每一行的 CNC 节点表示出发点，每一列的 CNC 节点表示终点，第 i 行第 j 列的数值表示 RGV 从第 i 号节点

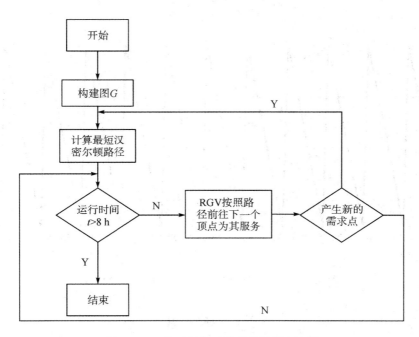

图 8.5.4　单工序加工序列求解算法流程

出发，响应第 j 号节点请求所需花费的秒数。

表 8.5.1　单工序无障碍系统中 RGV 响应 CNC 请求耗时　　　单位：s

	CNC1	CNC2	CNC3	CNC4	CNC5	CNC6	CNC7	CNC8
CNC1	0	56	73	76	86	89	99	102
CNC2	53	0	73	76	86	89	99	102
CNC3	73	76	0	56	73	76	86	89
CNC4	73	76	53	0	73	76	86	89
CNC5	86	89	73	76	0	56	73	76
CNC6	86	89	73	76	53	0	73	76
CNC7	99	102	86	89	73	76	0	56
CNC8	99	102	86	89	73	76	56	0

　　以表 8.5.1 中的各节点间的响应时间，作为图论模型中相应有向边的边长，然后将该边长代入单工序系统的求解算法中，可以求得加工每一个物料的 CNC 编号，以及每一个物料的上料和下料时间。图 8.5.5 给出了与第一组加工参数对应的加工顺序。

　　从图 8.5.5 中可以看出，在第一组加工参数下，RGV 按照 1→8→1→8→… 的顺序周期性地对工件进行加工。

单工序RGV调度过程

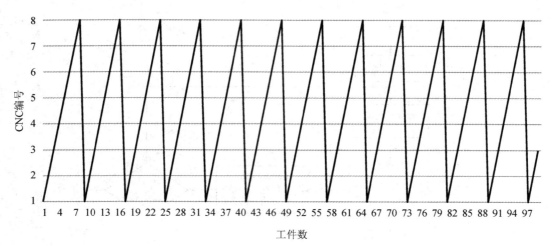

工件数

图 8.5.5　单工序时加工每一个工件的 CNC 编号

习 题 8

1. 写出图 8.1 的邻接矩阵 A，计算 A^3，并验证 $A^3(i,j)$ 是从 i 到 j、长度为 3 的路径的数目。

图 8.1　习题 1 图

2. 求图 8.2 所示的无向图的关联矩阵和邻接矩阵。

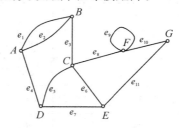

图 8.2　习题 2 图

3. 用 Dijkstra 方法求图 8.3 中从 v_1 到各顶点的最短路。

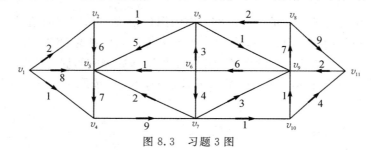

图 8.3　习题 3 图

4. 用 Floyd 算法求图 8.4 所示网络中各顶点间的最短距离。

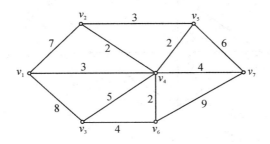

图 8.4　习题 4 图

5. 有 9 个城市 v_1，v_2，$\cdots$，v_9，其公路网如图 8.5 所示。弧上数字表示该段公路的长度，有一批货物从 v_1 运到 v_9，哪条路最短？

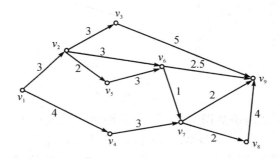

图 8.5　习题 5 图

6. 用 Prim 算法或者 Kruskal 算法求图 8.6 中各图的最小生成树。

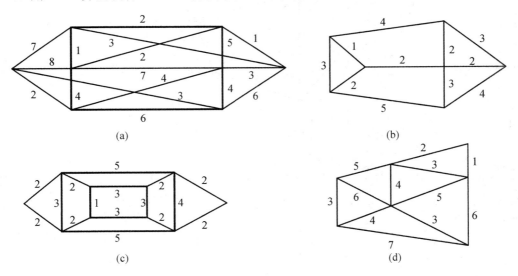

图 8.6　习题 6 图

7. 求图 8.7 网络的最大流。

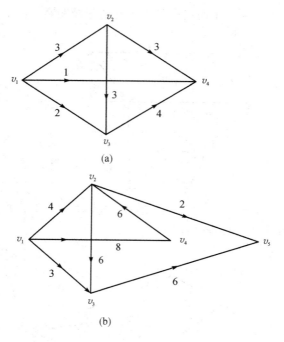

图 8.7　习题 7 图

8. 已知某地区的交通网络如图 8.8 所示，其中顶点代表村镇，边代表公路，w_{ij} 为村镇间公路的距离（单位：公里），现该地区要建立一座中学，为了方便学生就学，问：应该将学校建立在哪个村镇，可使距离学校最远的村镇的学生上学时所经过的路程最近？

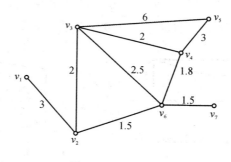

图 8.8　习题 8 图

参 考 文 献

[1] 姜启源,谢金星,叶俊. 数学模型[M]. 3 版. 北京:高等教育出版社,2003.

[2] 赵静,但琦. 数学建模与数学实验[M]. 北京:高等教育出版社,2003.

[3] 雷功炎. 数学模型讲义[M]. 北京:北京大学出版社. 2009.

[4] 叶其孝. 大学生数学建模竞赛辅导教材(一)~(四),长沙:湖南教育出版社,2001.

[5] 杨启帆,边馥萍. 数学模型[M]. 杭州:浙江大学出版社,1997.

[6] 杨启帆. 数学建模案例集[M]. 北京:高等教育出版社,2006.

[7] 杨桂元,李天胜,徐军. 数学建模应用实例[M]. 合肥:合肥工业大学出版社,2007.

[8] 黄静静,王爱文. 数学建模方法与 CUMCM 赛题详解[M]. 北京:机械工业出版社,2014.

[9] 掌绍辉,数学建模[M]. 北京:科学出版社,2010.

[10] 姚泽清,郑旭东,赵颖. 全国大学生数学建模竞赛题与优秀论文评析[M]. 北京:国防工业出版社,2012.

[11] 薛义,常金刚,程维虎,等. 数学建模基础[M]. 北京:北京工业大学出版社,2003.

[12] 李连忠,李晓雯. 数学建模中的微分方程方法[J]. 泰山学院学报,2006(3):14-17.

[13] 胡运权,郭耀煌. 运筹学教程[M]. 北京:清华大学出版社,2004.

[14] 高惠璇. 应用多元统计分析[M]. 北京:北京大学出版社,2005.

[15] 杨虎,刘琼荪,钟波. 数理统计[M]. 北京:高等教育出版社,2004.

[16] 周义仓. 悬链线模型在系泊系统设计中的应用[J]. 数学建模与应用,2016,5(4):26-33.

[17] 司守奎,孙玺菁. 数学建模算法与应用[M]. 北京:国防工业出版社,2013.

[18] 吕嘉,王若傲,张亚亚,等. 最小生成树的求解方法与分析,百度文库.

[19] 薛毅. 数学建模基础[M]. 北京:科学出版社,2011.

[20] 吴孟达. 数学建模教程[M]. 北京:高等教育出版社,2011.

[21] 李大潜. 中国大学生数学建模竞赛[M]. 北京:高等教育出版社,2011.

[22] 韩明. 数学建模案例[M]. 上海:同济大学出版社,2012.

[23] 朱道元. 研究生数学建模精品案例[M]. 北京:科学出版社,2014.

[24] 赵静. 数学建模与数学实验[M]. 北京:高等教育出版社,2014.

[25] 吕跃进. 全国大学生数学建模竞赛广西赛区 2003—2013 年获奖论文选集[M]. 北京:清华大学出版社,2014.

[26] 靳帧. 网络传染病动力学建模与分析[M]. 北京:科学出版社,2014.

[27] 房少梅. 数学建模理论、方法及应用[M]. 北京:科学出版社,2014.

[28] 陈华友. 数学模型与数学建模[M]. 北京:科学出版社,2014.

[29] 房少梅. 数学建模竞赛优秀案例评析[M]. 北京:科学出版社,2015.

[30] 李海燕. 数学建模竞赛优秀论文选评[M]. 北京:科学出版社,2016.

[31] 韩中庚. 数学建模方法及应用[M]. 北京:高等教育出版社,2017.

[32] 周华任. 大学生数学建模竞赛获奖优秀论文评析(2013—2017)[M]. 南京:东南大

学出版社，2018.

[33]　韩中庚. 美国大学生数学建模赛题解析与研究（第七辑）[M]. 北京：高等教育出版社，2018.

[34]　蔡志杰. UMAP 数学建模案例精选 3[M]. 北京：高等教育出版社，2018.

[35]　王积建. 全国大学生数学建模竞赛试题研究（第三册）[M]. 北京：国防工业出版社，2019.

[36]　史加荣. MATLAB 程序设计及数学实验与建模[M]. 西安：西安电子科技大学出版社，2019.

[37]　梁进. 数学建模讲义[M]. 上海：上海科学技术出版社，2019.

[38]　张明成. 数学建模方法及应用[M]. 济南：山东人民出版社，2020.

[39]　王海. 数学建模典型应用案例及理论分析[M]. 上海：上海科学技术出版社，2020.

[40]　贾丽莉. 数学建模与数据处理[M]. 北京：科学出版社，2020.

[41]　陈龙伟. 数学建模入门教程[M]. 北京：科学出版社，2020.

[42]　王燕. 应用时间序列分析[M]. 北京：中国人民大学出版社，2012.

[43]　西安电子科技大学国赛获奖论文.